职业技能培训教材
岗位培训教材

二手车鉴定评估与交易

姜正根 编著

中国劳动社会保障出版社

图书在版编目(CIP)数据

二手车鉴定评估与交易/姜正根编著. —北京：中国劳动社会保障出版社，2011

职业技能培训教材　岗位培训教材

ISBN 978-7-5045-9240-8

Ⅰ.①二…　Ⅱ.①姜…　Ⅲ.①汽车-鉴定-技术培训-教材②汽车-价格评估-技术培训-教材③汽车-商品交易-技术培训-教材　Ⅳ.①U472.9②F766

中国版本图书馆 CIP 数据核字(2011)第 198604 号

中国劳动社会保障出版社出版发行

（北京市惠新东街 1 号　邮政编码：100029）

出 版 人：张梦欣

*

三河市华骏印务包装有限公司印刷装订　新华书店经销

787 毫米×960 毫米　16 开本　16.75 印张　394 千字

2011 年 10 月第 1 版　2019 年 1 月第 13 次印刷

定价：29.00 元

读者服务部电话：(010) 64929211/64921644/84626437

营销部电话：(010) 64961894

出版社网址：http://www.class.com.cn

内 容 提 要

本书编入了二手车评估实践中最新的信息和素材，详细阐述了汽车的使用寿命和鉴定评估的基本原理，系统而深入地介绍了鉴定评估的各种方法及其操作程序，全面介绍了二手车交易市场的功能、类型和发展等内容。

本书是作者多年教学和实践经验的总结，具有较强的系统性、实用性、针对性和可操作性。除了适合作为二手车鉴定评估师培训教材外，还可作为二手车经营公司、经纪公司、评估机构、拍卖公司、4S店、金融机构、政府部门有关人员的参考资料。

本书由姜正根编著，参加本书编写的人员还有高级工程师刘德虎、赵正风和工程师姜宏、张锦等。

在本书的编写过程中，中华汽车培训网提出了一些宝贵的意见和建议，在此表示衷心的感谢。

目　录

第一章　汽车基础知识

§1—1　机动车的概念

一、机动车

1. 机动车的内涵

机动车是指由金属及其他材料制成，并由若干零、部件装配起来的机械结构，在一定的动力驱动或牵引下，能够自行行驶，并可完成某些专项工作的车辆。如汽车可在公路上运行，同时完成载客或载货的工作；装载机可在货场中完成短距离搬运物品并装卸货物的工作。

机动车区别于非机动车的本质特征有两点：一是机动车具有轮式或履带式行走系统；二是具有动力装置。

2. 机动车的分类

（1）按照公安交通管理机关对机动车辆的管理，可将机动车分为：汽车、拖拉机、农用运输车、轮式专用机械、摩托车、电车、挂车七大类。其中轮式专用机械系指有特殊结构和专门功能，可在道路上自行行驶的轮式工程机械，其设计行驶速度应等于或小于 50 km/h。它一般包括叉车、装载机、挖掘机和其他专用机械。而设计速度大于 50 km/h 的轮式自行专用机械按汽车分类。挂车本身无驱动装置，由牵引车辆牵引行驶，从行驶的安全性考虑，亦列为机动车辆之类。

（2）按照国家对机械产品的用途，可将机动车分为：公路运输机械、农业机械、工程机械、起重运输机械。公路运输机械主要指各类汽车、摩托车；农业机械主要指拖拉机、农用运输车辆；工程机械是指设计行驶速度在 50 km/h 以下的专用机械；起重运输机械主要是指短距离运输的车辆，如叉车、电瓶车等。

二、汽车

汽车一般是指本身具有动力装置，由动力驱动，具有四个或四个以上车轮的非轨道承载的车辆。它主要用于：载运人员和（或）货物、牵引载运人员和（或）货物的车辆。汽车也包括与电力线相联的车辆，如无轨电车；整车整备质量超过 400 kg 的三轮车辆。

从广义来说，汽车的范畴也包括汽车列车在内。汽车列车一般由一节有动力装置的牵引车和一节或两节无动力装置的挂车组成。

汽车是机动车辆中，应用最广，数量最大，最普通、最常见，与广大人民群众关系最为密切的一种机动车辆。所以，若不作特别说明，本书中所谓的机动车和二手车，均指的是汽车和二手汽车，而鉴定评估的有关内容，也是以二手汽车为主。希望读者能通过学习二手汽车的鉴定评估技术，举一反三，触类旁通，从而能鉴定评估其他二手机动车。

三、二手车

关于二手车的称谓，在 2005 年由商务部等四部委（局）联合发布的《二手车流通管理办法》中，已给出了明确的定义：本办法所称二手车，是指从办理完注册登记手续到达到国家强制报废标准之前进行交易并转移所有权的汽车（包括三轮汽车、低速载货汽车，即原农用运输车，下同）、挂车和摩托车。

这是国家权力部门定义的二手车，具有权威性，今后在正式行文和相关教材中，必须遵照执行。在此之前，在机动车行业和有关的培训教材中，普遍使用“旧机动车”，而非二手车。这是因为原国家国内贸易局组织编写的《旧机动车鉴定估价》一书中，给旧机动车下过定义。即：旧机动车是指经过公安交通管理机关登记注册，在国家法定的报废标准内或在经济寿命期内服役，并可续用的机动车辆的总称。

从上述称谓中，可以看出，前者是从机动车流通的角度出发，强调车辆的交易和所有权的转移而下的定义。实际上也反映了这样一个事实，对在用的机动车来说，只有在准备或即将进入再流通领域，发生产权交易之前，才会来进行鉴定评估。若不准备进行交易，不进入再流通，车主就没有必要也不会去进行鉴定评估。而后者是从广义或者说是从学术的角度下的定义，不强调或者说不涉及车辆的流通和交易，它所定义的有可能还是一手车，也有可能是二手车。所以，对鉴定评估的教材来说，就不应再使用“旧机动车”的称谓了。

§1—2 汽车的分类

一、国际通用的分类

随着汽车应用的日趋广泛，汽车种类越来越多，其类型也越来越繁杂。为了方便管理，各个国家开始制定自己的分类标准或规定。随着国际间贸易的发展，为便于进行国际贸易，降低管理成本，国际标准化组织作出了统一的规定。

我国在计划经济期间，就曾制定了汽车分类标准和车型编号规则。但随着改革开放的不断深入，我国经济已融入世界经济范畴。为便于开展国际间的交流与贸易，汽车的分类也应与国际接轨，把国际标准化组织的统一规定作为我国国家标准。所以，在 2001 年有关部门发布了 GB/T 3730.1—2001《汽车和挂车类型的术语和定义》，作为国标给予规定。该标准根据国际标准化组织的统一规定，将汽车分为汽车、挂车和汽车列车三大类，各类又分为不同的类别和种类。为便于了解和掌握，现将汽车的分类用树形图（见图 1—1）列出，以便记忆。

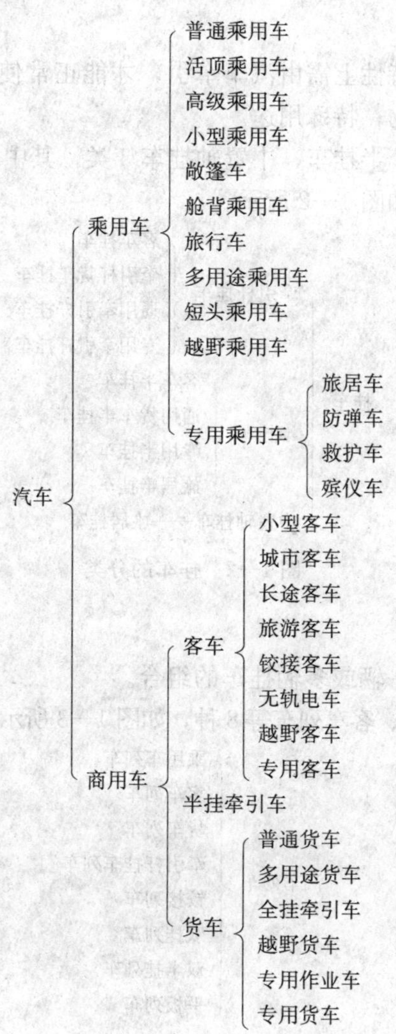

图 1—1　汽车的分类

各大类及不同类别和种类的车辆都有严格的定义，生产厂家生产制造的车辆，必须符合该规定的定义。

1. 汽车

汽车分为乘用车和商用车。乘用车是指在其设计和技术特性上主要用于载运乘客及其随身行李和（或）临时物品的汽车，包括驾驶员座位在内最多不超过 9 个座位。它也可以牵引一辆挂车。乘用车又分为普通乘用车、活顶乘用车、高级乘用车等 11 种。其中专用乘用车又分为旅居车、防弹车等 4 种。

商用车是指在设计和技术特性上用于运送人员和货物的汽车，并且可以牵引挂车，乘用车不包括在内。

2. 挂车

挂车是指在设计和技术特性上需由汽车牵引，才能正常使用的一种无动力的道路车辆，用于：载运人员和（或）货物；特殊用途。

挂车又分为牵引杆挂车、半挂车、中置轴挂车 3 类。其中，牵引杆挂车和半挂车分别又包含 4 个不同的类别挂车，如图 1—2 所示。

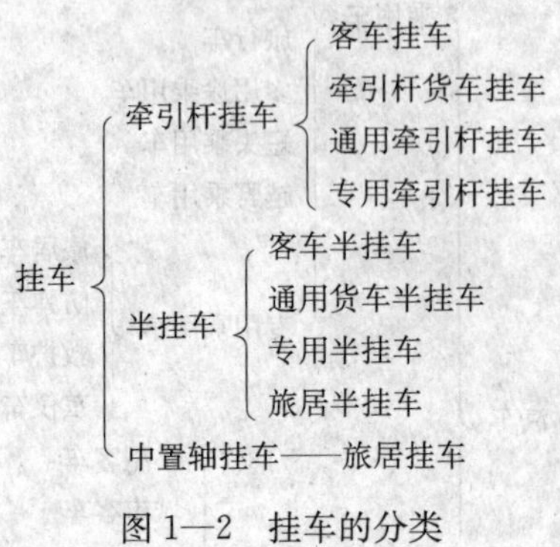

图 1—2 挂车的分类

3. 汽车列车

汽车列车是一辆汽车与一辆或多辆挂车的组合。

汽车列车分为乘用车列车、客车列车等 8 种，如图 1—3 所示。

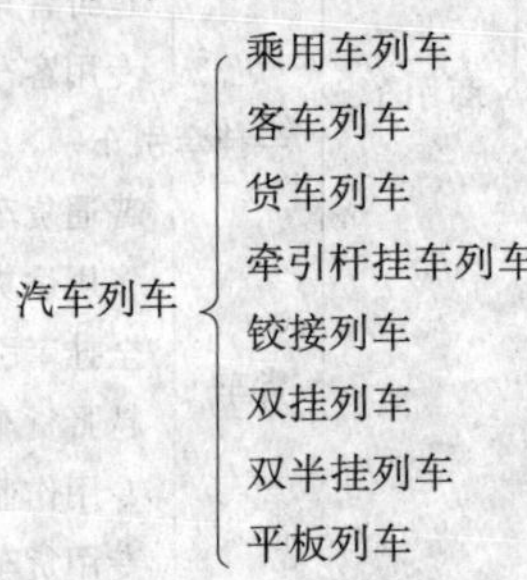

图 1—3 汽车列车的分类

二、我国曾用的分类标准

过去，根据实际情况，为便于汽车的生产、使用和管理，我国制定了自己的汽车分类标准和车型型号编制规则。由于使用时间较长，这种分类和编号已被广大群众所接受和掌握。所以，目前国内还在广泛使用，为此，也作简要介绍。

汽车可按用途、动力装置、行驶的道路条件以及行驶机构的特征来分类，但通常均按用途不同来分类。按国家标准 GB/T 3730.1—1988 可分为轿车、客车、货车、越野汽车、自卸汽车、牵引汽车、专用汽车 7 类。

1. 轿车

轿车用来装载旅客和随身行李，座位数不超过 9 座，一般在良好的铺设路面行驶。轿车按使用的发动机排量可分为微型、普通级、中级、中高级和高级轿车。其发动机排量分别为≤1.0 L、>1.0～1.6 L、>1.6～2.5 L、>2.5～4.0 L、>4.0 L。

普通轿车常见型式是闭式车身，有二门或四门，两排坐椅并备有行李舱。近年来轿车车速不断提高，因此，对行驶的安全性、平顺性和操纵稳定性要求日益提高。为提高市场的竞争力，轿车的外形、内饰也在不断更新。

所谓汽车工业，其核心就是轿车工业。没有轿车的汽车工业是不可能对整个国民经济产生巨大带动作用的，轿车工业是汽车工业的核心和灵魂。全世界的汽车保有量中，75%为轿车（其中80%为家用轿车）。由此可见，汽车工业的发展，主要是轿车工业的发展，而且还主要是家用轿车的发展。

我国在计划经济时期，汽车工业长期以来以生产中型载货汽车为主。由于载货汽车生产批量小，生产技术、装备技术、开发水平都较低，难以提升汽车工业的发展水平。因此，靠发展载货汽车难以把汽车工业建成国民经济的支柱产业。

现在，我国汽车年生产量已达1 300万辆，其中轿车已接近甚至超过年生产量的60%。轿车年生产量要达到汽车年生产量75%的水平，轿车广泛地进入家庭是充分和必要的条件。目前，我国已具备这一条件，将很快达到这一指标。

绝大多数轿车以汽油发动机为动力，但目前采用柴油发动机的逐渐增多，特别是在欧共体内，采用柴油发动机的趋势越来越明显。在法国和德国轿车采用柴油发动机的达到近50%。

2. 货车

货车是以运载货物为主要目的的汽车，有的货车还可牵引挂车。根据国家规定，货车按生产厂核定的最大总质量，可分为微型（≤1.8 t）、轻型（>1.8 t且≤6 t）、中型（>6 t且≤14 t）、重型（>14 t）4种。

货车的总体布置已基本定型化，通常采用发动机前置后轮驱动型式，且多为4×2的驱动型式。也有用轿车底盘改装成微型或轻型货车的，如图1—4所示。这种货车的货厢位置较低，便于装卸；车身较窄、较短，便于在狭窄的街道和胡同中穿行，适合市区小宗货物的运送。目前，中型以下的货车仍采用汽油发动机，重型的货车则多采用柴油发动机。

3. 客车

可乘坐9人以上（不含驾驶员）的载客汽车称客车。客车具有长方形的车厢，用于运载人员及其行李物品。客车按其总长度分为微型（≤3.5 m）、轻型（>3.5～7.0 m）、中型（>7.0～10 m）、大型（>10～12 m）。特大型客车有铰接式和双层客车，铰接式客车长度大于12 m，双层客车长度为10～12 m。

各型客车因用途不同而各有特点，市内公共汽车要求车厢内站立面积大、通道宽，有两个以上较宽的车门。车门踏板也应较低，便于乘客上、下车。车厢内高度应容许乘客站立。市内公共汽车，因起步停车极为频繁，要求具有效能较好的起动系统和制动系统。前些年，我国许多城市的公共汽车由载货汽车底盘改装而成，底板较高，上、下车通常有三级踏步，

图 1—4　由轿车底盘改装的小货车

不太方便，平顺性也较差，乘坐不太舒适。近年来，由于汽车技术的提升，已多采用专用底盘，从而降低了地板高度，前悬多采用独立悬架，使平顺性能提高，乘坐舒适性有所改善。此外，为了提高载客量，缓解城市交通压力，各城市大量采用铰接式公共汽车或双层公共汽车。

城市郊区用客车，行驶在市郊城镇之间，座位数加多并设有行李舱、架。长途客车的座位数与乘客定员数相等，要求有较好的乘坐舒适性，并有较大的行李舱或行李架。汽车的距地间隙和其他通过性几何参数，应考虑通过坏路面、隧道、桥梁、轮渡时的需要。

目前，大型客车多采用柴油发动机，而微、轻、中型客车则仍多用汽油发动机，此外，大型客车采用发动机后置后轮驱动型式的逐渐增多。

4. 越野汽车

为了能在坏路或无路的旷野地域行驶，有的汽车的所有车轮都可驱动，具有较高的通过性能，这种汽车就是越野汽车。

按国家标准，根据越野汽车运行时的厂定最大总质量，将越野汽车分为轻型、中型、重型和超重型 4 种。

越野汽车可按驱动轴数分为双轴、三轴和四轴驱动，以 4×4、6×6、8×8 表示。多轴驱动的越野车多为军用车辆。

5. 自卸汽车

为了便于倾卸散装货物，提高运输生产率，将货厢做成可倾翻的汽车，叫自卸汽车。按自卸汽车在公路上运行时的最大总质量（以 6 t 和 14 t 为界），可分为轻型、中型和重型 3 种。此外，专门为矿山用的自卸车，因不在公路上行驶，其最大总质量可不受公路使用轴载质量的限制，有的总质量可达 100 t 以上。自卸汽车货厢有向后倾卸和向左、右、后 3 个方向倾卸的两种。

6. 牵引汽车

专用或主要用来牵引的汽车叫牵引汽车。用于牵引半挂车的叫半挂牵引车；用于牵引全挂车的叫全挂牵引车。

所谓半挂车是指其重力只有一部分通过本身的支撑车轮，而另一部分则由牵引汽车的车轮来承受，支撑于地面，可见其重心是在半挂车本身车轴的前面。而全挂车的重力则全部由本身的车轮来承受，并支撑于地面。其重心在本身的车轴之间。

7. 专用汽车

专用汽车都是为某一专用目的而设计的车辆。因此，种类繁多，功能专一，结构各异。大多数是在某一汽车底盘上装设不同的专用设备或专用机械，以便进行某种特定的作业。专用汽车可分为厢式、罐式、仓栅式、起重举升式等多种。

厢式专用车具有封闭式车厢，用来承担专门的运输或作业任务，如救护车、售货车、囚车、扫地车等。

罐式专用车具有罐状容器，用于运输液体、气体或粉状物质，如油车、洒水车、污泥吸排车、消防车和水泥搅拌车等。

起重举升车是具有举重设备或可升降作业台的专用汽车。

仓栅式专用车具有仓笼式或栅栏式结构的车厢，用于运输散装颗粒食物、畜禽等货物。

农用汽车是专用来进行农用作业或农业运输的车辆。农用车应考虑采用柴油发动机为动力，底盘要低，以便于装卸农产品及其作业工具等，但距地间隙又要求较大，以提高农用车的通过性能，适应农村田野的行驶条件。

§1—3　汽车识别基础知识

一、汽车身份证

世界各国的汽车公司生产的汽车，大都已使用了“车辆识别代号（VIN）编码”。“车辆识别代号（VIN）编码”由一组字母和阿拉伯数字组成，共17位，所以又称17位识别代号编码，它是识别汽车不可缺少的工具。

VIN的每位代码代表着汽车某一方面的信息参数。按照识别代号编码顺序，从VIN中可以识别出该汽车的生产国家、制造公司或生产厂家、车辆类别、品牌名称、车型系列、车身型式、发动机型号、车架号、车型年款、安全防护装置型号、检验数字、装配工厂和出厂顺序号等。

17位代号编码经过排列组合，结果可使车型生产在30年之内不会发生重号现象，就像人们的身份证号码一样，不会发生重号错认，所以，称为“汽车身份证”。因为现在生产的汽车使用年限在逐渐缩短，一般8~12年就淘汰，不再生产。我国的汽车使用年限则稍长一些。如普桑轿车，使用期达20年之久。解放牌汽车（CA10B），在计划经济时期生产长达30年，俗称30年一贯制。在市场经济条件下，这种情况不会再有了。

我国政府有关部门也发布了《车辆识别代号（VIN）管理规则》，规定：“1999年1月1日后，适用范围内的所有新生产车必须使用车辆识别代号。”由于我国的汽车生产企业大都与国外公司合作、合资生产，所以在1999年1月1日以前出厂的贴牌汽车，均带有原产国的17位车辆识别代号编码。其所在车内的位置也是原产国的规定位置。

1. 主要要求

（1）凡是汽车、挂车、摩托车和轻便摩托车都必须具有车辆识别代号。

（2）每个地区和国家使用的字母和数字代号必须经国际标准化组织认可批准方可使用。例如，美国代号为“1”和“4”；日本为“J”；加拿大为“2”；墨西哥为“3”；韩国为“K”；德国为“W”；英国为“SAT”；法国为“V”；意大利为“Z”；中国为“L”；巴西为“9”；泰国为“M”等。

（3）在 30 年内生产的任何车辆识别代号编码不得相同。其年份代码按表 1—1 规定使用。

表 1—1　　标示年份的代码

年份	代码	年份	代码	年份	代码	年份	代码
1981	B	1991	M	2001	1	2011	B
1982	C	1992	N	2002	2	2012	C
1983	D	1993	P	2003	3	2013	D
1984	E	1994	R	2004	4	2014	E
1985	F	1995	S	2005	5	2015	F
1986	G	1996	T	2006	6	2016	G
1987	H	1997	V	2007	7	2017	H
1988	J	1998	W	2008	8	2018	J
1989	K	1999	X	2009	9	2019	K
1990	L	2000	Y	2010	A	2020	L

（4）车辆识别代号应尽量置于车辆前半部分，易于观察到，并且能防止磨损或更换的部位。9 人座以下（含 9 人座）的客车和最大总质量小于或等于 3.5 t 的载货汽车识别代号应位于仪表板上。我国规定在仪表板的左上方，美国规定在仪表板的左下方，欧洲共同体则规定在底盘车架或汽车铭牌上。

（5）车辆识别代号的字码应字迹清楚，且须坚固耐久和不易替换。字码高度应≥7 mm，特种情况应不小于 4 mm。

（6）车辆识别代号只能采用下列阿拉伯数字和大写罗马字母：

1 2 3 4 5 6 7 8 9 0 A B C D E F G H J K L M N P R S T U V W X Y Z

2. 主要内容

车辆识别代号在 EEC（欧共体）内由三部分组成：第一部分为世界制造厂识别代号

(WMI)；第二部分是车辆说明部分（VDS)；第三部分是车辆指示部分（VIS)，如图 1—5 所示。

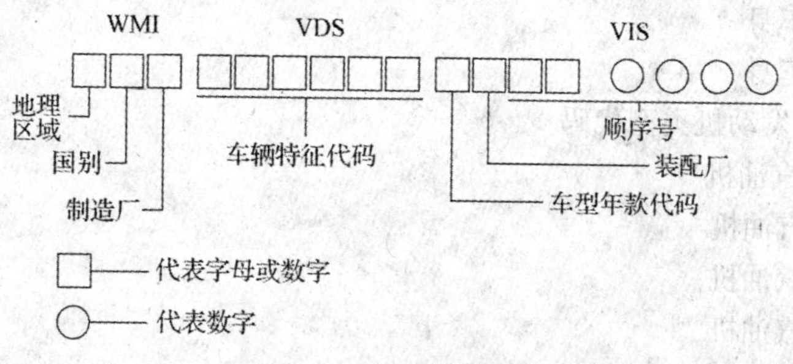

图 1—5　车辆识别代号编码的组成

(1) 第一部分的世界制造厂识别代号，必须经过申请，由国际标准化组织批准和备案后方能使用。3 位字码的组合保证了制造厂识别标志的唯一性。第一、二位字码组合保证国家识别标志的唯一性。第三位字码标明某个特定的制造厂的字母或数字。

但对于车辆年产量不足 500 辆的制造厂，世界制造厂识别代号的第三位字码必须为 9。此时车辆指示部分的第三、四、五位字码将与第一部分的三位字码一起作为世界制造厂识别代号。

(2) 第二部分由 6 位字码组成。此部分应能识别车辆的一般特性，其代号顺序由制造厂决定。

(3) 第三部分由 8 位字码组成，其最后 4 位字码应是数字。这一部分的第一位字码必须是指示生产年份，年份代码按表 1—1 规定使用。第二位字码可用来指示装配厂，若无装配厂，制造厂可自行规定其他内容。此外，第三位至第八位字码表示生产顺序号，这里应注意的是：我国和欧共体的规定相同，整个 17 位代码的最后 6 位代码为车辆的生产顺序号，与汽车底盘或车架号相同。故行驶证上的车架号签注的也是 17 位代码。

3. 车辆识别代号编码举例

(1) 我国东风汽车公司乘用车识别代号（VIN）编码规则如下：

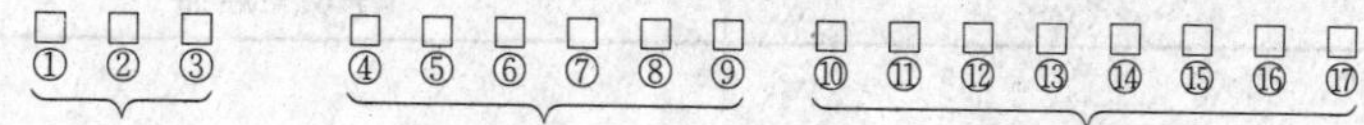

第①～③位　世界汽车制造厂识别代号

LGB—东风汽车公司开发且在东风汽车公司（含东风实业开发公司）生产的乘用车车辆识别代号

第④位　车辆品牌代码

C—风神蓝鸟　S—神宇

第⑤位　车身类型代码

1—四门三厢车身

2—四门二厢车身

3—五门二厢车身

4—三门二厢车身

第⑥位　汽车发动机类型代码

A—2.0　L4 汽油机

B—1.8　L4 汽油机

C—1.0　L3 汽油机

E—1.3　L4 汽油机

1—燃料电池

第⑦位　轿车的约束安全系统类型代码

A—手动安全带

B—自动锁紧安全带

C—手动安全带单气囊

D—自动锁紧安全带单气囊

E—手动安全带双气囊

F—自动锁紧安全带双气囊

第⑧位　车辆类别、变速器型式代码（见表 1—2）

表 1—2　　车辆类别、变速器型式代码

代码	车辆类别	变速器型式
0 2	普通乘用车	自动变速器 手动变速器
1 3	越野乘用车	自动变速器 手动变速器
4 5	专用乘用车	自动变速器 手动变速器

第⑨位　检验位代码

0～9 或 X

第⑩位　汽车生产年份代码（参见表 1—1）

第⑪位　东风汽车公司装配单位代码（见表 1—3）

表 1—3　　东风汽车公司装配单位代码

代码	装配单位	代码	装配单位
C	东风轻型客车厂	R	风神汽车有限公司一线

续表

代码	装配单位	代码	装配单位
D	技术中心试制部	W	神龙实业发展公司
E	东风微型汽车厂	Y	风神汽车有限公司二线
G	东风农用车有限公司		

第⑫～⑰位　汽车生产顺序号代码

（2）美国克莱斯勒公司 PLymouth 轿车 VIN 代码含义如图 1—6 所示。

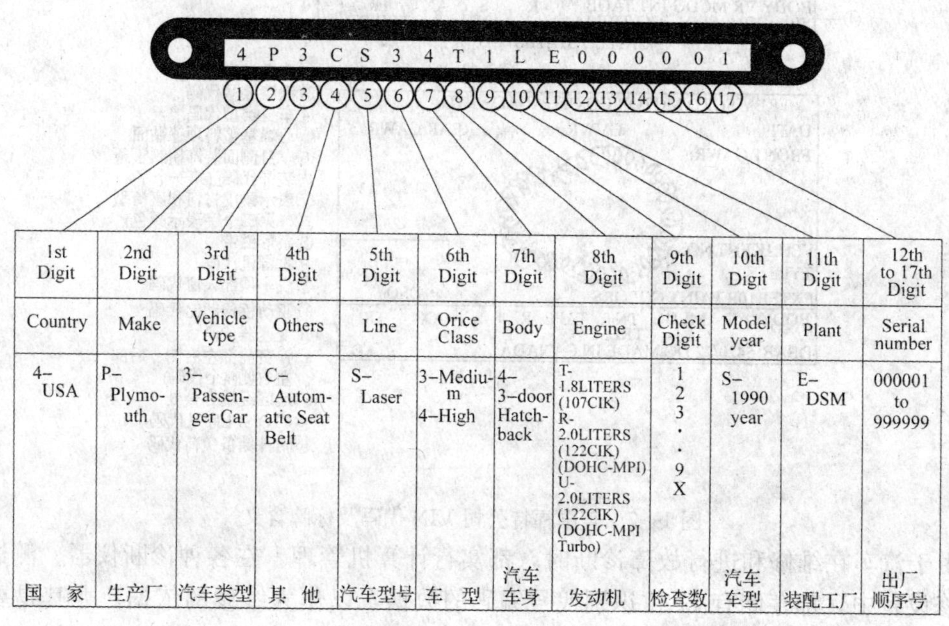

图 1—6　美国克莱斯勒公司 PLymouth 轿车 VIN 代码

图 1—7 为美国福特汽车公司 VIN 代码及标牌含义。

4. 主要作用

VIN 编码的主要作用有：

（1）有利于对机动车的管理

各国机动车辆管理部门，为了加强对机动车辆的管理，在办理牌照时，可以将代号编码输入计算机内存储起来，以备需要时调用。在处理交通事故、违章驾驶、保险理赔、查获被盗车辆、报案等都极方便，且便于核查。有的国家还规定，无 17 位识别代号编码的汽车不准进口；有的客户在购车时，对没有 17 位识别代号编码的汽车就不购买。所以，没有 VIN 编码的汽车是卖不出去的。

（2）便于车辆的维修保养

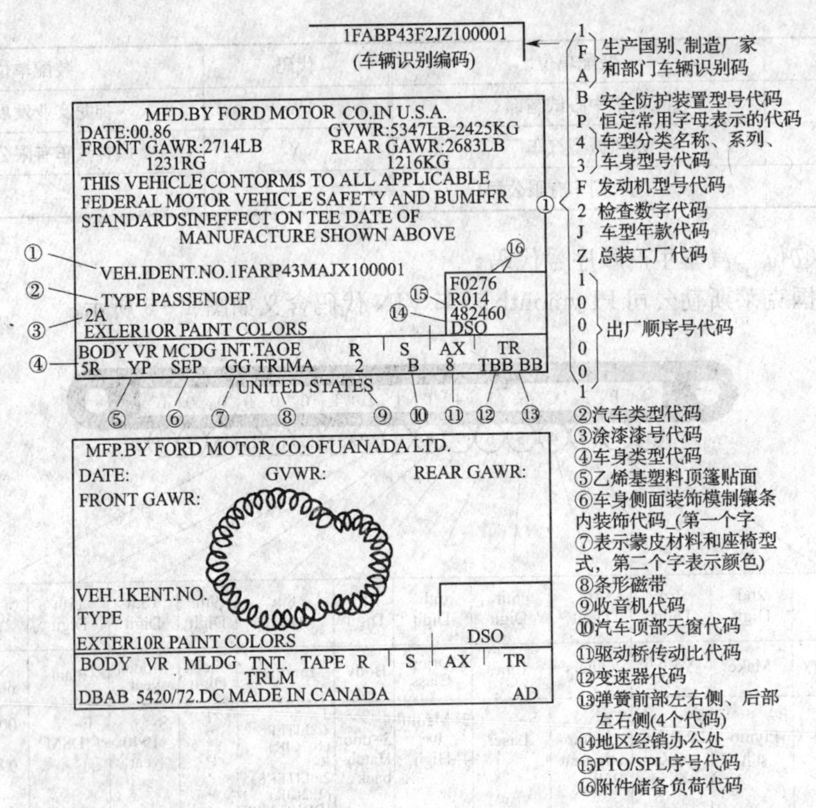

图 1—7　美国福特公司 VIN 代码及标牌含义

由于汽车在维修和进行故障诊断时，都实行计算机管理，在各种诊断仪器、测试仪表和维修设备中，都存储有 17 位识别代号编码的数据，以作为维修的依据。尤其是要更换损坏的零、部件时，维修厂按 17 位识别代号编码中的零、部件号采购是决不会出差错的。

（3）便于车辆零、配件的交易

17 位识别代号编码在车辆配件经营管理上也起着重要作用，在查找零、部件目录中的汽车零、部件号之前，首先要核对确认 17 位识别代号编码中的车型年款，否则有可能会产生误购、错装等现象。特别是在向国外採购零、配件的过程中，17 位识别代号编码就更显得特别重要。按照 17 位识别代号编码来採购，可杜绝误购或错购的现象发生。

（4）便于识别非法车辆

利用 VIN 编码数据规定，可以鉴别出拼装车、走私车，通过查验“VIN 车辆识别代号编码”来辨真伪。因为拼装车辆，无论是进口走私车还是土生土长的拼装车，一般是不按 VIN 规定进行装配的。

在验车过程中，若对所验车辆的真伪产生疑虑，可首先通过 VIN 码来查验其真伪。核对其 VIN 码与生产该车的汽车公司的 VIN 码的编码规定是否一致，若有不一致的地方，则为伪造的非法车辆。如果与该汽车公司的 VIN 码的编码规定相符。还可进一步查验 VIN 码中的第 10 位和第 9 位代码。

VIN 码中的第 10 位是车辆生产年份代码。可通过表 1－1 查到该车辆的生产年份，并核对其是否与标牌中的生产年份相符，不符则为伪造。

第 9 位代码是检验码。查验时较复杂一点，要通过计算，方能核对真伪。其计算方法和步骤如下：

1）首先从表 1—4、表 1—5 及表 1—6 中，分别查出 VIN 代码中的数字码和字母码的对应值，以及 VIN 代码中的位置所对应的加权系数。

2）将第 9 位检验码除外的其余 16 位码，第一位的加权系数乘 VIN 码中的数字码的字母码的对应值，再将各乘积相加，其和被 11 去除。

表 1—4　　VIN 代码中数字码的对应值

VIN 代码中的数字码	0	1	2	3	4	5	6	7	8	9
对应值	0	1	2	3	4	5	6	7	8	9

表 1—5　　VIN 代码中字母码的对应值

VIN 中的字母码	A	B	C	D	E	F	G	H	J	K	L	M	N	P	R	S	T	U	V	W	X	Y	Z
对应值	1	2	3	4	5	6	7	8	1	2	3	4	5	7	9	2	3	4	5	6	7	8	9

表 1—6　　VIN 中代码位置所对应的加权系数

VIN 代码中的位置	1	2	3	4	5	6	7	8	9	10	11	12	13	14	15	16	17
加权系数	8	7	6	5	4	3	2	10	*	9	8	7	6	5	4	3	2

3）其除得的余数，应为第 9 位所标代码的数字。如果余数为 10，则检验码就应为字母 x，否则就是伪造的。

现举例说明如下：

例 1—1：一辆多用途乘用车，其 VIN 代码为：LFMHEBC13x8000006，验证其第 9 位检验码的真伪。

解：该车 VIN 代码第 9 位数字为“3”，按上述步骤进行计算。现列表计算如下。见表 1—7。

表 1—7 中计算结果为 3，与 VIN 代码中的第 9 位一致，验证结果是真的。

表 1—7　　　　　　　　　　　　　**VIN 码检验位计算表**

VIN 码位置	1	2	3	4	5	6	7	8	9	10	11	12	13	14	15	16	17
VIN 码	L	F	M	H	E	B	C	1	3	X	8	0	0	0	0	0	6
VIN 码对应值	3	6	4	8	5	2	3	1	3	7	8	0	0	0	0	0	6
加权系数	8	7	6	5	4	3	2	10	9	8	7	6	5	4	3	2	
对应值与加权系数的乘积	24	42	24	40	20	6	6	10		63	64	0	0	0	0	0	12
各项乘积之和	24+42+24+40+20+6+6+10+63+64+12=311																
总和除以11 的余数	311÷11=28　余 3																

二、汽车标牌识别

汽车出厂时，把汽车出厂的年月和基本性能参数用文字或字母编写后印刷在一小块金属板上，并将其固定在汽车的某一部位，就成了汽车的标牌。不同的生产制造厂家，车型标牌固定的位置也不同。我国的汽车通常将标牌固定在发动机舱某个醒目的地方。大型客车则通常固定在车门上方内侧。国外进口或合资生产的小型乘用车，多数固定在驾驶室或发动机舱某个位置上。图 1—8 所示为丰田汽车公司车型标牌的位置。

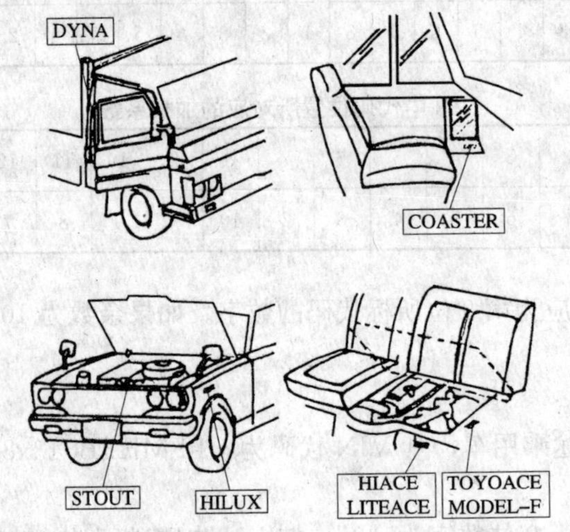

图 1—8　丰田汽车车型标牌位置

常见的车型标牌记录的内容有汽车型号、发动机型号和排量、车架号、车身颜色或油漆号、装饰编号、车轴编号、制造厂编号等。不同厂家生产的汽车，标牌内容有所不同。前面

图 1—7 中，就有福特公司的汽车标牌内容。图 1—9 所示为丰田汽车车型标牌。在汽车使用、维修等筹措配件时，都要用到车型标牌。

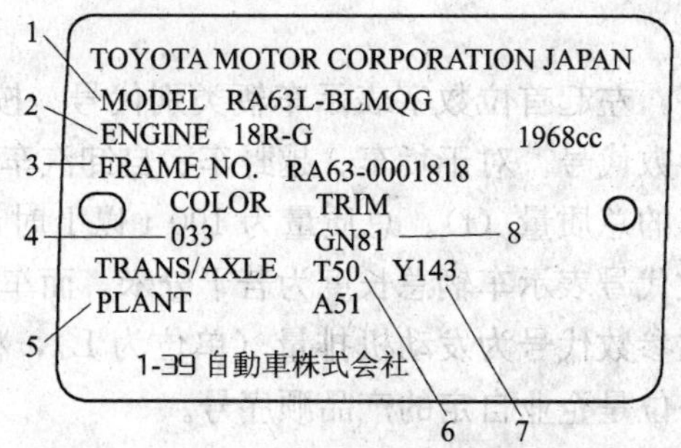

图 1—9 丰田汽车车型标牌

1—汽车型号 2—发动机型号 3—车架编号 4—车身颜色编号
5—装饰编号 6—变速器型号 7—车轴编号 8—制造厂编号

三、国产汽车产品型号编制规则

为了在生产、管理、使用、维修中便于识别不同的国产汽车，我国对国产汽车规定了统一的型号编制规则，颁布了国家标准 GB 9417—1988《汽车产品型号编制规则》。该标准规定 1989 年 1 月 1 日后设计定型的汽车和半挂车型号，应由如图 1—10 所示的几部分组成。专用汽车产品型号由图 1—11 所示的几部分构成。

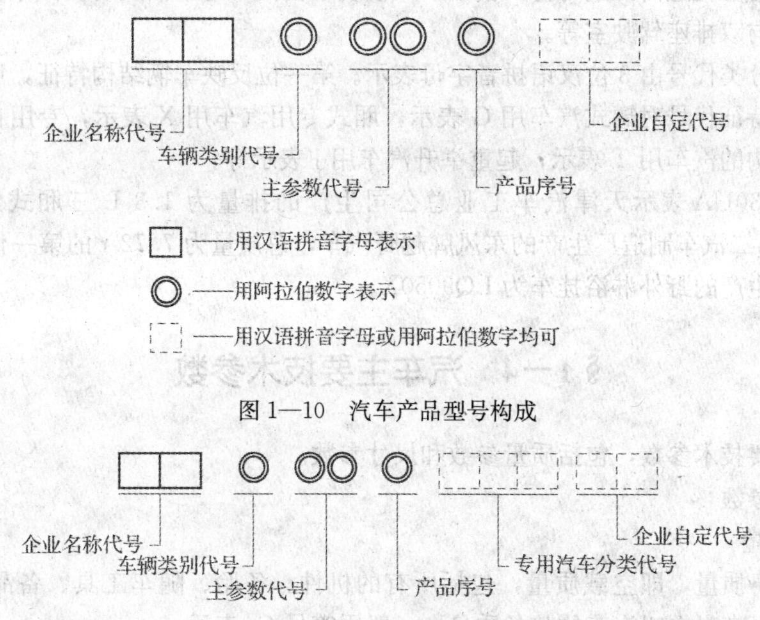

图 1—10 汽车产品型号构成

图 1—11 专用汽车产品型号构成

汽车产品型号应能表明汽车的厂牌、类型和主要特征参数等。国家标准规定，国产汽车产品均应由汉语拼音字母和阿拉伯数字组成。汽车型号各组成部分含义如下：

前面2位汉语拼音字母表示生产企业名称的代号，例如EQ表示第二汽车制造厂，TJ表示天津汽车工业公司等。

中间的4位阿拉伯数字，左起首位数字表示车辆类别代号。按表1—8的规定编码。中间两位数字表示汽车的主参数代号。对于货车、越野车、自卸汽车、牵引汽车、专用汽车与半挂汽车，其主参数为汽车的总质量（t）。总质量为100 t以上时，允许用3位主参数代号表示。对于客车，其主参数代号表示车辆总长度为若干分米，而车辆总长度不小于10 m时，则表示为若干米。轿车的主参数代号为发动机排量（单位为L），精确到小数点后一位，以其值的十位数表示。最末一位是企业自定的产品顺序号。

表1—8　车辆类别代号

车辆类别代号	车辆种类	车辆类别代号	车辆种类	车辆类别代号	车辆种类
1	载货汽车	4	牵引汽车	7	轿车
2	越野汽车	5	专用汽车	8	
3	自卸汽车	6	客车	9	半挂及专用半挂车

尾部企业自定代号可用汉语拼音字母和阿拉伯数字表示，位数由企业自定，表示同一种汽车但结构稍有变化且需区别对待。例如，汽油发动机汽车与柴油发动机汽车，长轴距和短轴距，单排座与双排座驾驶室等。

专用汽车分类代号由3位汉语拼音字母表示。第一位反映车辆结构特征，后两位表示用途特征。结构特征代号对罐式汽车用G表示，厢式专用汽车用X表示，专用自卸汽车用Z表示，特种结构的汽车用T表示，起重举升汽车用J表示等。

例如TJ7130UA表示天津汽车工业总公司生产的排量为1.3 L三厢式经济型轿车。EQ2080表示第二汽车制造厂生产的东风牌越野汽车，总质量为7.72 t的第一代汽车。而济南汽车改装厂生产的野外淋浴挂车为LQ9050X。

§1－4　汽车主要技术参数

汽车的主要技术参数，包括质量参数和尺寸参数。

一、质量参数

1. 自身质量

汽车的自身质量，即空载质量，包括所有的机件、备胎、随车工具、备品配件并加满油、水的质量，有时也叫汽车的整备质量，一般用符号G_0表示。

2. 载质量和载客量

汽车的载质量是指在良好路面上行驶时，汽车所允许的额定载质量。当汽车在碎石路面行驶时，载质量有所减少，约为良好路面上的75%～80%。越野汽车的载质量是指越野行驶或行驶在土路上的载质量。

轿车和客车的载客量，以座位数来表示。微型轿车一般为2～4座，轻型轿车为4座，中型轿车为4～5座，大型和高级轿车为5～7座。无站立乘客的客车，其载客量就是其座位数（包括设立的边座座位数）。城市公共汽车的载客量包括座位数和站立人数，城市、城郊公共汽车按每平方米站10人计算。

3. 汽车的总质量G_a

汽车的总质量是装备齐全，并按规定装满客、货（包括驾驶员）时的质量，即：

$$G_a=G_o+G_p+G_L$$

式中 G_o——汽车自身质量，kg；

G_p——乘客和驾驶员的质量（按每人65 kg或70 kg计算），kg；

G_L——载货质量。轿车、客车为乘员携带的行李质量。对中型以上轿车每人可携带5 kg，轻型或微型轿车每人可携带10 kg的行李。

4. 汽车自身质量利用系数η_G

汽车自身质量利用系数是指汽车装载质量G_e与自身质量G_o之比，即$\eta_G=G_e/G_o$。此值是评价汽车设计和制造水平的一个重要指标。汽车的自身质量利用系数η_G，随汽车的类型、装载质量的不同而定。货车的自身质量利用系数随装载量的增大而提高。目前，轻型货车的η_G一般在1.1左右，但装用柴油发动机的汽车略低，约为0.8～1.0之间；中型货车的η_G约为1.2～1.4；重型货车约为1.5。显然，η_G随着汽车技术的发展和制造水平的提高而增大。随着道路条件的改善、材料性能的提高，特别是汽车零、部件载荷谱和疲劳强度研究的发展，η_G值还有不断提高的趋势。

5. 汽车的轴荷分配

汽车轴荷分配的主要原则是使各车轮的载荷均匀，目的是使轮胎均匀磨损。同时还考虑汽车的操纵稳定性和牵引性等主要性能的需要。为了使轮胎均匀磨损，通常在满载时希望每个轮胎的负荷大致相等。

二、尺寸参数

汽车的尺寸参数主要包括汽车的外廓尺寸、轴距、轮距、前悬、后悬等。

1. 外廓尺寸

汽车的外廓尺寸是指其长、宽、高。对公路运输车辆的外廓尺寸各国均有法规规定。这是为了使汽车外廓尺寸适合于本国的公路、桥梁、涵洞和铁路运输的标准，并确保行驶安全性。对公路车辆的外廓尺寸的界限，我国按国标GB 1589—2004规定：汽车总高不大于4 m；总宽（不包括后视镜）不大于2.5 m；货车（包括越野车载货车）总长不大于12 m；公共汽车或一般大客车总长也不大于12 m；铰接式公共汽车总长不大于18 m。

2. 轴距L

轴距的长短直接影响汽车的长度、质量和许多使用性能。汽车轴距L的大小取决于前、后轴之间所有机构的长度尺寸和它们之间的间隙，如图 1—12 所示。由图可见，平头车的轴距 L 应为：

$$L=L_d+C+L_H-L_R$$

式中 L_d——从前轮中心线到驾驶室后壁之间距离；

C——驾驶室与货厢之间的间隙，一般为 50～100 mm；

L_H——货厢长度；

L_R——后悬长度。

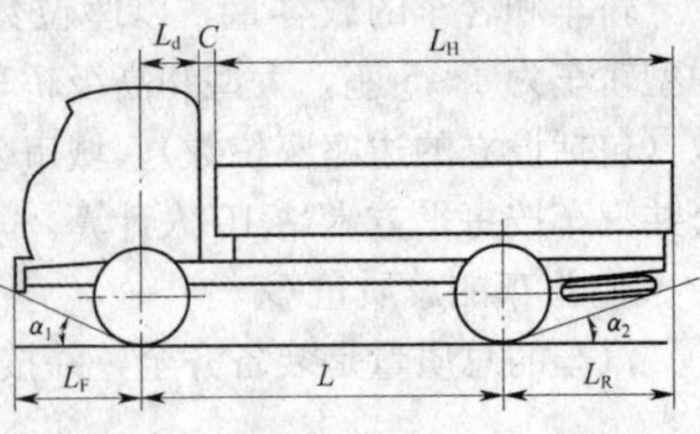

图 1—12　汽车轴距与其他尺寸的关系

轴距过长会增加汽车总长和总质量，并加大最小转弯半径，影响汽车的机动性。轴距过短则车厢长度不足或后悬过长，汽车行驶时的纵摆和横摆较大；制动和上坡时，前、后轴之间的载荷转移增大，降低汽车的操纵稳定性。轴距过短还会使传动轴夹角增大。对于客运车辆，轴距过小，会因行驶时车辆的纵摆和横摆增大，而降低乘坐的舒适性。

3. 前后轮距 B_1 和 B_2

轮距指的是同一轴左、右车轮与地面接触面中心之间的距离；两侧为双轮时，则指的是双轮中心点之间的距离。后轮距 B_2（见图 1—13a）取决于车架宽度、悬架弹簧宽度、车轮宽度与它们之间的间距。转向轮（前轮）的轮距（见图 1—13b）应保证转向轮有最大转向偏转角时，与车架之间留有必要的间隙。与方向盘同一侧的转向轮也应保证在车架、转向纵拉杆和转向轮之间留有必要的运动间隙。

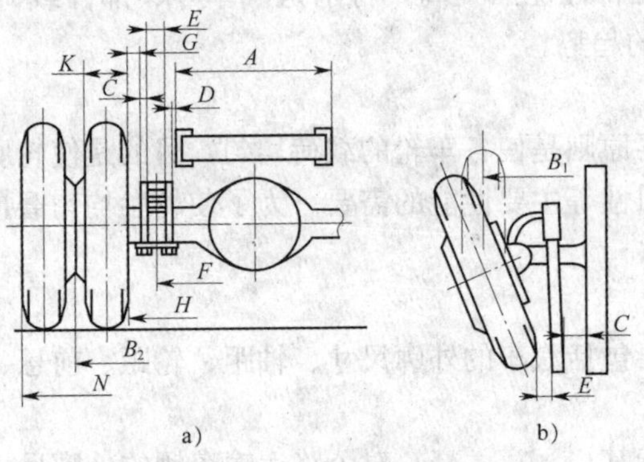

图 1—13　汽车的轮距

a）后轮轮距　b）前轮轮距

汽车轮距对汽车的总宽、总重、横向稳定性和机动性影响较大，轮距越大，则横向稳定性越好。但轮距过大，汽车总宽和总质量也会加大。前、后轮的外侧应小于车身宽度，以防止车轮向车身甩泥。此外，前轮轮距 B_1 一般均略大于后轮距 B_2。

4. 前悬 L_F 和后悬 L_R 以及接近角 α_1 与离去角 α_2（见图 1—12）

汽车的前悬不宜过长，否则汽车的接近角 α_1 就会过小，影响通过性。前悬的长度应能保证固定和安装驾驶室前支点、发动机、水箱、弹簧前托架、转向器等机件。

汽车后悬的长度取决于货厢长度和后轴载荷；轿车的后悬长度取决于车身外形和后轴载荷。后悬应保证适当的离去角。后悬不宜过长，否则，会使离去角 α_2 减小，上、下坡时容易刮地。

一般大客车为了增加载客量，后悬比较长，为不使离去角过小，可将后悬车身底下截去一块形成倾斜状，以增大离去角。

5. 最小距地间隙

汽车的最小距地间隙，是汽车通过性的一个重要指标，一般是指汽车在静载时，汽车中间区域内的最低点至水平地面间的距离。通常是指驱动桥壳的最低点至地面的距离。最小距地间隙越大，汽车的通过性越好。越野汽车的距地间隙都比较大，以适应越野的行驶条件。

6. 转弯半径

汽车转弯时，由转向中心 O（见图 1—14）到外侧转向轮与地面支撑平面中点的距离称

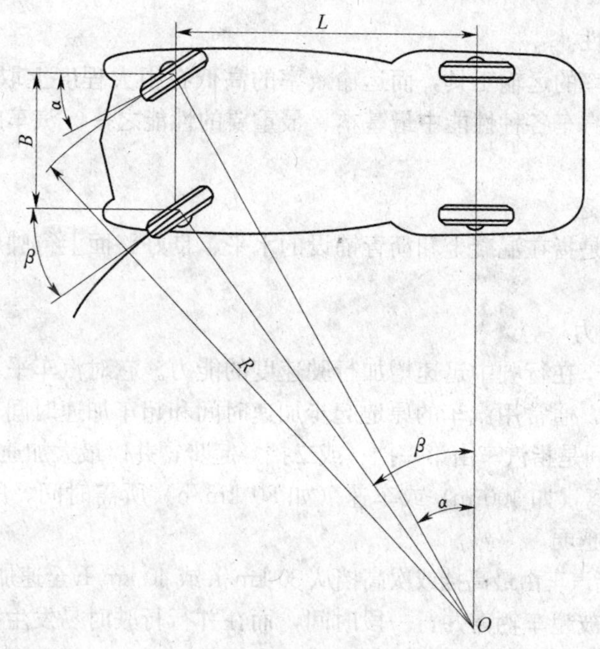

图 1—14　汽车转弯示意图

为汽车转弯半径 R。转弯半径越小，则汽车转弯时所需场地就越小。当转向盘转到极限位置，外转向轮偏转角达最大时，即 α_{max}时，此时转弯半径 R 最小。其关系式如下：

$$R_{min}=\frac{L}{\sin\alpha_{max}}$$

式中　L——汽车的轴距（mm）。

通常，汽车转向轮左、右的极限转角不相等，故汽车向左或向右的最小转弯半径不相等。

有时不称转弯半径而称转弯直径，即指的是转向时外转向轮与地面支撑平面中点的轨迹圆直径。

§1—5 汽车的使用性能

汽车的主要性能指的是汽车在使用中所表现的性能。这些性能主要有汽车的动力性、经济性、制动性、操纵稳定性、行驶的平顺性、通过性以及排放污染和噪声等。现代汽车还对汽车的外形和内饰的美观及乘车舒适性提出了很高的要求。随着汽车保有量的增加，在使用汽车的过程中，汽车群体还具有较强的污染环境、消耗资源的负面效应。因此，对环境的污染和资源的消耗成为汽车一种负面的不良性能。如何克服汽车这种不良性能，已成为汽车技术研究和发展的主要方向之一。对汽车上述主要性能的了解和掌握能为鉴定评估和合理运用汽车提供理论基础。

一、汽车的动力性

汽车是一种高效率的运输工具，而运输效率的高低在很大程度上取决于汽车的动力性。因此，汽车动力性是汽车各种性能中最基本、最重要的性能之一。汽车的动力性可由以下三个指标来衡量。

1. 汽车的最高车速

汽车的最高车速是指在混凝土和沥青铺设的水平、良好路面上行驶所能达到的最高行驶车速。

2. 汽车的加速能力

加速能力是指汽车在行驶中迅速增加行驶速度的能力。它对汽车平均行驶速度有较大影响。汽车的加速能力，通常用汽车的原地起步加速时间和超车加速时间来衡量。

原地起步加速时间是指汽车由第一挡（或二挡）起步，并以最大加速强度连续换至最高挡后，达到某一预定距离（如 400 m）或车速（如 80 km/h）所需时间。所需时间越短，加速能力越强，反之，则越弱。

超车加速时间是指汽车由最高挡或次高挡从 30 km/h 或 40 km/h 全速加速到某一高速所需时间。超车时，汽车与被超车辆需并行一段时间，而在并行行驶时易发生事故。所以，超车加速能力强，两车并行的时间就短，行驶安全性就高。超车时，被超车辆的驾驶员应主动减速让道，以便缩短两车并行时间。

此外，有时也用加速度的大小和加速距离的长短来表示汽车的加速能力。

3. 汽车的爬坡能力

爬坡能力是指汽车满载时，在良好的路面上以最低前进挡所能爬行的最大坡度。

货车和越野车需在各种路面上行驶，要求具有较高的爬坡能力，一般货车的爬坡度约为

30%，即16.5°左右。越野车最大爬坡度可达60%，即30°左右，轿车因在较好路面行驶，通常不强调其爬坡能力，但由于轿车一挡时的加速能力大，动力强劲，故爬坡能力也很强。

二、汽车的燃油经济性

目前，如何减少汽车对石油资源的消耗，一直是世界各国关注的问题。燃油经济性是汽车使用性能中，车主们最关心的性能指标。特别是在近年来世界市场油价一路飙升的形势下，汽车油耗已成为人们购买汽车首先考虑的因素之一。

在我国，汽车的燃油经济性常用一定的运行工况下，汽车行驶100 km所消耗的燃油升数即L/100 km来衡量。其数值越大，经济性则越差。但在美国，汽车燃油经济性指标为mile/US gal（1 mile=1.609 km，1 US gal=3.785 L），即每美加仑燃油能行驶的英里数。其数值越大，则燃油经济性越好。

购车时，生产厂家所提供的百千米耗油升数是指在一定工况下，在实验台上测出的油耗量，但在实际使用中，由于工况不同，油耗普遍比厂家提供指标高出许多。

三、汽车的制动性

所谓汽车的制动性是指汽车在行驶中，按需要强制减速直至停车的能力。汽车的制动性能是评价其安全性的主要指标。良好的制动性，可提高汽车的平均行驶速度，获得较高的运输效率。

汽车的制动性主要由制动效能、制动抗热衰退性和制动时的方向稳定性三个指标来衡量。

1. 制动效能

制动效能是指汽车迅速降低行驶速度直至停车的能力。它由一定的初速度下的制动距离、制动时的减速度和制动时间来评定。制动距离与行车安全有直接关系，而且最直观，因此，交通管理部门通常会据此制定相应的安全法规（可参见表4—9）。

2. 制动抗热衰退性

汽车在高速制动或短时间多次重复制动以及下长坡连续制动时，会产生大量的热，使制动器迅速升温。高温会使制动器的摩擦系数下降，从而减小制动摩擦力，进而影响制动效能，这就是制动时的热衰退性。若高温对制动效能影响很小，则其抗热衰退性就好，相反，则不好。

3. 制动时的方向稳定性

制动时汽车能按预定的轨迹行驶，不发生跑偏、侧滑或失去转向能力，就是汽车的行驶方向稳定性。通常规定一定宽度的试验通道，在试验时不允许产生不可控制的效能，以避免汽车偏离通道。一般规定试验通道宽为2.5 m。

四、汽车的操纵稳定性

汽车的操纵稳定性包括操纵性和稳定性两个方面的内容。操纵性是指汽车能够及时准确地执行驾驶员的转向指令；稳定性是指汽车受到外界扰动，如路面不平的扰动或突遇强阵风时，汽车能自行保持正常的行驶状态和原定的行驶方向，不发生失控，且能抵抗倾翻和侧滑的能力。

五、汽车的行驶平顺性

汽车行驶时，路面的不平度会对汽车产生冲击，引起振动，使乘客感到不舒适或损坏货物。而汽车具有减振和隔振的特性，这种特性称为汽车的行驶平顺性。

由于汽车行驶速度越来越高，振动也会随之加剧，对其减振和隔振能力也要求越来越高。在汽车的使用过程中，常因车身的强烈振动而限制了行驶速度的发挥。

六、汽车的通过性

通过性是汽车在一定的载质量下能以足够的车速，顺利地通过坏路或无路区域，并能克服各种障碍物的能力。

汽车用途不同，对通过性要求也不一样。行驶在城市及良好铺设路面的汽车，对通过性要求并不突出，但越野车、军用车辆、农用车辆就要求有良好的通过性能。因这类车辆行驶的路面条件复杂且都较恶劣，如松软的土路、沙地、雪地、沼泽地等。此外，它们还会遇到坎坷不平地段及障碍物，如陡坡、台阶、壕沟等。

通过性能主要取决于汽车的几何参数和支撑牵引参数。如前述的最小距地间隙、接近角、离去角、前悬、后悬和转弯半径等都是通过性有关参数。支撑牵引参数主要与汽车的动力性、平顺性、稳定性、视野性等有密切关系。汽车在松软路面上行驶时，车轮与路面间附着力要比在硬路面的附着力小得多，且行驶阻力则要大得多。因此，汽车的驱动与附着条件得不到满足，从而限制了汽车的行驶，降低了汽车的通过性能。采用较宽的车轮、较深的花纹，对通过松软的土路有很好的效果。

七、汽车的排放与噪声

汽车的排放污染与噪声，现已成为大、中城市的主要污染源，严重地污染了人们赖以生存的自然环境，并威胁人类的生存与发展。汽车排放出的废气常在居民集中地区，近代城市高层建筑鳞次栉比，使汽车排放物不易稀释和扩散，造成局部地区排放污染物浓度过高。同时，汽车排放物大多徘徊在地面附近，处于人们呼吸的空间区域。因此，对人体健康危害极大。为此，许多国家都进行了大量研究工作，制定出了严格的排放标准，以改善人类的生存环境。

噪声、大气和水的污染是城市三大污染。世界各国都制定有限制噪声的法规。我国城市的交通噪声尤为严重，而城市的噪声 70%来源于汽车的交通噪声。随着我国汽车保有量的增加，城市交通噪声还将进一步增强。这是发展汽车工业进程中，又一个必须认真解决的问题。

我国有关法规规定，交通干线旁的居室，白天噪声不得超过70 dB（分贝），夜间不得超过 55 dB。超过此限的噪声对人的伤害较大。

经检测，我国许多大、中城市噪声都超过上述界限值。交通噪声会严重影响人们的健康，它不仅给人的听觉系统造成损伤，而且对神经系统、心血管系统、消化系统、内分泌系统、免疫系统及心理都有伤害。如当噪声超过 50 dB 时，长时间处在这种环境中人的神经系统就会受到影响。而汽车鸣笛的声音最高可达 105 dB，达到这一指标的噪声可导致人精神失常和耳聋。机动车驾驶员鸣笛应受到严格限制，尤其不应该随意乱鸣笛。

第二章 汽车的使用寿命

汽车在使用或存放闲置的过程中，会逐渐发生损耗而降低其原始价值。汽车在使用中，由于磨损、疲劳、腐蚀、老化等多种原因，其使用性能随着使用年限或行驶里程的增加而逐渐下降，排放污染物则不断上升，到了一定期限后就应报废，这是一种自然规律。为了提高工作效率，降低使用费用，减少排放污染，必须研究汽车的使用寿命，及时更新现有劣化的车辆，所以，其对汽车的鉴定评估工作也具有重要意义。

§2—1 汽车的价值损耗

一般来说，汽车的损耗有两种形式，即实体价值损耗和非实体价值损耗。前者也称有形损耗，后者也称无形损耗。

一、实体价值损耗

汽车的实体价值损耗是指其本身实物形态上的损耗，又称物质损耗。它是汽车在存放和使用过程中，由于物理和化学原因而导致车辆实体发生的价值损耗，也即为自然力的作用而发生的损耗。实体价值损耗的发生有两种情况：

第一种情况，汽车在使用过程中，由于零、部件发生摩擦、冲击、振动、腐蚀、疲劳和日照老化等现象而产生的损耗。这种实体损耗通常表现为汽车零、部件的原始尺寸、间隙发生变化，公差配合性质和精度降低；零、部件变形，产生裂纹，以致断裂损坏等。这种实体损耗具有一定的规律性，大致可分为三个阶段，如图 2—1 所示。

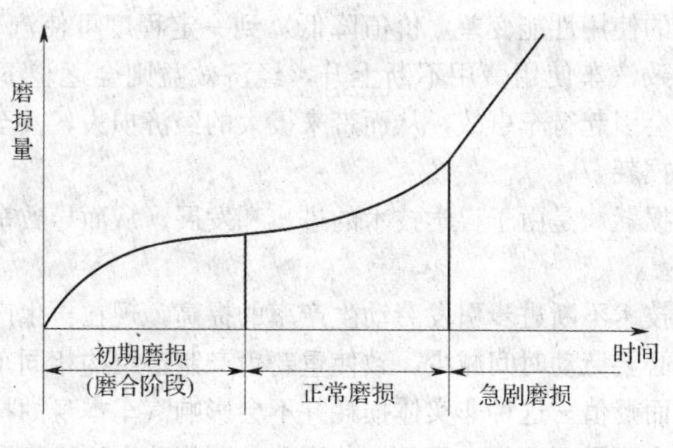

图 2—1 磨损曲线

第一阶段为初期磨损（磨合）阶段。在这个阶段，汽车的行驶速度不能太高，最好不要满载运行。因为汽车零、部件在加工装配过程中，其相对运动的表面不可避免地具有一定的粗糙度，当相互配合作相对运动时，表面上的凸峰由于摩擦很快被磨平，配合间隙适中。汽车磨合期的长短，各汽车公司都有严格的规定。一般欧美国家的汽车约为 7 000 km，日本汽车约为5 000 km，也有的车为 3 000 km。使用中，必须按汽车厂家的规定，跑到磨合期的里程数，必须按时去进行首次保养，更换机油，清洗空气滤清器，调整间隙等，使汽车处于最佳状态。

第二阶段为正常磨损阶段。在这个阶段汽车零、部件表面上的高低不平已被磨去，磨损速度较第一阶段缓慢，磨损情况较稳定，磨损量基本随行驶里程的增加而均匀正常地增加，持续时间较长，这段曲线较平缓。这阶段车主应严格按汽车制造厂家在使用手册中规定的技术要求使用汽车，也就是通常所说的正常使用，尽可能延长其正常磨损阶段。

第三阶段是急剧磨损阶段。这一阶段由于破坏了正常磨损关系，从而使磨损加剧，磨损量急剧上升，图中曲线较陡，上升快。此时，汽车各零、部件的精度、技术性能和效率明显下降，使用费用急剧增加，油耗、排放超常提高，显示出汽车已达到它的使用寿命而仍继续使用。

从上述磨损规律可知：如果汽车在使用中加强维护保养，合理使用，则可延长其正常使用阶段的期限，从而可提高经济效益，减少使用费用的支出。此外，对汽车要定期进行检查，发现问题，及时解决，“小病不理，大病吃苦”，在进入急剧磨损阶段之前，就进行修理，以免遭到不可逆转的破坏性损耗。

第二种情况，汽车在存放闲置过程中，由于自然力的作用，而使汽车受到腐蚀、老化，或由于管理不善和缺乏必要的养护而使其自然丧失精度和工作能力。这种损耗与闲置时间和保管条件有关。例如，启动用蓄电池在长期闲置中，没有定期进行养护，会使其丧失工作能力而报废。发动机在长期的闲置中，首先应进行封存，或至少每年要进行维护保养和发动一次，否则就有可能因缸内锈蚀而影响其使用寿命。

汽车存在的上述两种损耗形式往往不是以单一形式表现出来，而往往是共同作用。其损耗的技术后果是汽车的使用性能变差，价值降低，到一定程度可使汽车完全丧失使用价值。在经济上，显然会导致汽车使用费用不断上升，经济效益则会逐步下降。在实体损耗严重时，若不采取措施，会引起行车事故，从而带来极大的经济损失，甚至危及生命。

二、非实体价值损耗

所谓非实体价值损耗，是由于科学技术的进步和发展，从而导致车辆的损耗与贬值。这也分两种情况：

第一种情况，因技术不断进步引发劳动生产率的提高，现在再生产制造与原性能和结构相同的车辆，其社会必要劳动时间减少，致使重新生产制造结构相同车辆的成本降低，造成现有车辆的价值损耗而贬值。这种非实体损耗并不会影响汽车本身的技术特性和功能，汽车可以继续使用，一般也不需要更新。但是，若汽车的贬值速度比维修汽车的费用提高的速度还快，修理费用高于贬值后的车辆价值，这时就应考虑更新了。

第二种情况，因科学技术的进步，不断出现性能更完善，运输效率更高的车辆而使原有车辆在技术上显得陈旧和落后，而产生损耗和贬值。这时，如果继续使用原有车辆，就会降低经济效益，这种经济效益的降低，反映在原有车辆使用价值的局部或全部丧失，这就产生了用新的车辆来取代原有旧的车辆的必要性。不过这种更新的经济合理性取决于原有车辆的贬值程度及经济效益下降的幅度。例如，电控燃油喷射系统的成功使用，使汽车的燃油经济性和排放污染都有明显的改善，使原有化油器汽车产生贬值，并逐渐淘汰退出市场。

§2—2　汽车的使用寿命

汽车使用寿命是指汽车开始投入使用到被淘汰、报废的整个时间过程。导致汽车被淘汰、报废的原因，主要是由于自然磨损、疲劳、老化、锈蚀等，使汽车随着使用年限或行驶里程的增加，而不能正常地工作；或因技术进步使得在用车辆的功能落后，排放超标，而加速车辆到达淘汰、报废的期限。此外，还有因不断地进行保养、维修，用高昂的代价来保持车辆的运行状态，从而使其经济性大幅下降，经济上极不合算，因而被淘汰、报废的。

汽车的寿命一般可分为自然使用寿命、技术使用寿命和经济使用寿命。其中，经济使用寿命最为人们所关注。

一、自然使用寿命

自然使用寿命是指汽车在正常使用条件下，从汽车投入使用开始，到因物理和化学的原因而损耗报废的时间。所谓正常使用系指按汽车制造厂的使用手册或使用说明书所规定的技术规范来使用，如轮胎气压，轮胎换位，发动机正常水温、油温，按规定的时间或行驶里程数保养清洗空气滤清器，不超载等。

自然使用寿命通常受实体损耗的影响，引起汽车实体损耗的原因很多，如前述的摩擦损耗、疲劳损耗、腐蚀、冲击、振动、日照老化、锈蚀等。

由于汽车结构复杂，在使用中，往往同时受到多种损耗的作用，致使汽车的主要机件到达技术极限而不能再继续使用。显然，汽车的自然使用寿命主要取决于各部件、总成的设计制造水平，以及正确使用、合理的养护和维修。汽车到达自然使用寿命时，应及时报废。其零、部件也不能再作备件使用了。需强调指出的是，对汽车不正确的使用、不良的维护和修理会缩短其自然使用寿命。反之，则可延长其自然使用寿命。

二、技术使用寿命

技术使用寿命是指汽车从投入使用到因技术落后而被淘汰所经历的时间。前面把汽车的自然使用寿命归于受实体损耗的影响，汽车除受到实体损耗的影响外，还要受到非实体损耗的影响。所以，汽车的技术使用寿命主要是受非实体损耗的影响。

由于科学技术的进步，汽车制造厂商们不断地生产制造出性能更先进、更完善，工作效率更高的新车型，致使原有车型的价值降低或者是生产制造同样的结构和功能的车型，由于设计、制造水平、技术、生产工艺水平的提高，生产规模的扩大，原材料价格的降低等原因，其成本不断下降，从而引起原有车型贬值，而被淘汰出局。化油器车躲不过被淘汰的命运，就是最好的实例。

三、经济使用寿命

经济使用寿命是指汽车从投入使用到因继续使用而不经济、成本较高而退出使用所经历的时间。经济使用寿命受到实体损耗和非实体损耗的共同影响。

汽车到了自然使用寿命的后期，由于其不断老化，必须支出的维修费用、能源消耗费用也越来越高。根据汽车的使用费和能耗费等来决定其更新周期，即为汽车的经济使用寿命。

汽车的经济使用寿命期，应是汽车经济效益最佳的时期。汽车是否能够继续使用或需及时更新应以经济使用寿命为依据。

有关资料表明，在一辆汽车的整个使用期内，汽车的制造费用平均约占其整个使用费用的15%左右，而汽车的使用、维修费用则占总费用的85%左右。业内人士认为，若购买一辆10万元的汽车，将该车使用到报废，则还需要花费约20万元。所以，现代汽车经济使用寿命的长短，很重要一点是在汽车设计制造时，就应充分考虑到今后可能达到的使用维修费用。如果汽车能在整个使用期内，保持使用费用、维修费用较低，则其经济使用寿命就较长，否则，就要缩短。

§2—3 汽车的经济使用寿命

一、经济使用寿命的量标

汽车经济使用寿命的量标有：规定使用年限、行驶里程、使用年限和大修次数。

1. 规定使用年限

规定使用年限是从汽车投入运行到报废的年数。用其作为经济使用寿命的量标，除考虑了运行的时间外，还考虑了汽车停驶闲置期间的自然损耗。这种计量方法虽然较简单，但是，尚未真实地反映出汽车的使用强度和使用条件对寿命的影响，造成同年限汽车差异较大。例如，两辆同型号的汽车，一辆每天运行8小时，另一辆则每天只运行2小时，其使用强度相差很大，但规定使用年限是一样的。

2. 行驶里程

行驶里程是指汽车从开始投入运行到报废，这期间累计行驶的里程数。用其作为汽车使用寿命的量标比较客观地反映了汽车的使用强度，但它也不能反映汽车的使用条件的影响，也未考虑停驶闲置期间的自然损耗。例如，有的汽车长年在大、中城市中行驶，道路全为铺设路面。而有的汽车则长期在山区、边远地区行驶，道路条件较差。使用行驶里程这个量标，则没有考虑这种差异。

应该说，汽车累计行驶里程数是考核汽车各项技术性能指标的重要参数，是一个很实用、很实际的量标，充分反映了汽车的使用强度的大小。汽车使用性质不同，同年限的汽车其累计行驶里程数相差是很大的。一般来说，同年限的专业运输车辆，行驶里程数较大。

在二手车的评估中，车主往往在里程表上做手脚，把行驶里程数作小，以便卖个好价钱，这在国内外都是不鲜见的不法行为。所以，行驶里程数的可信度受到质疑。鉴定评估人员应结合车况和使用年限来作出判断，防止上当受骗，不让消费者吃亏，这是鉴定评估师的职责。

3. 使用年限

使用年限是把汽车总的行驶里程数除以年平均行驶里程数所得的年限数，也称为折算年限，其计算公式为：

$$T_{折} = \frac{L_{总}}{L_{年}}(年) \tag{2—1}$$

式中 $T_{折}$——折算年限，年；

$L_{总}$——总的累计行驶里程，km；

$L_{年}$——年平均行驶里程，km。

这样计算出的使用年限既反映了车辆的使用情况、使用强度，又包括了运行条件和某些停驶闲置较长汽车的自然损耗，还反映了管理水平、维护水平等，是一个很好的量标。

在（2—1）式中的年平均行驶里程是用统计方法确定的，与汽车的使用性质和技术状况等因素有关。根据有关资料介绍，在我国，城市和市郊运输车辆年平均行驶里程一般在 4 万公里（1 公里＝1 千米）左右；长途货运车辆为 5 万公里左右；个体运输车辆则约为 3 万公里；私家生活用车约 2 万公里；公务、商务用车约为 3.5 万公里；出租车高的达 12 万公里，低的也有 9 万公里，平均约为 10 万公里。

上述统计平均值是对全国而言的。由于我国幅员辽阔，东、西部地区，南、北部地区，无论是道路条件、地理气候条件，还是经济发展水平都相差较大。所以，上述统计数据不可能真实反映各省市汽车使用的实际情况。若从实际的具体情况出发，各省市应有自己的年平均行驶里程的统计数据，这样计算出来的折算使用年限才切合实际，比较公平、合理，可信度更高。

上述量标，无论是对社会运输车辆还是零散车辆都适用。但应注意的是社会零散车辆的管理水平、使用和维修水平一般都比较差，在评估中应注意到这种差异性，在必要时，根据车辆的实际情况作出适当的修正和调整是必要的。

4. 大修次数

一些专业运输部门除了使用行驶里程这个量标外，还用大修次数作为量标。大修是指汽车在使用中，当动力性和经济性指标下降到一定程度后，已无法用正常的维护和小修的方法使其恢复正常的技术状况时，就要进行大修。在我国，汽车大修有严格的报修标准，未达到大修标准的，不得随意进行大修。相反，已达大修标准的汽车，必须进行大修，以防发生交通事故，造成人员的生命和财产损失。

从经济使用寿命来考量，汽车报废之前，截止到第几次大修最为经济，这就要权衡买新车的费用，加旧车未折旧完的损失和本次大修费用，再加上经营费用的损失，来预测截止到该次大修最为经济合算。否则，就应报废更新车辆。

二、经济使用寿命的估算

汽车是一种十分复杂的产品，由许多结构、材料不同的零、部件组成，这些不同的零、部件在使用中，所受到的作用力、循环应力、工作温度、振动、冲击等都不一样。存在着相对运动的零、部件，其耐磨强度就决定了其磨损寿命；而经常受循环应力作用的零、部件，则有疲劳损伤，就受疲劳寿命的影响；处于高温状态下工作的零、部件，就要受到蠕变寿命的影响。总之，情况比较复杂，不能逐个零件来计算其经济寿命，而应讨论整个汽车的经济使用寿命。

上述寿命都是在设计汽车零、部件时考虑的寿命，也就是它们的理论寿命。在设计前，通过统计分析，确定汽车的寿命分布函数、平均寿命等数字特征，在设计过程中参考这些数字进行设计计算。在此不予讨论。

在评估中，对经济寿命的估算，目前有两种观点。一种认为经济使用寿命是指汽车从开始使用到其年平均费用最小的年限，使用年限超过这个年限，年平均使用费用又将上升。所以，把平均使用费用最小的那个年限，定为经济使用寿命期。汽车使用到其经济使用寿命期的年限更新最为经济。

另一种观点认为，经济使用寿命期的长短不能单看年平均使用费用的高低，而是要以使用时获得总收益的大小来定。也就是要在经济寿命这段时间内获得最大收益，来确定其经济使用寿命。

根据上述两种观点，均可求出汽车经济使用寿命。常用的方法有最大收益法、最小平均费用法和低劣化数值法。由于最大收益法在计算上较复杂，从实用的角度出发，现只介绍最小平均费用法和低劣化数值法。

1. 最小平均费用法

平均费用也就是平均使用成本或开支，一般由年均维修费用和年均折旧费用组成。计算公式如下：

$$C_n = \frac{\sum V + \sum B}{T} \tag{2—2}$$

式中 C_n——n 年的平均费用，即年均使用成本；

$\sum V$——累计运行中的维修费用；

$\sum B$——累计折旧费用；

T——使用年数。

汽车每年的平均使用费用，在一般情况下，随着使用年限的增长，平均运行维修费用增加，而年均折旧费用下降。可把年平均费用 C_n 最小的那个年份作为最佳的更新期，也就是汽车的经济使用寿命。

图 2—2 所示的年平均费用曲线，反映了年均运行维修费用和平均折旧费用的变化。最小的年均费用所对应的年份数，即为其经济使用寿命。超过此经济使用寿命的年份，其年均费用又将上升。因此，汽车使用到年均使用费用最小的年限就更新汽车最为经济。

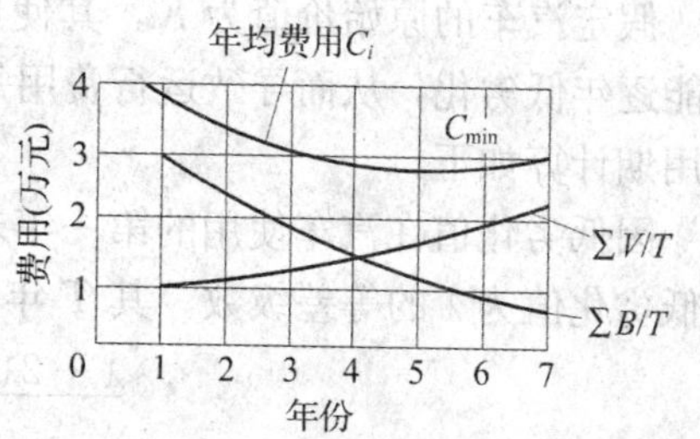

图 2—2　年均费用曲线

现举例说明此种估算方法的应用。

例 2—1：现购得一辆微型轿车，其原值为 40 000元。每年的运行维修费用和折旧后的每年净值见表 2—1。试计算其最佳更新期，即经济使用寿命期。

表 2—1　某车年运行维修费用和折旧后的年净值

费用（元）＼使用年数	1	2	3	4	5	6	7	8	9	10
运行维修费用	5 000	6 000	7 000	8 000	9 000	12 000	14 000	16 000	18 000	20 000
净值	30 000	22 000	16 000	12 000	8 000	6 000	4 000	2 000	1 000	0

根据表 2—1 数据，按最小平均费用法进行计算，结果见表 2—2。

表 2—2　按最小平均费用法计算经济使用寿命期

费用（万元）＼使用年数（T）	1	2	3	4	5	6	7	8	9	10
累计维修费用 ΣV	0.5	1.1	1.8	2.6	3.5	4.7	6.1	7.7	9.5	11.5
累计折旧费用 ΣB	1.0	1.8	2.4	2.8	3.2	3.4	3.6	3.8	3.9	4.0
总使用成本 $\Sigma V+\Sigma B$	1.5	2.9	4.2	5.4	6.7	8.1	9.7	11.5	13.4	15.5
年均费用 C_n	1.5	1.45	1.4	1.35	1.34	1.35	1.38	1.43	1.49	1.55

从表 2—2 的计算结果可以看出，平均费用最低的为 $C_5=1.34$ 万元。故这辆汽车最佳使用期限为 5 年。若再继续使用下去平均费用 C_n 就又上升了。若使用到 7 年以上，就很不经济了。所以，其更新的最佳期限为 5 年，退一步讲，最好不要超过 7 年。工业发达国家一般 5 年左右更新一代车是有一定道理的。

2. 低劣化数值法

汽车随着使用年限的增长，实体损耗和非实体损耗都不断加剧，运行维修费用相应加大，这就是汽车运行成本低劣化现象。若能按统计资料预测到这种低劣化程度，则可能在汽车使用早期就可预测其最佳更新期。

假定汽车的原始价值为 K，其使用年限为 T，则每年费用为 K/T。由于使用中，汽车性能逐年低劣化，从而导致运行费用每年以 λ 的数值增加。T 年后其残值为 Q。则汽车最佳使用期计算如下：

因低劣化值在汽车使用的第一年末为 λ，第二年末则为 2λ，……，第 T 年末为 $T\lambda$。逐年低劣化值为 λ 的等差级数。其 T 年的平均低劣化值为：

$$\frac{\lambda + 2\lambda + \cdots + T\lambda}{T} = \frac{(T+1)\lambda}{2} \tag{2—3}$$

则平均总费用 C 为：

$$C = \frac{K-Q}{T} + \frac{(T+1)\lambda}{2} \tag{2—4}$$

对（2—4）式可用求极值的方法使年均费用为最小，也就是按（2—4）式对时间求一阶导数，并令其等于零，即可求出 C_{min} 值。此值就为汽车的最佳更新期，也就是其经济使用寿命期。

若 Q 为常数，对（2—4）式求导，并令其等于零，即令 $\frac{dc}{dt}=0$，则有：

$$-\frac{k-Q}{T^2} + \frac{\lambda}{2} = 0$$

$$T = \sqrt{\frac{2(K-Q)}{\lambda}} \tag{2—5}$$

式中 T——汽车最佳使用年份数，年；

K——汽车原值；

Q——汽车使用 T 年后的残值；

λ——低劣化值。

若不计残值，即令 $Q=0$，则（2—5）式变化为：

$$T = \sqrt{\frac{2K}{\lambda}} \tag{2—6}$$

（2—6）式就是计算汽车最佳更新期的公式。现仍用例 2—1 的微型轿车为例进行其经济使用寿命的估算。

例 2—2：上例微型轿车原值 K 为 4.0 万元，假设残值 Q 为零。每年运行费用增加值 λ 为 0.3 万元，求该微型轿车最佳更新期，即经济使用寿命。

解：该车的最佳更新期用（2—6）式计算为：

$$T = \sqrt{\frac{2K}{\lambda}} = \sqrt{\frac{2 \times 4.0}{0.3}} = 5.16(\text{年})$$

上述两例均未考虑各年费用的时间价值，若要考虑费用的时间价值，就需要进行折现计算，其结果较不考虑时间因素的计算结果要延长一点。有关折现的问题，将在第八章中叙述。

三、影响经济使用寿命的因素

从提高汽车的经济效益出发，找出影响汽车经济使用寿命的主要因素，从而提高人们正确使用汽车的自觉性，也可提高对二手车评估的质量。

影响汽车经济使用寿命的主要因素有：汽车的损耗、汽车的使用强度、使用条件、维修保养的水平等。

1. 汽车的损耗

本章第一节阐述了汽车的两种损耗，即实体价值损耗和非实体价值损耗。有关非实体损耗的进一步阐述和计算，将在第六章中说明。此处仅就实体损耗直接与汽车的使用成本有关的问题，作一分析。

汽车的使用成本一般包括：

$$C = C_1 + C_2 + C_3 + C_4 + C_5 + C_6 + C_7 + C_8 + C_9 \quad (2—7)$$

式中 C_1——燃料费用；

C_2——维护、小修费用；

C_3——大修费用；

C_4——折旧费用；

C_5——轮胎费用；

C_6——驾驶员工资；

C_7——管理费用；

C_8——各种规费（如车船使用税等）；

C_9——其他费用。

在（2—7）式中的 $C_5 \sim C_9$ 是与汽车经济使用寿命无关的费用因素。C_4 当政策性规定折旧年限确定后，基本上是一个常数。所以，只有 C_1、C_2、C_3 三项费用是随汽车行驶里程或使用年限的增长，技术状况下降而增加。故只对 C_1、C_2、C_3 与汽车经济使用寿命有关的因素进行分析。

（1）燃料费用

汽车随着行驶里程的增加，磨损加剧，技术状态逐渐变差，主要性能也会逐渐下降，燃料和润滑油料消耗不断上升，费用当然也就会加大，经济效益变差。

（2）维修费用

维修费用是汽车在使用过程中，各级维护费用及日常小修费用的总和。主要是维修过程中，实际消耗的工时费、材料费。维修费用也随车辆行驶里程的增加而增加。其变化关系基本是线性关系，如图 2—3 所示。其数学表达式为：

$$C = a + bL \quad (2—8)$$

式中 C——维修费用；

a——初始维修费用；

b——维修费用增长强度；

L——累计行驶里程。

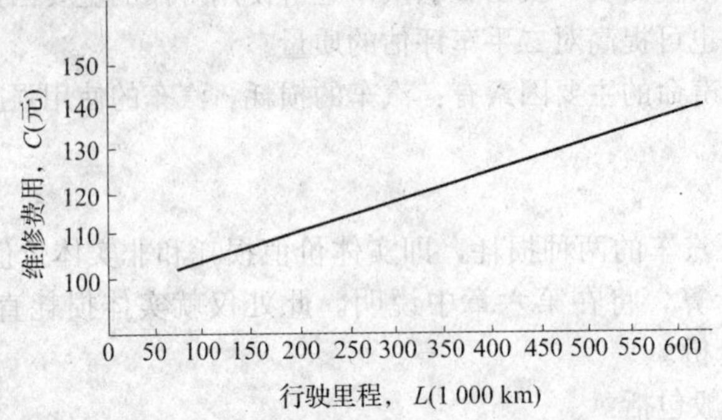

图 2—3　汽车行驶里程与维修费用的关系

对维修费用影响较大的是维修费用增长强度 b 的值，b 值决定图中直线的斜率。b 值越大，直线上升得越快。b 值通常由汽车制造商或汽车公司根据维修点的统计资料经分析计算得出。一般来说，不同的车型和不同的使用性质，其 b 值是不相同的。b 值是确定汽车经济使用寿命的主要依据之一。

（3）大修费用

在国外，家用轿车占了汽车保有量的 75%，3～5 年就更新一次。所以，通常不需要大修，一般的小故障经保养和小修就排除了，到不了大修的程度。专门的运输车辆淘汰的频率也比较高，一般也较少大修。但在我国，汽车进行大修是一件极普通的事情。人们习惯于那种“新三年，旧三年，缝缝补补又三年”的消费习惯。直至目前，我国经济的增长还主要依靠投资来拉动，而不是靠人民群众的消费来拉动。

但我国汽车大修条件是有严格规定的，不是随便想大修就大修。例如，客车大修的送修标准为：以车厢为主，结合发动机达到大修条件，则可送大修。货车以发动机为主，结合车架或其他两个总成符合大修条件，则可送大修。各总成大修也有具体的技术条件规定。例如，发动机送大修条件是：汽油机气缸磨损，其圆柱度达到 0.175～0.250 mm（柴油机达 0.25 mm），或圆柱度虽未到上述限值，但其圆度已达 0.05～0.063 mm，必须送大修。还有发动机最大功率较额定功率已降低 25%以上，或缸压达不到额定缸压的 75%（在发动机走热到水温为 70℃以上，转速为 100～150 r/min 时测量）。燃油和机油消耗显著增加，则可送大修。私家生活用车，可参考大修标准，自行决定是否进行大修。

大修的费用根据统计表明，新车第一次大修，其费用均为原车价值的 10%左右。以后的大修费用会逐渐增加，大修频率也会逐渐加大。

2. 汽车的使用强度

汽车的使用强度与汽车的使用性质有很大关系。不同的使用性质，使用强度相差很大。一般来说，私家生活用车不仅维护保养得较好，而且年平均行驶里程数较小；相反营运性车辆，年平均行驶里程数就很大，使用强度也很大。而公务、商务用车，则介于上述两者之间，使用强度一般。

汽车的使用强度与使用部门有关。交通运输部门、专门从事运输生产的车辆，使用条件复杂，使用强度较大。但车辆维修水平也较高。这部分车辆主要指的是客、货运输车辆。特别是货车，为了提高劳动生产率，通常带有拖挂车，实载率较高，甚至超载。这些车辆一般很少进入二手车流通领域，运输单位通常用到报废为止。城市公共交通车辆也是从“生”到“死”常年服役，不参与二手车市场交易。

城市出租车的使用强度极大，车辆机件磨损上升速率很快，大大影响车辆的使用寿命。而且这些车辆的管理、使用、维修水平差异很大，有少数出租车公司对于车况疏于管理，大多数出租车昼夜两班制。出租车进入二手车市场的不少，对于其车况，在评估中需特别注意。

还有一些机关、企事业单位的公务、商务用车，这些车辆一般没有专业的管理机构和维修基地，使用情况也存在较大差异。这些车辆进入二手车市场的较多。政府有关部门的公务用车更换后，均需进入二手车市场。评估时应注意考虑其实际技术状况，了解其使用维修情况。一般来说，这些车辆使用强度不大，车况也较好。

3. 使用条件

我国地域辽阔，各地除自然条件差别很大外，道路条件的差别也极大。

道路条件对汽车寿命影响较大。对汽车使用寿命有较大影响的道路条件主要是道路等级和路面情况两个因素。我国道路分为两类五个等级：一类包括汽车专用公路、高速公路、一级公路、二级汽车专用公路；二类包括一般二级公路、三级公路、四级公路。

高速公路具有特别的经济意义。我国高速公路发展极快，专供汽车分道高速行驶，一般时速均在 100 km 以上，采用全立交、全封闭形式。一、二级汽车专用公路多为大、中城市的铺设路面，或者是连接重要经济中心之间专供汽车行驶的道路。三级公路主要是用来沟通县级以上城市的干线公路。四级公路主要是为沟通县、乡、村等支线公路。

目前，我国正在实施“社会主义新农村建设”，改善农村经济，提高其发展水平。实施“要想富，先修路”的村村通公路的规划。到 2010 年，我国广大农村的交通条件得到了极大改善，同时也给汽车使用寿命的提高带来极大影响。

此外，一些特殊自然、地理条件也给汽车的使用寿命带来不利影响，如高寒地区、沿海、沙漠、高原、山区等。

4. 国家能源、环保政策

国家能源、环保政策主要影响是缩短汽车的使用寿命。这些政策限制了耗能多、排放不达标的汽车的使用，或使其提前报废，也增加年检次数，提高了汽车使用成本。

四、延长汽车使用寿命的有效措施

1. 严格按使用手册或使用说明书中的技术规范使用

要想延长汽车的使用寿命，最有效的措施就是正常合理地使用汽车。所谓正常使用，就是严格地按制造厂在使用手册或使用说明书中所要求的技术规范使用，不可乱用汽车。如按规定的时间或行驶里程数检查、清洁、保养汽车；清洁空气滤清器、机油滤清器；轮胎换位；保持正常的轮胎气压、发动机正常水温、油温；不得超载和超速行驶，等等。只有这样，才能使你的“爱车”长期保持良好的使用性能，为你服务，否则，用不了几年，你的“爱车”看上去就会是“老态龙钟”，行驶起来，哪里都响。

2. 日常的维护保养是延长使用寿命不可或缺的措施

虽然汽车具有钢筋铁骨之躯，但其寿命和“身体状况”也跟人差不多，同样有生命周期。人要保持良好的状态，少生病，不生病，健康长寿，必须注意日常的呵护和保养（养生）。汽车也一样，在使用过程中，要经常地进行维护保养，这是使汽车处于良好行驶状态所必须进行的日常工作。例如，例行对汽车进行擦拭、清洗、清洁、加油润滑、检查、调整、校正等。在使用中，要注意观察汽车的行驶情况，发现异常和出现故障，要及时处理和排除。否则，不仅会影响工作，更重要的会影响到汽车的使用寿命。

在这里要提醒车主们，汽车处于不同时期，汽车的“身体状况”也有很大区别，对汽车进行的维护保养和维修也不相同。可根据不同情况，实施相应的维护保养措施。但要自始至终地坚持，绝不可敷衍。

一般来说，新车在头两年，是状况最佳的时期，车况极好，只要正常使用，进行日常的维护保养，基本上不会有问题。日常养护主要是对汽车进行擦拭、清洁、清洗、检查等。

特别要提到的是对底盘的养护。不少车主购车后，只顾给爱车贴膜、封釉、铺地胶等，却很少会去考虑为底盘采取一些保护措施。在众多的汽车养护项目中，底盘的养护最易被忽视。实际上，“车烂先烂底”，底盘的保护是非常重要的。下雪、下雨天，如果不及时清除覆盖在车上的雨雪，车漆肯定会被雨雪中的酸性物质浸蚀和腐蚀，时间一长，可能会锈蚀车漆，使外部失去光泽。如果不能及时清除黏附在底盘上的泥雪，肯定会锈蚀底盘下的钣金，汽车底盘便会生锈。如果底盘上的污泥过多，要用去油污的清洁剂清洗一遍。在日常的洗车中，不可用碱性清洗剂、洗衣粉等去冲洗车身和底盘，否则会影响防锈效果，并会缩短防锈时间。

3. 适时的修理换件使汽车保持良好的行驶状况

汽车使用 2～4 年，便要开始更换一些易损件了，以保持良好的车况。例如，要换制动器的刹车片。一般汽车使用两三年就需要换新的刹车片，当然，准确的使用期要视驾驶员的使用情况而定。如果总是开快车，猛踏油门和刹车，制动器的刹车片磨损就会比较严重，寿命自然就较短。

汽车使用两年多，燃油泵也需清洗或更换了，使用到三四年的车，缓冲弹簧有可能不再有弹性了。特别是经常在不平地面行驶的车辆，跑起来就不会那样平顺了，尤其是在高速行驶时，会抖得很厉害，这都预示着要更换缓冲弹簧或减振器了。

使用 4～6 年的汽车，出点问题不足为奇。因为到这时汽车的许多零、部件都开始老化、疲劳，时不时会有点漏油、漏水，小问题会不少。但如果日常对汽车维护保养较好，外表看上去还是“光鲜水滑”的。一些精明的车主，便会趁这个时期换车，以便可以卖个好价钱。

使用6～10年，汽车一般就进入“老年期”了。这个时期，必须对汽车加强养护，定期更换易损件和磨损的零、部件。经常到维修站或养护中心去检查一下车况，对故障及时给予排除。出车前和收车后都必须做好例行检查、维护工作。

总之，如果想让爱车能多使用几年，可要下工夫进行养护和维修，对汽车的状况要多加注意。只有这样，才能保持和恢复汽车的良好状态和使用性能。这对其使用寿命、可靠性、安全性及降低使用维修费用都有重要的实际意义。

4. 汽车的修理

汽车必须在规定的行驶里程或规定的行驶时间内，按规定的方法和程序进行维修。

汽车修理是通过修复或更换损坏的零、部件，调整精度，排除故障，恢复汽车原有性能而进行的技术活动。按照修理的策略，可以分为预防性修理、事后修理、改善修理。也可按修理的作业量分为小修、中修、大修和项修四种。

预防性修理是在汽车发生故障前，按事先的计划在汽车行驶一定里程后，根据相应的技术要求所进行的检查修理活动，其目的是防止汽车性能劣化和降低故障率。

事后修理是在汽车发生故障或性能下降到合格水平以下时进行的非计划性修理，也称为故障修理。

改善修理是为了消除汽车先天性缺陷，从而对汽车的局部结构或零、部件加以改进修理。例如，有许多国内外汽车公司实施的召回制度，就是对汽车在设计中存在的缺陷进行改进修理，以免造成大的安全事故。

小修是工作量最小的修理，通常只需要修复、更换部分易损件及磨损较快的零件。小修工作量小，但次数较多，可结合日常养护和检查进行。

中修是对汽车部件进行部分解体，修理或更换部分主要零、部件和其他磨损件，使汽车性能重新达到技术性能的要求。中修一般需在汽车行驶到一定里程后进行，中修的里程数个体差异较大。平常养护较好的车辆，中修里程数可大些，相反，则小些。一般情况下行驶一定里程后应进行检查，适时进行维修，以确保汽车行驶性能良好。

大修是工作量最大的修理活动。大修要对汽车进行全面的拆卸、检查、更换或修复所有磨损的零、部件，全面恢复原有的使用性能。汽车通常在行驶里程达20万公里后，就应进行大修。这也与车主的日常养护有极大的关系。曾有报道，养护和使用极好的汽车，可行驶到40多万公里，甚至于更长里程，才需大修。但也有只行驶10多万公里，就需进行大修的情况。所以，如果车主按规范开车，按有关技术要求进行日常的维护，就一定能延长汽车的大修里程数。

我国对汽车小修、中修、大修都有十分详细和具体的规定，并定有十分具体和详细的修理标准、技术指标，此处不再赘述。

§2—4 汽车的报废标准

一、汽车报废标准

由于汽车的实体损耗和非实体损耗，使汽车的技术状况和性能指标不断低劣化，导致汽车行驶安全性和操纵性变坏，燃油消耗量和污染排放物增加。为了确保安全，鼓励技术进步，节约资源，保护环境，促进汽车消费，发展我国的汽车工业，我国政府有关部门制定并颁布了《汽车报废标准》。该标准是公安交通管理部门对汽车管理执法的主要依据之一，也是鉴定评估人员对二手车进行鉴定评估最重要的法律依据之一。

《汽车报废标准》于 1997 年颁布，后又经 1998 年、2000 年两次调整。这是汽车使用部门和车主必须遵循的法规。

《汽车报废标准》中，有两个规定的指标，一个是汽车累计行驶的总里程数；另一个是规定的使用年限。这两个指标中，汽车只要达到其中的一个指标，汽车就应作报废处理（不考虑延长报废期）。

为便于记忆和掌握，及方便评估工作的顺利开展，现就《汽车报废标准》中规定的使用年限的主要指标概括如下：

（1）一般非营运 9 座以下（含 9 座）的载客汽车，使用年限为 15 年。

（2）旅游载客汽车和 9 座以上的非营运性载客汽车为 10 年。

（3）载货汽车（不带拖挂）规定使用 10 年，微型货车 8 年。

（4）出租汽车规定为 8 年。但北京市规定排量小于 1 L（含 1 L）的出租车、小公共汽车，规定使用年限为 6 年。

（5）对于带拖挂的载货车、矿山专用汽车，规定使用年限为 8 年，不考虑延长报废的年限。有关《汽车报废标准》请参见附录二。

其他机动车辆，目前国内尚无可供评估用的规定使用年限的，其规定使用年限可参照《汽车报废标准》和类似产品的折旧年限，由评估人员自行决定。

二、报废标准与经济使用寿命

国内外概不例外地均以经济使用寿命为基础，综合考虑国民经济的发展水平和能源情况、环保要求，此外，还需考虑广大人民群众的经济状况、消费水平、承受能力等，从而来确定符合本国国情的规定使用年限。一般来说，其规定使用年限均超过经济使用寿命期。西方发达国家汽车的规定使用年限比较接近经济使用寿命期。而发展中国家，汽车的规定使用年限都大大超过其经济使用寿命期。

我国的《汽车报废标准》中，有的规定使用年限就大大超过经济使用寿命。例如，私家生活用车，原先规定使用年限为 10 年，2000 年调整时，则调整为 15 年，大大超过 5～7 年的经济使用寿命期。这是从我国目前的实际情况出发，综合考虑了一般家庭的经济收入、生活水平、消费水平、消费习惯、承受能力、资源情况以及我国汽车工业发展水平等而确定的。根据发达国家的历史情况，今后，我国对汽车的规定使用年限也会逐渐向经济使用寿命期靠近。

前述汽车经济使用寿命是动态的、可变的、非刚性的，它受各种因素的影响。合理正确地使用，精心维护，适时维修，则可延长汽车的经济使用寿命期。反之，则会缩短。而根据经济使用寿命来确定的汽车规定使用年限，则在一段相对稳定的时期内，就成为一个固定的、不可变的、刚性的数字，就决定了汽车的使用寿命（不考虑延长报废期）。

根据我国目前的情况，汽车强制报废标准应取消对非营运的乘用车报废年限的限制，同时加强对汽车安全和排放污染情况的要求。对非营运性汽车不再把使用年限作为报废指标，更多考量排放和安全技术状况，这将对汽车生产企业提出更高要求。

增加汽车排放要求，把排放要求作为决定汽车报废的主要考核指标，这将加速不少排放不合格的老旧车型的淘汰速度，并将加速汽车更新速度，提升二手车品质，使一些“老爷车”、事故车等尽快退出，进一步扩大汽车的销量。以安全、环保状况作为考核指标，还可有效防止报废汽车和用报废汽车拼装的汽车上路。

第三章　二手车概述

§3—1　二手车产生的原因

二手车的源头很多，二手车产生的原因多种多样，归纳起来主要有以下几种。

一、消费水平的提高，消费观念的转变

在西方发达国家，中产阶级是一个主要的庞大消费群体，他们购车以新车为主，注重的是新车的档次、品质、安全和可靠性，而非价格。通常在4～5年更新一次，条件更好点的3年就更新车辆。在日本，绝大多数人5年就要卖旧车，换新车；条件更好的2～3年就换新车；条件差的一般7年也一定要更换车辆；极个别、经济条件很差的用到10年才换新车。为此，世界上大的汽车公司，一个新的品牌型号的车辆，通常只生产5年就下线，不再生产。例如，奥拓轿车，1985年投入生产，到1990年生产线上一天才有两辆车下线，该车型基本下线停产了。另外，西方发达国家多数家庭不止拥有一辆车，通常均有二至三辆车。这样更新时间短，更新率就高，产出的二手车就多，这是二手车产生的主要渠道。

进入21世纪以后，随着国家经济快速发展，国民生产总值（GDP）的不断上升，我国人均收入水平也不断增长。在北京、上海、广州、深圳、江浙等经济发达的大、中城市和地区，形成了一个较大的中、高收入人群，他们已成为一个稳定的汽车消费群体，从而推动我国换车消费逐年升温。随着收入的不断提升，工薪阶层也逐渐加入轿车这种高价值品消费的群体。

人们的生活改善了，手中的钱多了，就会产生新的消费欲望，当收入水平达到某一高度后，就会有追求时尚和赶潮流的心理诉求。许多人受求新心理动机的驱使，会不断玩新车而卖掉旧车。此外，还有的人为满足自尊和炫耀心理的需求，要求换档次更高的名牌车。各种因素推动我国换车消费的逐年升温。

作为二手车的买者，则会受求实、求便、求廉等心理动机的驱使，他们更重视车辆的实际效用，以图省钱省事。买卖双方虽有不同心理，但有一点是相通的，那就是都认识到，汽车不再是一种单纯的交通运输工具，而且还是人们地位和财富的象征，是自尊、显耀心理的外部表现；同时也是求快、求便、求美、求舒适、求健康心理的体现。

在我国，由于过去人们收入微薄，社会保障水平较低，人们不敢也无条件消费，养成拼命攒钱用于子女教育、求医、防灾、防老的低消费习惯。现在人们虽有了较高的收入，但低消费的习惯还难以改变。改革开放后，人们了解到西方发达国家超前消费的观念，今天可以花明天的钱。人们也开始认识到收入提高了，但并不等于幸福感就会增强，生活就会改善，而是要学会花钱、投资才行。为什么中国在扩大内需上还步履维艰，当然工资不够高，没有钱消费是一个原因，但有钱不消费也要得到重视，要摒弃陈旧的消费习惯和观念。我们不要只为明天而活着，今天的美好才是真实的。提倡超前消费，今天花明天钱的观念越来越被广大中、青年所接受。再加上方便的车贷服务，这些都为汽车消费市场起了“推波助澜”的作用。

二、公务用车的更新

我国政府部门配有数量较多的公务用车，且一般都为中、高档乘用车，少部分为商用车。截至2010年年底，北京市共有公务用车62 026辆，这是一个很大的用车量。此外，国有大中型企业、国有公司、名种协会、机构，各种事业单位，大中专院校军队等，也都配有数量可观的公务用车。这些公务用车到一定年限后，都要被淘汰而换购新车。被淘汰的车辆，都要进入二手车市场。从全国看，这是二手车一个极大的源头。

除此之外，各种大型会议和活动，如奥运会、亚运会、世博会、园林博览会等，都有数量可观的会议用车、活动用车。在会议和活动结束以后，这些车辆通常也会成为二手车市场的货源。如2008年北京奥运会后，有几百辆车进入二手车拍卖市场，进行竞拍售卖。

总之，公务用车在我国已成为二手车市场不可忽视的一个来源。

三、公司或个人的产权变动

在市场经济的大环境中，公司倒闭是很自然的现象。公司破产后，就要进行财产的清算，就可能有欲出售的机动车辆。还有些经济体，在进行合作、合并、兼并、联营、企业分设、公司出售、股份经营等经济活动中，会涉及财产的分割、评估、出售等活动，也会涉及车辆的处理。这些欲出售的车辆也是二手车的重要来源。

而个人由于资金发生困难，需要将“爱车”抵押或典当来进行融资，当事人用自己的车辆作为抵押物与融资的贷款方签订合同。这样提供车辆的一方为抵押人，接受抵押车辆的一方为抵押权人。当抵押人不能履行合同的义务时，抵押权人有权将抵押车辆根据合同的有关条款，在法律允许范围内，将抵押车辆变卖，从变卖的价款中优先受偿。这些欲变卖的车辆也是二手车的一个重要来源。

四、消费观念的不成熟

消费观念不成熟就是理性消费欠缺。经历市场经济的时间越长，消费者成熟程度也越高，消费就更理性一些。但总有一部分人过分的自尊、求新或显耀心理作祟，追求时髦，盲目攀比，购车时考虑不周，对车辆缺乏全面了解，一时冲动，买了新车，使用后，发现新买的“爱车”并不值得热爱，一些缺点使自己心里不痛快，例如，乘坐并不舒适，车内空间小，动力不足、提速慢、油耗高等，就想处置现有车辆，从而将车送入二手车市场。还有的人，见过去的同学、同事或邻居买了新车，就觉得条件不比他们差，随即产生要买一辆比其高一档次的新车，炫耀一下的念头，并没有考虑到购车的用途以及车辆的养护和维修等使用开支。车的档次越高，使用费用也越高。若车辆闲置不用，车辆也有自然老化的损耗，时间越长，贬值率越高。这样，只好将车送入二手车市场。

汽车就像计算机一样，是一种消耗性商品，它不可能保值（除古董车外），更不可能升值，随着时间的推移，只会越来越贬值，消费者必须清楚这一点。

此外，由于市场油价不断攀升，汽车的使用费用越来越高，而且这种趋势没有缓解的迹象。事实上，石油这种不可再生的资源，开采量逐年增加，开采难度越来越大，成本也逐渐上升，导致国际市场原油价格上升的趋势是不可遏制的。在世界原油市场这个大环境的影响下，我国的石油价格逐年上升的趋势是不可逆转的。

另一方面，我国的用车环境还不是很理想，过桥费、过路费、停车费等还是很高的，特别是在一些大城市，如北京、上海等。

还有就是国家宏观政策的影响，例如环境政策的变化，汽车尾气排放由原来的国Ⅲ标准提高到国Ⅳ标准，这些都将使已有车辆产生贬值，从而提高汽车的使用费用。

消费者在购车时，对上述实际情况考虑不周，缺乏理性，则容易成为二手车的车源点。

五、其他原因

无论在国外还是国内，许多车主都是通过银行贷款购车，这就是容易出现车主收支失衡。由于各种各样的原因，如由于车的档次较高，车价高，每月还贷超出车主的实际承受能力，难于还贷，又如车主买车时，只考虑到买车的钱，而未仔细考虑使用过程中，各种规费及维护保养等各项支出，使用中，发现这些支出超出自己的支付能力，这样手中的车就可能成为欲出售的二手车。

由于家庭财产分割等问题，亲人对簿公堂，有可能会涉及中、高档车的归属纠纷。这样的车一般价值较高，判决归属任何一方都有难度。所以，最后通过拍卖分红，这些车也成了二手车的车源。

§3—2 二手车进行鉴定评估的必要性

一、历史的回顾

二手车鉴定评估也属于资产评估的范畴，机动车是属于机器设备一类的资产。资产评估是市场经济的产物。市场经济的等价交换要求，产生了对交换商品的价值判断，即资产评估。

对机器设备一类资产的评估，产生于市场经济发达的美国。20世纪早期，当时还没有成熟的评估理论，也没有统一的操作准则和评估标准，主要靠评估人员的经验和技巧。对评估人员的培训也只是师傅带徒弟式的传教。直至1936年美国艾奥瓦州立大学的马斯顿·温弗里等人出版了《工程评估及贬值》一书后，机器设备的评估才有了进一步的发展，并奠定了资产评估的理论基础。直至1968年，美国评估协会又出版了《资产评估准则》，它成为指导评估人员进行操作的评估理论。1983 年，美国评估协会设立了机械和技术特别委员会，专门从事评估的理论研究、教材及评估准则的编写工作。

我国的资产评估起步于 20 世纪 80 年代末期。当时，随着改革开放的深入，许多国有企业与外国公司纷纷成立合资企业。由于没有资产评估，企业只能按账面原值经折旧后的净值来确定资产的价值，导致国有资产大量流失。1991 年，国务院颁发了《国有资产评估管理办法》。此后，资产评估才有了法律的依据和指导。

我国资产评估的理论和方法，主要受美国的影响。1988 年起，美国先后派遣了 5 位资产评估专家来我国讲授资产评估的理论、方法和操作技巧，指导中方人员进行实践。1999 年，我国的资产评估协会翻译了《美国资产评估准则》，促进了我国资产评估学的发展，推动我国资产评估工作的深入开展。

此后，我国的资产评估工作才蓬勃开展起来。二手车的评估也在原国内贸易部的组织领导下，开始组织实施，同时在武汉组织编写了《旧机动车鉴定估价》教材，并开展评估师的培训工作。二手车评估师培训工作至今已有 10 多年之久，并取得了骄人的成绩。鉴定评估工作，已成为二手车市场一项必不可少的功能项目。它有力地维护了消费者的权益，对确保二手车交易市场的正常运作，起了重要作用。同时，也有力地促进了我国二手车市场的发展。

二、有关的政策法规

2005 年国家颁布的《汽车贸易政策》和《二手车流通管理办法》都明确规定，二手车鉴定评估应当本着买卖双方自愿原则，不得强制进行。除涉及国有资产的车辆外，二手车的交易价格由买卖双方商定。当事人可以自愿委托具有资格的二手车鉴定评估机构进行评估，供交易时参考。除法律、行政法规规定的外，任何单位、部门不得强制或变相强制对交易车辆进行评估。属国家资产的二手车，应当按国家有关规定进行鉴定评估。从制定政策的角度来看，它无疑是完全正确的，并体现了市场经济自愿公平的原则，各级评估机构应坚决贯彻执行。

但是，汽车是一种严管商品，也是一种高科技产品，价值一般均较高。一般人都不具备汽车的专业知识。想要购买一辆放心的、性价比合适的二手车，还是应通过专业人士对其进行检查、鉴定，并进行全面的评估，得出一个合理的参考价值。消费者花点钱进行鉴定评估，买个放心踏实，还是很有必要的。

三、汽车是一种严管的商品

考虑到汽车作为一种严管的商品，在汽车的使用过程中，为了确保广大人民群众的生命和财产安全，国家要求对汽车产品从“生”到“死”都要严加管理。为把汽车的生产、制造、新车销售、二手车交易和报废车的回收、拆解各个方面，都相互有机地结合起来，用科学化、法制化的管理手段，建立汽车产品的流通体系，以促进我国汽车工业有序、健康、持续、稳定地发展，在汽车整个使用过程中，必须要由专设机构对其技术性能，特别是安全性能和排放污染性能进行定期的检测鉴定和评估，以确保行车安全和保护环境。

要把汽车的安全性能，排放污染性能等专业技术问题搞清楚，没有专业知识是很难做到的，很多人甚至连安全标准、排放标准也知之甚少。这样在二手车的交易中，很容易出问题，甚至上当受骗。而评估机构均由专业人士进行这项工作，并经过专门的培训。由评估师鉴定评估出的结果，评估师必须负责，若有失误或存在弄虚作假的行为，消费者可进行投诉，有权要求给予赔偿。所以，在二手车交易中，应该进行鉴定评估。

四、汽车是一种高科技产品

汽车产品发展到今天，已不是单一的机械产品了。汽车结构还在不断地更新、发展，新技术不断地应用在汽车上，汽车的使用性能不断地完善。现代汽车概念与传统的汽车概念相比已发生了根本性的变化。传统汽车的科学基础主要靠力学、机械学、材料科学的支撑；而现代汽车的科学基础，则新增了电子、计算机、自动控制和信息技术等现代学科，是完完全全的高科技产品。汽车的技术水平，反映了一个国家的科学技术水平。

此外，一辆汽车由 15 000 多个零、部件组成，这些零、部件涉及各行各业，有原材料产业，如冶金、塑料、橡胶、石油、轻纺、化工等；还有设备产业，如机械、机床、工具、电子等。要完全了解和掌握汽车产品的结构、性能、使用、维修、养护等方面的知识，必须经过专业的学习和培训，并经过较长时间的实践锻炼才能做到。所以，要较全面深入了解和掌握汽车产品的技术性能，必须要通过专业人员才能实现，非专业人员很难做到。从这个角度来讲，要在二手车市场买到一辆称心如意的二手车，还是要经专业人士进行必要的检查、鉴定和评估，以免上当受骗。

五、鉴定评估是规范二手车市场的重要举措

目前，我国二手车市场形成的时间还不长，至今尚无统一的二手车鉴定评估标准和相关的政策法规。整个行业还不统一、不规范、不科学，人为因素仍起主导作用。俗话说得好，“买的没有卖的精”，二手车的交易价格是核心问题。人们买二手车图的就是实惠、省点钱。但目前我国二手车市场信息存在严重的不对称现象。卖方为了获取较高收益，常常隐瞒二手车的缺陷，甚至在行驶里程表上做手脚，减少总的行驶里程数，隐瞒真相。买方往往面临质量欺诈、价格欺诈的风险。当然，随着整个社会诚信度的提升，这种欺诈行为将逐步得到遏止。有关部门也制定出了一些法规来规范二手车市场，例如，已出台的《二手车流通管理办法》《二手车买卖合同》等，这对二手车市场的健康发展是非常必要的。

近年来，随着我国人民生活水平的提高，以及公路建设、城市基础设施的快速发展，旅游业的蓬勃兴起，汽车需求急剧扩张，汽车保有量快速增长，随之带动了二手车市场的迅猛发展。二手车鉴定评估已成为资产评估的重要组成部分。车主出售的二手车需要一个中立、公平、公正的评估机构给予客观的评估。建立二手车独立的评估体系，健全二手车的评估培训机制，已成为完善二手车市场的当务之急。从当前二手车市场的发展看，独立的二手车评估机构将受到消费者的普遍认同。二手车评估师的培训工作就是为了适应二手车市场的发展而在全国各地广泛展开，且已取得良好效果，但仍需加强管理，确保培训质量。

不仅如此，开展二手车的鉴定评估工作，还有着很多深层次的重要意义。首先，开展鉴定评估工作可确保国家税款的合理征收。二手车进入市场流通，按国家有关规定，应缴纳一定的税费。对这一块税费的征收，基本上是以交易额为计征依据，而交易额基本上就是评估的价格。评估价是交易的参考价，但一般买方不会以比评估价高的价格来购买。故二手车交易专用发票开的价基本上就是评估价。所以，二手车鉴定评估的准确性，直接关系到国家税收的多少，及其公正、合理性。但现在也发现有极少数人，私下隐瞒实际交易价格，而故意在专用发票上填写虚假的成交价格，以逃避税收。这种逃税的违法行为，一经发现，应给予坚决打击，以保证国家的正常税收秩序。

其次，鉴定评估可确保国有资产不流失。二手车交易市场鉴定评估的二手车有相当一部分是属于国有资产或集体所有制资产。因此，对二手车的鉴定评估很大程度上就是对国有资产的评估。评估结果直接关系到国有资产是否流失的问题。所以，有人说，评估师是国有资产的“守护神”，是有一定道理的。北京二手车交易市场就曾碰到此类事情。前几年，某较大型的研究院，有两辆车更新处理，领导内定要处理给本单位两个职工，价格极为便宜，象征性地收点费，但一定要到二手车市场去办理过户手续。二手车市场对两辆车进行了鉴定评估，认为卖价太低，有损国家利益，坚决拒绝办理过户手续。该单位只得同意二手车市场的处理意见，即在全院职工中拍卖，出价高者得此车。拍卖结果，其价格远高于领导给出的象征性价格，还稍高出评估价格出售给了该院两个职工，挽回了国有资产的流失，该研究院职工均很满意。

此外，鉴定评估还能防止二手车市场的非法交易。二手车流通涉及车辆管理、交通管理、环保管理、资产管理等各个方面，属严管商品流通。国家对进入二级市场流通的二手车有严格的规定。通过鉴定评估可防止走私、盗抢、非法拼装、报废等不符合交易规定的车辆流入社会，对社会造成危害，避免给人民的生命财产带来严重的损失。

另外，二手车鉴定评估还关系到金融系统有关业务健康有序的开展，司法裁定的公平、公正地进行，以及企业依法破产、重组等诸多经济和社会方面的问题。

综上所述，目前二手车市场已逐步成为我国汽车市场不可分割的重要组成部分。科学、准确地对二手车进行鉴定评估，对于促进汽车工业的发展，有效扩大内需，乃至保障国民经济持续稳定的发展和社会稳定都有其现实和长远的意义。我国已依法建立了一批二手车鉴定评估机构，二手车评估师已列入我国六大类评估师之一。国家已对其实行职业资格和就业准入制度，及注册登记管理制度。从长远来看，将二手车鉴定评估从资产评估中分离出来，成立由二手车鉴定评估师组成的中介机构，面向社会开展二手车鉴定评估工作，是保障二手车鉴定评估行为公平、公正的客观要求，也是适应二手车市场发展的必然选择。

§3—3 二手车鉴定评估三要点

二手车的鉴定是指由专业的鉴定评估人员，按照特定的经济行为和法定的评估标准及程序。运用科学的方法，对二手车进行手续和证照的检查、技术状况的鉴定，以及价值的估算。二手车的鉴定评估由六大要素组成：即鉴定评估的主体、客体、特定的目的、程序、标准和方法。鉴定评估的主体是指对二手车鉴定评估的执行人——评估师；鉴定评估的客体是指被鉴定评估的对象；所谓的经济行为就是鉴定评估的目的；而鉴定评估的目的直接决定了鉴定评估的方法；鉴定评估的方法是指用以确定二手车评估价值的手段和途径。

由上述可知，对二手车进行鉴定评估工作有三个要点：手续、证照检查，技术鉴定和价值评估。

一、手续和证照检查

图 3—1a 表示出了手续和证照检查所要进行的各项工作（小圆圈中的内容）。为做好这些工作，还要了解和掌握相关的政策法规（图中方框中的内容）。

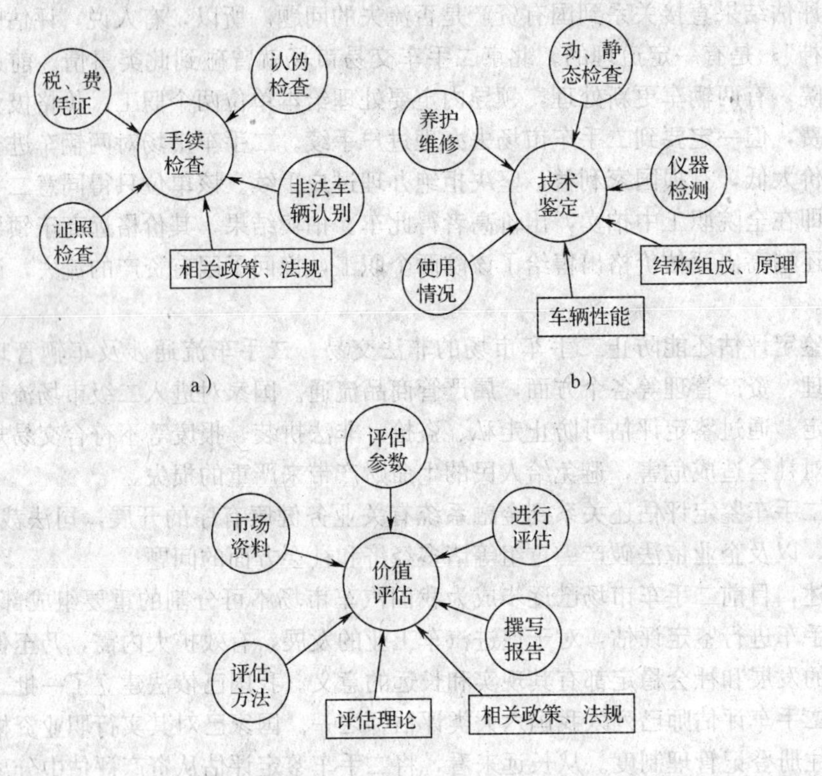

图 3—1　鉴定评估三要点示意图

a）手续、证照检查　b）技术鉴定　c）价值评估

手续和证照的检查要求不得有遗漏，证照要全，纳税、缴费凭证要一一过目，决不能马虎行事，否则会给评估机构带来严重的经济损失和信任危机。

此外，还要注意验证此车是正品车还是“水货”走私车辆。还要严查，严禁非法车辆进入交易市场，如盗抢车、非法拼装车、报废车、手续不全的车、证照不全的车等。

车辆的认伪应辨认证照的真伪，所纳税、缴费的凭证的真伪，发现有伪，要及时报告相关执法部门给予查处。

二、技术鉴定

其各项工作内容如图 3—1b 所示。图中的“使用情况”系指汽车的使用条件、使用强度、使用性质等内容。要通过了解二手车的养护、维修情况，动态和静态检查及仪器设备的检测，准确地鉴定汽车当前的技术状况。为做好此项工作，评估人员事先必须对汽车的结构组成、工作原理及汽车的主要性能有较全面深入的了解。有了相关知识的准备，方可做好技术鉴定工作。

三、价值评估

车辆的价值评估（见图 3—1c）主要是要选择正确的评估方法。评估方法要根据经济行为，即评估的目的来选择。在充分了解汽车市场的有关情况、市场价格的变动、金融信息等后，应仔细选择和确定评估参数，科学地进行评估。此外，还必须掌握有关资产评估的理论，国家相关的政策、法规及各种规定。

从上述评估要点中的内容可以看出，要做好评估工作，除掌握评估的理论、方法外，还要了解国家的相关法律、法规；搜集，整理有关的信息资料；了解二手车当前的实际技术状况。由于二手车鉴定评估涉及的知识面较广，还要求鉴定评估人员具备财会、经济管理、市场金融、物价等经济方面的知识。同时还要求具有工程技术、微机操作、计算技术等方面的知识。所以，一个合格的二手车鉴定评估师，只有具备较全面的知识结构、娴熟的评估技巧，才能胜任二手车的鉴定评估工作。

四、评估的基本方法

二手车的评估方法与资产评估的方法一样，主要有重置成本法、市场价格比较法、收益现值法。有的二手车评估书籍中，还介绍了一种清算价格法。由于清算价格法与市场价格比较法基本相通，所不同的是清算价格是迫于企业停产、破产或个人的法律诉讼，要求在一定的期限内将车辆变现，在清算之日卖出车辆可快速回收的变现的价格。这个价格往往大大低于现行市场价。这是因为要急于将车辆拍卖、出售，因而受到期限的限制和买主的限制所致。为此，本书就不将清算价格法单列为一种评估方法，仅介绍重置成本法、市场价格比较法和收益现值法三种评估方法。

第四章　二手车手续检查与技术状况的鉴定

§4—1　二手车凭证的查验

无论是二手车还是新车，只要上路行驶，就必须按照国家有关的法律和法规办理各类相关的有效证件和缴纳各种应缴的税费，凭这些有效证件和缴纳的税费凭证上路行驶，这就是二手车上路行驶的手续。

二手车是一种严管商品，它的价值包括车辆实体本身的有形价值以及各项手续构成的无形价值。只有这些手续齐全了，才能构成车辆的全部价值，才能发挥车辆的实际效用。若不办理这些手续，或手续不全，车辆只能闲置、搁放库房，不能上路行驶，就不能发挥效用，其价值几乎为零。

一、有效证件

在二手车评估和交易之前，必须要对二手车的各种有效证件进行全面认真的检查，只有手续齐全的车辆才能进入交易。这些证件一般有：

1. 车辆来历凭证

车辆来历凭证分新车来历凭证和二手车来历凭证。

新车来历凭证是指经国家工商行政管理机关验证盖章的机动车销售发票。其中没收的走私车、非法拼装的车辆销售发票是国家指定的机动车销售单位销售发票。

二手车来历凭证是指经国家工商行政管理机关验证盖章的二手车交易专用发票。除此之外，还有因经济赔偿、财产分割等所有权发生转移，由人民法院出具的发生法律效力的判决书、裁定书、调解书。

从新车的来历凭证，可以看出车主购车的日期和原始价值，这可作为评估时的参考资料。二手车的来历凭证，也反映了二手车交易的日期和买卖双方的交易价格。

此处需要注意的是：国家税务部门制定的二手车交易专用发票，对促进二手车流通和规范交易起到了极大的促进作用；国家税收也按专用发票票面成交价来征缴税费。但在二手车交易中，有的不法之徒，在二手车交易时，弄虚作假，故意隐瞒真实的交易价格，而开具虚假的极低的交易价格的发票，从中逃税，牟取非法利益，造成国家税收流失，损害国家利益。若遇此种情况，应坚决给予打击。不仅执法部门要严厉打击，二手车交易市场、二手车评估机构、评估师等都有义务维护二手车市场的正常秩序，制止这种不法行为，确保国家税费的正常收缴。

2. 机动车行驶证

机动车行驶证是由公安车辆管理机关依法对机动车辆进行注册登记核发的证件，这是机动车取得合法行驶资格的凭证。凡上路行驶的汽车，必须随带此证。它也是二手车转籍过户不可少的证件。机动车行驶证样本如图 4—1 所示。

中华人民共和国机动车行驶证 标记

号牌号码________ 车辆类型________

所 有 人________

住　　址________

发动机号________ 车 架 号________

厂牌型号________

总 质 量____千克 核定载质量____千克

发证机关章 核定载重____人 驾驶室前排共乘____人

登记日期___年___月 发证日期__年__月__日

a)

中华人民共和国机动车行驶证副页

号牌号码________ 车辆类型________

所 有 人________

检　　验________

b)

图 4—1　机动车行驶证

a）行驶证正页　b）行驶证副页

检查时不仅要检查核对正页的所有人、17 位车辆识别代号编码（VIN）、发动机号、车架号等，而且要认真检验副页的内容。机动车行驶证副页主要记录了车辆的安全和排放检测内容，并注明了检验的有效日期。在副页上可看出安全检查和排放检测是否合格，检验结果是否在有效期内。交易时，必须查验检验结果是否符合法规要求，并注意检验签注的日期是否在有效期内。在二手车交易中，应坚持先检验后交易的原则。安全检验不合格，不能进行交易，也不能上路行驶。

3. 机动车号牌

机动车号牌是由公安车辆管理机关依法对机动车辆进行注册登记核发的号牌。它和车辆行驶证一同核发，其号牌号码要与行驶证上的号牌号码完全一致。机动车号牌严禁涂改、伪造和转借。严禁无号牌的车辆上路行驶。机动车辆的号牌其规格、颜色、适用范围都有极严格的规定，以便管理和查询。号牌分类和适用范围见表 4—1。

表 4—1　　机动车号牌分类、规格、颜色、适用范围

序号	分类	外廓尺寸（mm）	颜　色	每副号牌面数	适用范围
1	大型汽车	前：440×140 后：440×220	黄底黑字黑框线	2	总质量 4.5 t(含)、乘坐人数 20 人(含)和车长 6 m(含)以上的汽车、无轨电车及有轨电车
2	小型汽车	440×140	蓝底白字白框线		除大型汽车以外的各种汽车
3	使馆汽车		黑底白字红“使”“领”字白框线		驻华使馆的汽车
4	领馆汽车				驻华领事馆的汽车
5	境外汽车		黑底白字白框线		入出境的境外汽车
			黑底红字红框线		入出境限制行驶区域的境外汽车
6	外籍汽车		黑底白字白框线		除使、领馆外，其他驻华机构、商社、外资企业及外籍人员的汽车
7	两、三轮摩托车	前：220×95 后：220×140	黄底黑字黑框线		两轮摩托车和三轮摩托车
8	轻便摩托车		蓝底白字白框线		轻便摩托车
9	使馆摩托车	300×165	黑底白字红“使”“领”字白框线		驻华使馆的摩托车和轻便摩托车
10	领馆摩托车				驻华领事馆的摩托车和轻便摩托车
11	境外摩托车				入出境的境外摩托车和轻便摩托车
12	外籍摩托车		黑底白字白框线		除使、领馆外，其他驻华机构、商社、外资企业及外籍人员的摩托车和轻便摩托车
13	农用运输车	300×165	黄底黑字黑框线	2	三、四轮农用运输车、轮式自行专用机械和蓄电池车等
14	拖拉机		黄底黑字		各种在道路行驶的拖拉机
15	挂车	同大型汽车后号牌		1	全挂车和不与牵引车固定使用的半挂车
16	教练汽车	40×140	黄底黑字黑框线	2	教练用的汽车及其他机动车，不含摩托车和轻便摩托车
17	教练摩托车	同摩托车号牌			教练用的摩托车和轻便摩托车
18	试验汽车	440×140			试验用的汽车及其他机动车，不含摩托车和轻便摩托车
19	试验摩托车	同摩托车号牌			试验用的摩托车和轻便摩托车
20	临时入境汽车	300×165	白底红字黑“临时入境”字红框线（字有金色廓线）	1	临时入境参加旅游、比赛等活动的汽车
21	临时入境摩托车	200×120			临时入境参加旅游、比赛等活动的摩托车
22	临时行驶车	220×140	白底（有蓝色暗纹）黑字黑框线		无牌时需要临时行驶的机动车

《中华人民共和国道路交通安全法》规定，机动车号牌不得转借、涂改、伪造。机动车号牌有两种类型，即“九二”和“二〇〇二”式号牌，目前广泛采用的是“九二”式号牌。

“九二”式号牌是按中华人民共和国公共安全行业标准GA 36—1992《中华人民共和国机动车号牌》标准制作。

以上号牌，除临时行驶车的号牌为纸质，其余均为铝质反光。号牌上的字，其尺寸大小也都有明确的规定。

“二〇〇二”式号牌是个性化号牌，群众自主编排号牌编号，车管所现场制作核发。由于某些编号超出了社会能接受的规范程度而停发了。

4. 道路运输证

道路运输证是县级以上人民政府交通主管部门设置的道路运输管理机构对从事旅客运输（包括城市出租客运）、货物运输单位和个人核发的随车携带的证件。营运车辆交易后，进行转籍、过户时，应到主管机关及相关部门一并办理营运过户手续。

根据有关规定，在二手车交易中，原为营运车辆，例如，原为城市出租车，交易后改为私家生活用车，其规定使用年限仍按出租车的规定使用年限执行。若原为私家生活用车，二手车交易后，改为营运出租车，其规定使用年限也按出租车的规定执行。这一点要特别注意。

5. 准运证

准运证是从有资格进口车辆的口岸进口的车辆，需销往外地的新、旧车辆，必须有经国家商务部核发批准的证件。准运证一车一证，不能一证多车。

目前，我国还严禁二手车进口。但从海外归国的人才（俗称海归），按规定可免费携带一辆私家车入境。

6. 其他证件

指二手车买卖双方的证明或居民身份证。此证件主要是向车辆注册登记机关证明车辆所有权转移的车主身份和住址。

二、税、费缴讫证

1. 需要征缴的税、费

在我国机动车的消费，需要缴纳一定的税费。国家对机动车税费的征缴，有些是在生产销售环节征收，有些是在使用环节征收。按现行的税法，机动车应负担的税费主要有：增值税、消费税、车船税、城建税、教育费附加和燃油附加税等。其中增值税、消费税、城建税和教育费附加，是在生产和销售环节征收。具体是由汽车生产厂家代消费者先行向国家缴纳，厂家将所缴税额全额算在新车销售的市价中。增值税税率为17%。

消费税是1994年国家税制改革中，新设置的一个税种，其依据是1994年1月1日开始实施的《中华人民共和国消费税暂行条例》。它是在对货物普遍征收增值税的基础上，选择少数消费品再征收一道消费税。一般体现在生产端，目的在于调节产品结构，引导消费方向。汽车消费税对小汽车按不同车种排气量大小设置了三种税率，即3%、5%、8%。为节约能源，减少能源消耗，减少排放污染物，鼓励人们购买和使用经济型小汽车，国家又将汽车消费税税率作了调整，调整了小汽车税率结构，提高了大排量汽车的税率，从而拉大了不同排量汽车税率差距，加大了大排量和能耗高的轿车、越野车的税收负担，同时也相应减轻了小排量汽车的负担，体现了对生产使用小排量经济型汽车的鼓励。

国家汽车消费税税率的变化见表 4—2。

表 4—2 **汽车消费税税率变化**

车型	排量	税率	变化
乘用车	<1.5 L（含）	3%	<1.0 L 未变 1.0～1.5 L 降 2%
	1.5～2.0 L（含）	5%	未变
	2.0～2.5 L（含）	9%	涨 1%
	2.5～3.0 L（含）	12%	涨 4%
	3.0～4.0 L（含）	15%	涨 7%
	>4.0 L	20%	涨 12%
中、轻型商用客车		5%	<2.0 L（含）涨 2% >2.0 L 未变

城建税和教育费附加的计税依据为纳税人缴纳的增值税和消费税，其中就含有税率为 1%～7%的城建税，也含有教育费附加 3%的税率。

《中华人民共和国车船税法》已由第十一届全国人民代表大会常务委员会第十九次会议于 2011 年 2 月 25 日通过，自 2012 年 1 月 1 日起施行。此次修改，对发动机排量大于 1.6 L 以上的乘用车，税额有较大提高。车船税税目税额见表 4—3。

表 4—3 **车船税税目税额表**

税目		计税单位	年基准税额	备注
乘用车［按发动机气缸容量（排气量）分档］	1. 0 升（含）以下	每辆	60 元至 360 元	核定载客人数 9 人（含）以下
	1. 0 升以上至 1. 6 升（含）		300 元至 540 元	
	1. 6 升以上至 2. 0 升（含）		360 元至 660 元	
	2. 0 升以上至 2. 5 升（含）		660 元至 1 200 元	
	2. 5 升以上至 3. 0 升（含）		1 200 元至 2 400 元	

续表

税目		计税单位	年基准税额	备注
	3. 0 升以上至 4. 0 升（含）	每辆	2 400 元至 3 600 元	
	4. 0 升以上		3 600 元至 5 400 元	
商用车	客车	每辆	480 元至 1 440 元	核定载客人数 9 人以上，包括电车
	货车	整备质量每吨	16 元至 120 元	包括半挂牵引车、三轮汽车和低速载货汽车等
挂车		整备质量每吨	按照货车税额的 50%计算	
其他车辆	专用作业车	整备质量每吨	16 元至 120 元	不包括拖拉机
	轮式专用机械车		16 元至 120 元	
摩托车		每辆	36 元至 180 元	
船舶	机动船舶	净吨位每吨	3 元至 6 元	拖船、非机动驳船分别按照机动船舶税额的 50%计算
	游艇	艇身长度每米	600 元至 2 000 元	

现行收费项目，经国务院及其职能部门审批涉及汽车的收费有 7 项。其中，由国务院批准开征的只有两项：一是车辆购置附加税，由车辆落籍地的交通部门征收；二是公路养路费后改为燃油附加税，见后面介绍。由国家统一规定的，由省级政府自订标准的收费项目有 5 项，分别是：车辆号牌费、驾驶证费、交通事故处理费、出租车管理费和车辆通行费。

上述税费除增值税、消费税、城建税和教育费附加是在生产销售环节征收外，其他税费均在使用环节征收。二手车评估时，只考虑使用环节征收的税费。

二手车交易过程中，也还需缴纳一些税费。二手车交易增值税税率为 4%，但减半征收，实际只征收 2%。此外还有过户费和交易服务费等。

《二手车流通管理办法》实施前，在北京地区，二手车交易费用按评估价格的百分比来收取。2005 年 10 月 1 日后，则改为根据车型的排量、年份、载质量、服务项目交纳交易管理服务费。改革后的收费办法降低了小排量、经济型二手车的交易费用，从而促进了个体消费者之间进行二手车交易。北京地区二手车交易服务费用从 100 元到 4 000 元不等。这次改革主要是依据《二手车流通管理办法》取消了原有的强制性评估制度，二手车交易评估完全采取自愿原则（但属国有资产的车辆，政府部门监管的车辆，有产权纠纷的车辆除外）。交易费用不再按评估价的百分比来收取，而是根据服务项目交纳交易管理服务费。因此，北京市二手车交易市场就改为采取定额收费办法来收取交易管理服务费。据北京市二手车交易市场信息部预测分析，由于二手车交易成本的降低，将带来27%左右的二手车市场的增长率，从而使二手车的交易频率加快。改革后二手车交易流程进一步整合和简化。在市场进行交易的客户，还可查询到交易车辆的违章、盗抢、车辆使用性质、所属地变更情况等信息，可在市场内完成车辆产权变更，异地交易车辆档案的提取工作。随着各项实施细则的出台，二手车市场逐步完善，收费也走上了规范化的道路。

2. 税费缴讫凭证

税费缴讫凭证，主要是指车辆在使用环节征收的税费凭证。

(1) 车辆购置附加税

车辆购置附加税是国家在1985年开征的车辆购置附加费，而在2001年1月1日改为税。车辆购置附加税的征收标准，一般为车辆购置时价格的10%。2004年作过一次微小的调整。

按国家规定，车辆购置附加税的征收范围为：所有国内生产和组装并在国内销售和使用的各类乘用车和商用车。乘用车主要指9座以下的小客车。各类商用车主要指载货、载客的汽车。越野车、客货两用车、牵引车、半挂牵引车、挂车、半挂车、特种挂车及其他专用运输车辆，以及从国外进口的上述范围内的新、旧车辆，均应征缴该税。

(2) 燃油附加税

原公路养路费是交通管理部门规定的车辆所有者在使用车辆时，因占用道路而应缴纳的费用。此项费用是国家按“以路养路，专款专用”的原则，规定由交通管理部门，向有车单位和个人征收的用于公路养护、维修、技术改造、改善和管理公路的专项事业费。

以前缴纳养路费的车辆有养路费缴讫证。此证是机动车在公路上行驶必备的证件之一，免征的车辆也应有免征证件。国家对养路费的征收和减、免征收，其范围均有严格的规定。

我国于1997年7月3日颁布的《中华人民共和国公路法》，规定公路养路费将以燃油附加税的方法征收，即所谓的“费改税”。这也是国际上通行的办法。其合理之处在于，公路养路费是按车辆对道路使用得多，就应多缴费，使用得少，就应少缴费。在道路上跑得多就一定要多耗油。为此，消耗的石油资源多，污染物的排放也相应多，多缴税、费应是公平合理的。以前的情况是不管车辆在不在路上跑，跑多少，同型号的车辆都要缴纳相同的养路费，显然是不公平的。所以，到2009年国家将养路费改为燃油附加税的方法征收。

(3) 机动车保险费

机动车保险费是车主为了防止发生意外交通事故，减少风险而向保险公司所交的费用。该项费用依据《机动车交通事故责任强制保险条例》及各大保险公司规定的各项保险费率交纳。

目前，国家出台的交通强制保险，统称“交强险”。任何在公路行驶的车辆必须缴纳“交强险”。这就是2006年7月1日开始实施的《机动车交通事故责任强制保险条例》的刚性规定。按照法规，交管部门在办理机动车注册登记和机动车检验时，要检查车辆所有人或者登记人的交强险凭证和标志。对没有办理交强险的，会处以最低保险限额应交纳保险费的两倍罚款。对没有随车携带或者未在车辆上粘贴保险标志的，可以处以200元罚款。

交强险执行全国统一责任限额、统一基础费率和统一保单条款。6座以下家庭自用车，交强险保费定为1 050元，后调整为950元；6座以下营业出租车，交强险保费定为1 800元；10 t以上营业货车，交强险保费定为4 480元；50～250 mL摩托车，交强险保费定为180元等。最高赔偿额为6万元，后改为12万元。

交强险的目的是确保机动车在使用过程中，发生交通事故，造成车辆本身及第三者人身伤亡和财产损失，运用社会集体力量，进行补偿或给付的经济保障。机动车的其他险种，车主可自行选择投保。

（4）车船税

这是国务院于2006年颁发的《中华人民共和国车船税暂行条例》所规定的。凡在中华人民共和国境内拥有车船的单位和个人，都应按规定缴纳车船税。这项税按年征收，可分期缴纳。缴纳后有缴讫凭证。

（5）客运、货运附加费

客运、货运附加费属于地方建设专项资金。由地方政府指定客运、货运主管单位，本着“取之于民，用之于民”的原则，向从事客运、货运单位或个人征收的费用。该项费用征收后，通常用于汽车客运站、点设施的建设。货运附加费则用于港口、航站（场）的建设。此项费用征收后，也有缴讫凭证。

三、有效凭证的查验

二手车交易评估时，必须查验上述有效证件和税费缴讫的凭证。对车辆及其凭证核实查验的主要内容有：

1. 核实车辆的产权

查验委托方证明或居民身份证、购车原始发票或其复印件，机动车行驶证、车辆购置附加税凭证、进口车的准运证、交强险证、车船税缴讫凭证、货运附加费及营运车辆的营运证，以及地方政府规定的税费缴纳凭证，据此核查车辆的产权和来历，以免不法车辆流入二手车市场。

2. 验车

查看车牌号、车身颜色、发动机号、车架号或车辆身份证号即车辆识别代号编码（VIN），看是否与行驶证上的一致。发现有凿痕、挫痕、重新打刻、垫支金属块等人为改动和毁坏的，应及时向公安交通管理部门报告并扣车查验。评估人员在进行核查时，决不能马虎从事，以免造成不必要的经济损失和交通事故隐患。

对发动机号和车架号要核对无误后，方可进行评估，否则会让不法之徒钻了空子。在二手车评估中，造假事件时有发生，北京市二手车交易中就发生过此类案例：由于评估人员疏忽遗漏，没有核对车架号，二手车在评估交易后，新车主把车开到辽宁去换牌，被查出该车车架号被涂改，证物不符，应属非法车辆。管理部门将车扣留待查。新车主回到北京，要求市场赔偿，结果给市场造成严重的经济损失，更为严重的是使市场诚信度受到损害。所以验车时，必须认真对待，逐项核对，在查实无误后，方可进行评估和交易。

3. 验检

凡到二手车市场来评估交易的车辆，应查验车辆行驶证副页检验栏目中，是否盖有检验专用章，填注的日期是否在有效期内。要坚持先检验后交易的原则。

4. 验税

检验要评估的二手车，看其是否有购置附加税缴讫凭证，查验是否缴纳了当年的车船税等。

5. 验费

检验要评估的二手车缴讫凭证是否在有效期内，是否交纳了交强险费。评估人员在查验各种规费的缴讫凭证时，决不能马虎从事，也不能只听车主的口头承诺，必须要看有关凭证，且要注意有效期。

有的车主在驾车行驶过程中，因各种各样的原因，往往会有违章的行为，如在限速地段超速行驶，在单向路段逆行，特别是酒后开车这种严重的违章违法行为。交通管理部门，会根据有关规定和法规，进行处罚，开出不同数量的罚款单。车主要按规定的时间去交纳罚款，但有的车主不按时去缴纳罚款，这样就会产生违章罚款未交的滞纳金。以前是弃缴罚款的时间越长，滞纳金越多，滞纳金甚至超过罚款数量，现在改为滞纳金不得超过罚金。评估师对此应向车主询问清楚或通过网络查询，以防漏检，造成经济损失和工作上的麻烦。

进行上述查验时要注意检查的全面性，不得有遗漏项目。此外，还要注意证件和凭证的真伪，若有疑问，必须认真查验清楚，或请专门机构帮助核实，确实无误后，方可签单放行。

§4—2 技术鉴定的目的、方法与内容

一、技术鉴定的目的、方法

1. 目的

在二手车的交易中，如何准确、客观地评估二手车的价值是至关重要的。二手车的价值除受车型档次、市场供求关系、国家宏观政策的影响外，最为主要的是二手车当前的技术状况的好坏。

汽车在长期的使用中，由于机件之间的摩擦和自然力的作用，使汽车处于不断损耗的过程中。随着行驶里程和使用年限的增加，汽车实体的有形损耗和无形损耗加剧。其损耗程度的大小，视其使用强度、使用条件、使用性质、维修保养水平而定。不同的汽车，差异性很大。因此，往往需要通过技术检验等手段来鉴定其损耗程度。车辆的损耗程度，反映出车辆当前的技术状态。技术状态的好坏，直接影响汽车的使用性能，特别是汽车的动力性、经济

性、安全性和排放污染的性能。汽车使用到一定程度后，其动力性会逐渐变差，经济性下降，油耗上升，排放污染物增多。汽车性能下降的程度，需要评估师使用正确的方法，仔细检查和鉴定，正确作出判断，据此来评估出汽车当前的实体价值。

总之，必须准确地鉴定出二手车当前的技术状况和功能效用，为汽车的继续运行作出评估，为交易提供合理的价格依据。对二手车作技术状况的鉴定，也是提高交通运输效益，促进社会和经济的稳定发展的重要环节。

所谓汽车技术状况的鉴定是指通过感官和运用检测设备对汽车的外观、内饰情况，各个总成和部件的完好情况，整车的各项使用性能等进行评估。汽车技术状况的测定，也是确保车辆在可靠性、动力性、经济性、安全性、排放性能等方面有良好状态的必要手段。这也是创造更大经济效益和社会效益所必需的。

汽车经过长期使用后，技术状况会逐渐变坏，有关零、部件也将出现不同程度的磨损、腐蚀、疲劳、变形、老化、断裂等损坏，从而导致汽车技术状况变差。与此同时，还会相继出现外观症状，如车体歪斜不周正，车身或驾驶室的覆盖件变形、开裂、油漆剥落和锈蚀等，严重影响车容、车貌。零、部件的疲劳、老化、断裂、变形还很容易引发安全事故。

此外，检验二手车时，还要验明其身份，从而识别非法车辆，对维护社会的安全与稳定有重要作用。

2. 方法

汽车技术状况的鉴定是由检查、测试、分析、判断等一系列活动组成的。其基本方法主要有两种：一种是传统的人工经验诊断法；另一种是利用现代仪器设备的诊断法。随着现代科学技术的发展，应用仪器设备对车辆性能和故障进行定量、客观的检测和诊断日益增多。但是，车辆的某些技术状况，例如，车辆的外观损伤、变形、老化等，使用仪器设备进行检测就不尽完善，仍需依靠检测人员的技能和经验，用感官和简单的器械进行定性和直观检查方可确定。

（1）人工经验鉴定法

人工经验鉴定法是通过具有一定理论知识的鉴定评估人员，凭丰富的实践经验，在汽车不解体或局部解体的情况下，借助简单的工具，用肉眼观察、耳听、鼻嗅、手摸、脚踏等方法，边检查、边分析，进而对汽车技术状况作出评判的一种方法。这种方法不需要专用的仪器设备和专门的场地，可随时随地进行，具有投资少、见效快、方便实用等优点。但也有鉴定准确性差，不能进行定量分析，并要求鉴定人员具有较高技术水平和丰富的实践经验等缺点。尽管如此，在过去、现在和将来，这种方法都有十分重要的实用价值。即使普遍使用了现代仪器设备来进行鉴定和诊断，也不能完全脱离人工经验鉴定法。特别是对二手车的鉴定评估，因其具有快速、灵活、机动、廉价等特点。所以，这种方法就在二手车的鉴定评估中得到广泛应用。就是近代逐步完善的汽车故障专家诊断系统，也是把人脑的分析和判断通过计算机语言变成了计算机的分析和判断。

（2）现代仪器设备鉴定法

现代仪器设备鉴定法是指在汽车不解体的情况下，用专用的仪器设备来检测鉴定汽车及其各总成、部件的工作情况，为分析和判断汽车技术状况提供定量的依据。这种方法采用微机控制的仪器设备，检测时，能自动分析、判断、存储并打印出汽车的技术状况的定量参数。这种检测方法的优点是准确度高，能定量分析。缺点是投资大，需专用场地，操作人员需要进行专门的培训，检测成本高。但这是汽车诊断和检测技术的发展方向。

在对二手车的鉴定评估中，上述两种方法可交替使用。而人工经验鉴定法应用较普遍，特别是在一些中、小城市的鉴定评估中应用极为广泛。目前，在二手车鉴定评估中所谓的静态、动态检查，基本属于此类诊断方法。

应指出的是，对应用人工鉴定法难以测定的一些技术性能和故障，就应借助专用仪器设备对汽车的技术性能和故障进行检测和诊断，从而可准确、定量、客观地鉴定汽车的技术状况。

二、技术鉴定的内容

汽车鉴定检测的基本内容包括两个方面：一是安全方面的检测，二是综合性能检测。

1. 汽车安全检测内容

根据《中华人民共和国机动车登记办法》和交通法规的规定，对已领有正式牌照和行驶证的车辆，必须按规定的期限并按照 GB 7258—2004《机动车运行安全技术条件》的要求进行检验。

运行安全技术条件主要要求对机动车整车以及发动机、转向系、制动系、照明和信号装置、行驶系、传动系、车身、安全防护装置等方面进行检测。

二手车安全检测内容为：外观检测、车下检测、性能检测、安全检测线检测、路试检测。二手车的交易原则是先检验后交易，未经检验或检验不合格的二手车严禁交易。

(1) 外观检测

二手车的外观检测是对行驶证、车身、安全防护装置、车轮、环保装置等项目的综合检测。有关外观检查将在本章第三节中作详细的叙述。

(2) 车下检测

车下检测目前仍主要用肉眼观看、锤敲、手摸的方法，主要查看间隙、变形、裂纹、损坏、漏水、漏油、漏气、螺栓的紧固情况等。为此，要求鉴定人员具有较丰富的实践经验，熟悉汽车结构。车下检测的主要对象是：转向系、传动系、制动系、整车、水箱管路、供油管路等。

(3) 性能检测

性能检测的项目有发动机、转向系、传动系和制动系。对于发动机主要检测转速随油门踏板位置的变化情况。转向系主要检测转向盘的转向灵敏情况和自动回正能力。传动系主要检测离合器的分离和接合情况、变速器的换挡情况。制动系主要检测行车制动和驻车制动效能情况和制动管道的密封情况等。

(4) 安全检测线检测

安全检测线主要检测项目有喇叭的声响，一氧化碳（CO）和碳氢化合物（HC）的怠速排放情况，柴油机的烟度，车速表指示误差，前照灯的配光性能、发光强度和主光轴方向，转向轮的侧滑量及侧滑方向，车轮制动力及其同轴左右车轮制动力的均衡性、踏板力和制动协调时间、驻车制动力等。

有关汽车排放情况的检测，为了准确地检测出汽车在实际运行状态下的排放情况，实行在用车的简易工况法检测，如汽油车的稳态工况法（ASM）、瞬态工况法（VMASS）等。检测内容包括汽车在工况法规定的运行状态下 CO、HC 和 NO_x（氮氧化合物）的排放情况。对于柴油机还要进行加载减速工况（LUGDOWN）检测，对其烟度排放状况进行评价和限值。

（5）路试检测

路试检测主要检测的项目是汽车的制动性能、转向性能和行驶的轨迹等。制动性能检测内容包括制动距离、制动减速度和制动协调时间等。转向性能检测有最小转弯直径、最大转向操纵力和直线行驶的偏驶情况等。

2. 综合性能检测内容

汽车综合性能检测内容主要有整车、发动机和底盘三大部分。测试方法是台架试验和道路试验。

（1）整车检测内容

整车检测包括汽车的动力性能、燃油经济性能、制动性能、转向性能、操纵稳定性能、平顺性能、排放性能、各挡的功率特性和总体参数测量等。

（2）发动机检测内容

发动机检测内容主要有发动机功率、气缸压力、点火系统、汽油机的燃油供给系统、柴油机的燃油供给系统、润滑系、冷却系。还有燃油经济性、排放性、发动机异响等情况。

（3）底盘检测内容

底盘检测内容主要有离合器踏板自由行程、离合器踏板力、离合器的接合分离情况；变速器的换挡情况；主减速器、差速器、半轴的运转情况；车轮的径向和横向摆动量，轮胎情况；方向盘转动情况；直线行驶、转向、转向回正能力；方向盘的操纵力，前轮的侧滑量；四轮定位，车轮的动平衡、静平衡；制动踏板的自由行程、制动踏板力等制动情况。

3. 检测鉴定的有关参数

为了正确鉴定汽车技术状态，充分认识汽车运行潜力，必须选择合适的汽车技术状态的有关参数。合理正确地确定这些参数的标准是很重要的。

（1）汽车常用鉴定参数

鉴定参数是汽车鉴定技术状况的重要组成部分，在对汽车进行鉴定时，需要采用一些能够反映汽车及其总成和部件技术状况的间接指标。这些间接指标就叫“鉴定参数”或叫“诊断参数”，它们是一些能够反映汽车技术状况的可测量的物理和化学量。汽车常用诊断参数包括工作过程参数、伴随过程参数和几何尺寸参数。

工作过程参数，如发动机功率、油耗，汽车制动距离，转弯直径等。它们能表征汽车总的状况，显示汽车主要功能的质量。

伴随过程参数，如振动、噪声、发热等。这种参数较为普遍，提供的信息较窄，常用于复杂系统的深入诊断。

几何尺寸参数，如零件之间的装配间隙、自由行程等。它们能表明汽车有关部件的具体状况。

汽车常用的鉴定或诊断参数见表 4—4。

表 4—4 汽车常用诊断参数

诊断对象	诊断参数
发动机	功率，kW 油耗，kg/h 曲轴最高转速，r/min 废气成分和浓度，%，10^{-6}
气缸活塞组	曲轴箱窜气量，L/min 曲轴箱气体压力，kPa 气缸间隙（按振动信号测量），mm 气缸压力，MPa 气缸漏气率，% 发动机异响 机油消耗率，g/（kW·h）
曲柄连杆组	主油道机油压力，MPa 主轴承间隙（按油压脉冲测量），mm 连杆轴承间隙（按振动信号测量），mm
配气机构	气门热间隙，mm 气门行程，mm 配气相位（°）
柴油机供油系	喷油提前角（按油管脉动压力测量），曲轴转角（°） 单缸柱塞供油延续时间（按油管脉冲压力测量），曲轴转角（°） 各缸供油均匀度，% 每一工作循环供油量，mL/工作循环 按喷油脉冲相位测定喷油提前角的不均匀度，曲轴转角（°） 喷油嘴初始喷射压力，MPa 曲轴最小和最大转速，r/min 燃油细滤器出口压力，MPa

续表

诊断对象	诊断参数
供油系及滤清器	燃油泵清洗前的油压，kPa 燃油泵清洗后的油压，kPa 空气滤清器进口压力，kPa
润滑系	润滑系机油压力，kPa 曲轴箱机油温度,℃
冷却系	冷却液工作温度,℃ 散热器入口与出口温差,℃ 风扇皮带张力，N/mm
点火系	初级电路电压，V 初级电路电压降，V 电容器容量，μF 点火电压，kV 点火提前角，曲线转角（°） 发电机电压，V；电流，A 整流器输出电压，V
起动系	在制动状态下，起动机电流，A；电压，V 蓄电池在有负荷状态下的电压，V
传动系	车轮驱动力，N 底盘输出功率，kW 滑行距离，m 传动系噪声，dB（A）
制动系	制动距离，m 制动力，N 制动减速度，m/s^2 左右轮制动力差值，N 制动滞后时间，s
转向系	主销内倾角（°） 主销后倾角（°） 车轮外倾角（°） 车轮前束，mm 车轮侧滑量，mm/m、mm/km
行驶系	车轮静平衡 车轮动平衡 车轮振动，m/s^2

续表

诊断对象	诊断参数
照明系	前照灯照度，lx 前照灯发光强度，cd 光轴偏斜量，mm

应指出的是，上述参数性质与汽车的工作状况有极大的关系，诊断参数都是针对一定的测试规范而言的。例如，测定汽车的制动距离是对一定的速度而言的。测定发动机功率，是对发动机一定转速而言的。没有测试规范，诊断参数就失去了意义。因此，为了提高鉴定的准确性，必须严格掌握诊断参数的测试规范，测试规范与诊断参数已成为一个不可分割的整体。

（2）鉴定参数的标准

为了定量地评价汽车的技术状况，仅有诊断参数是不够的，还必须建立诊断参数的评价标准。诊断参数标准提供了一个比较的尺度，将检测所得的参数值与标准参数相比较，从而可确定汽车是否能够继续使用或预测寿命期内的工作能力。

汽车鉴定参数标准有三种：

1）国家标准。它是由国家相应机关制定和颁布的检测鉴定标准，具有强制性，如汽车的安全运行标准以及汽车污染物排放标准等。一般来说，这类标准可以反映汽车或某些部件的工作能力。如发动机废气中的 CO、HC 的含量，可反映燃油供给系的调整及燃烧状况。又如汽车的制动距离，反映汽车制动系的工作效能。这类标准在使用中需要严格控制，以保证国家标准的严肃性。

2）制造厂推荐的标准。这类标准一方面与汽车制造中结构参数的工艺误差有关，另一方面与汽车使用中的可靠性、寿命及经济性的优化指标有关。所以，其主要内容是一些结构参数标准，如前轮定位角、气门间隙、轮胎气压等。这些标准一般在样车定型后确定，并在有关的技术文件中规定下来。例如，在技术手册中或使用说明书中阐述。

3）企业标准。这类标准是汽车运输企业根据汽车实际使用条件制定的，汽车的使用条件不同，其使用标准也不同。如在平原地区行驶的汽车，其油耗比在山区行驶的汽车油耗要低；在矿山使用的汽车，其润滑油污染程度比在等级公路上行驶的汽车要高。为此，应根据汽车的常用工况，合理制定油耗和润滑油更换标准。空气滤清器也一样，根据不同的使用环境来规定清洗保养的时间或行驶里程数。

总之，在汽车的使用中，通过对汽车进行技术鉴定，并把鉴定结果与标准参数进行比较，就可预测出汽车的使用寿命以及当前所处的技术状况，从而进一步来评估出二手车实体的价值。

但值得注意的是，在对二手车作技术鉴定时，要分清主次，不要捡了“芝麻”掉了“西瓜”。凡对二手车评估价值构成影响的损耗和缺陷，都应认真检查和评判，但对评估价值不构成影响的一些细微的瑕疵，就不要去斤斤计较。这在对评估师培训的教学工作中，特别要注意，不要使技术鉴定偏离主要方向，要引导学员把注意力集中在对评估价值构成影响的损耗和缺陷上。例如，在对事故车的检查判断上，就应十分重视这点，但在以往的评估师培训中就做得很不够，教材的内容也很简单、很浅显。

对二手车车况的鉴定，其实也是对车辆价值的认定。毛病、缺陷越多、越严重当然价值也就越低，但不要误认为挑毛病就能压价。其实在对二手车的评估中，只有一些关键部件对车辆价格影响较大，其他的则影响很小。对二手车价格的影响，一般来说由强到弱依次为车架、发动机、变速器、前后桥、转向系和制动系、电气设备、悬架以及内装饰，还有轮胎。其他诸如坐椅上的瑕疵、轮箍盖上面的划痕等，对价格影响极小。对于十几元钱或几十元钱就能修复的缺陷，就不要特别较真，相反对关键部件就必须较真。

三、技术鉴定的发展

随着汽车工业的发展，社会对汽车技术鉴定的水平和质量不断地提出新的更高的要求，以确保汽车的行车安全，节约能源消耗，维护社会环境的生态平衡，保证二手车市场的公平交易。所以，汽车鉴定技术发展前景是十分广阔的。

目前世界大多数发达国家对汽车已基本上不再进行整车大修，而只是按汽车检测后所提供的报告，对汽车进行有针对性的维护，以恢复汽车的技术性能，消除隐患，保证汽车良好的安全性和其他的使用性能。这也与国外在 3～7 年之内就要更换一次车有直接关系。

现在世界汽车技术发展方向是致力于提高汽车的安全、节能、环保和舒适性能，其主要推动力则为电子技术。汽车电子技术的应用，改变了汽车各系统的结构，因而汽车的鉴定检测技术也必须要有相应的发展，以适应汽车结构的变化。检测技术总的发展方向是自动化、计算机化、快速准确。

汽车上新装置不断涌现，要求采用新的检测技术和方法来鉴定其性能。如制动防抱死装置（ABS)，在目前的低速制动实验台上是测不出其最大制动力的。于是要求提高实验台滚筒的线速度，以适应 ABS 台架测试的需要。又如滤纸式烟度计不能测出蓝烟和白烟，这就要求使用功能更强的非透光式烟度计。由于对在用车排放标准的提高，不仅要求测出汽车尾气中的 CO 和 HC 的含量，还要求测出 NO_x 和 O_2 的含量。尾气中的含 O_2 量，是电控燃油喷射系统中，一个很重要的测量参数。这就要求使用简易底盘测功系统、五气排放分析仪和智能环境参数测试仪等新的检测设备和检测方法。

在一些发达国家，汽车技术的发展，也加速了检测技术发展的步伐。同时，由于汽车新结构、新理论的不断涌现，电子技术、传感技术、计算机和自动控制技术迅猛发展，汽车性能不断提高，从而促进了汽车检测技术、设备、标准、方法的发展，出现了检测控制自动化、数据处理自动化，检测结果直接打印的专家诊断系统。其在检测诊断的准确度和效率等方面都有很大提高，在交通安全、环境保护、节能、降低成本、提高动力性等方面都带来了明显的社会效益和经济效益。

目前，二手车的鉴定评估也应用了计算机评估系统，提高了二手车鉴定评估的准确性，增强了人们对二手车评估质量和价格的信心。丰田汽车全球最大的独立代理商——沙特的安利捷公司就与成都“易车行”网站联手，推出了一套国际通用的二手车鉴定评估体系。安利捷根据自己多年为丰田服务的宝贵经验，把汽车分为47个检测单元，检测结果汇聚为一份详细的检测报告，并以其品牌为检测结果提供质量担保，只要花大约400元的检测费，就可作出较为准确的技术鉴定结果。这样，在二手车的鉴定评估中，交易双方都很放心，二手车通过计算机评估作价，具有客观公正的权威性。评估检测内容从车辆的车主、车牌号码、发动机号、车架号到车型、颜色、行驶里程等。车辆要修理或已经修理的内容，都一一罗列进《二手车技术勘察表》。出具的《二手车鉴定评估书》则更为翔实地由车辆的成新率、缺陷影响的成新率、维护成新率、综合成新率、现行价格、综合价格和市场被动因素等，概括出让人信服的评估价值。这样，可使买卖双方在轻松、坦诚的气氛中成交。

目前，我国二手车市场使用的计算机评估系统，似乎还存在很强的主观随机性。只输入车的型号、年限等少数资料和数据，对二手车的具体车况无法判断，评估结果的准确性较差。出现这种现象的原因可能是由于计算机鉴定评估系统的程序还过于简单，所考虑的因素还太少，输入的有关参数少，显然需进一步完善。应该鼓励高级评估师与软件工程师结合，研制和开发出适合我国实际情况的二手车评估软件。这是完全可以做到的，也是二手车市场所需要的。

当前，判断二手车的技术状况，主要还是靠人工经验来判断，也就是我们常讲的二手车技术状况的静态、动态检查。

§4—3 静态检查

所谓静态检查是指根据检测人员的经验和技能，必要时辅以简单的量具，对汽车的技术状况进行检查鉴定。也就是前述的人工经验鉴定法。

静态检查包括对汽车的识伪检查和外观检查。外观检查的方法有目测检查和使用简易量具检查等。

一、识伪检查

所谓识伪检查主要是指对通过走私或非官方正规渠道进口的汽车和配件，进行识别和判断。这些汽车和配件有的是整车，有的是散件和境内组装成整车，甚至有些是旧车拼装成整车的。

一般正品汽车的挡风玻璃上贴有黄色商检标志。按我国产品质量法，正品汽车都带有中文的使用手册或维修手册各一份，而走私车、拼装车则一般没有。

目前在我国汽车市场上使用假冒伪劣的汽车配件的情况还比较严重，虽经多次集中打击，势头有所遏制，但问题还远未得到解决。据调查统计，有70%的车辆故障是由于汽车的配件质量和装配技术问题引起的。只有30%为不良驾驶习惯造成的。例如，汽车灯具产品若使用了假冒伪劣配件会造成亮度不足、聚焦不集中、射远太近、辐射面积小等问题。严重的伪劣灯具由于本身密封不严，会发生雨水进入灯具内，从而产生短路引发着火燃烧的现象。由于加大了对假冒伪劣配件的查处力度，净化了市场，此种违法行为已得到有效遏止。

识伪检查可从以下几个方面来进行：

1. 看外观

看汽车外观是否有重新喷过油漆的痕迹，其曲线部分的接合部线条是否流畅，大面是否有凹凸不平。拼装的非法车辆，车身覆盖件那些小曲线接合部不可能处理好，一定会留下再加工痕迹，用手触摸，会有不平整的感觉。且其车门和发动机盖与车身接合部，缝隙会不均匀，很不整齐。

2. 看内饰

看内饰的装饰材料表面是否干净，是否平整。特别是内饰压条边沿部分是否有明显的手指印迹，或其他工具碾压过后留下的痕迹，这些都是可疑的印迹。若发现这些问题，并与其他方面的检查情况结合判断，还是很有效果的。

3. 检查发动机

检查发动机舱，仔细察看线路、管路布置是井井有条，还是杂乱无章；发动机和其他零部件是否有重新拆卸、安装过的痕迹。起动发动机，听声音是否正常，有无杂音。空调是否制冷，有无暖风；有无漏油、漏水现象。若发现有可疑问题，则需作进一步的检查。最后作行驶检查，看整个车身有无异响等。

4. 真假配件识别

对汽车配件首先要观察其包装，真品外包装盒上字迹清晰，套印准确，色彩鲜明，标有产品名称、规格型号、数量、注册商标，有合格证和检验员章。一些重要部件如喷油泵等还要配有使用说明书。大部分假冒伪劣配件，在包装上总能找到破绽。

选择配件时，应选择原装配件，非原装配件很容易造成车辆机体的损害。原装配件一般会指定某种标准颜色，若遇其他颜色则就有可能是假冒伪劣产品。

有些商贩将废旧配件经简单加工、拼凑、刷漆、包装后冒充合格产品，这些配件从外观的油漆上就可以看出来。

细心观看配件的材料，如发现配件上有锈蚀、斑点，橡胶件老化、龟裂，结合处有脱焊、脱胶现象，这样的配件多半都有问题。

此外大多数配件出厂时都有防护层，如活塞销、轴瓦用石蜡保护；活塞环、缸套表面涂有防锈油，并用包装纸包裹气门、活塞等，并再用塑料袋封装。若无此防护措施，这样的配件一定有问题。

最后，就是价格问题，常用汽车配件的价格较稳定，若发现配件价格远低于印象中的价格，就要提高警惕，一定要弄清楚是折价、降价还是假件。

识伪检查专业性很强，需要有丰富的实践经验和专业知识，这可不是一天二天就能做好的，需要在长期的实践中积累经验，方能做到得心应手。

二、外观检查

外观检查一般是通过目测来进行，目测检查通常只作定性分析。而定量分析，则要通过借助一般的通用仪器设备来进行。汽车在进行外观检查之前，通常应进行外部清洗，以确保检查的可靠性。

1. 目测检查

从事二手车评估业务，大部分工作是全面检查车主的二手车，然后按车况进行评估。一般情况下，二手车的厂牌、型号、年份、款式等信息都是比较容易看出来的。而车主对汽车的使用情况、使用强度、可能出现过的事故等，就需要有一定的实践经验才能检查出来。当然车主也有责任和义务介绍这些情况。在外观检查中，需在底盘下进行时，应设有地沟或有汽车举升机构，以便将车体升起，方便在底盘下查看。

(1) 车身检查

车身检查首要目的是看“伤”，即看车主的二手车有没有严重碰撞的痕迹。特别是轿车和客车车身，因其在整车中的价值分量较重，维修费用也较高，故应列为重点检查项目。主要观察部位是车的前部和后部，建议按以下方法进行检查。

1) 检查车身是否发生碰撞受损。观察车身各覆盖件、钣金件，可绕车一周，看各钣金件是否平整、整齐，有无凹凸不平；车身各接缝是否大小不一，线条弯曲；装饰条是否有脱落，或新旧不一；钣金件有无烧焊的痕迹。如有异常情况，说明该车可能出现过事故，碰撞过或修理过。

2) 检查车身锈蚀的情况。主要检查底板、防护板、窗框、水槽等。特别是轿车车门下面的底板边框往往锈蚀较为严重。车身底板在行驶过程中，要经常与泥水接触，并与飞溅的沙粒、石子发生碰撞摩擦，漆面受损脱落，泥水浸蚀，极易发生锈蚀。若锈蚀严重，说明该车较旧，或使用地区雨水较多，或为沿海地区，易引起底板较快锈蚀。

3) 检查车身油漆脱落情况。首先，应检查风窗玻璃四周边缘的油漆是否平整，有无皱折，如不平整、有皱折，则说明该车已做过油漆或翻新过。其次，要注意车身和车门等表面局部补灰的情况。局部补灰的地方，其表面光洁度有差别，反光不一样，甚至出现凹凸不平，或有明显的橘皮状，这说明该处车身有过补灰做漆。

4) 检查车门。检查车门是否关闭严密，合缝；车门窗框是否变形、翘曲；门缝是否均匀整齐，密封胶条是否硬化、脱落，以防车门漏水、透气。检查开关车门是否有不正常的响声；门窗玻璃升降是否灵活，门锁是否开关灵活有效。若有上述问题存在，就应分析其缺陷原因，判断其对评估价格有多大影响，做到心中有数。

(2) 发动机检查

发动机是汽车的“心脏”，对发动机检查非常重要。汽车的许多故障，均出自发动机及其附属设备，故需仔细检查。

1) 发动机外部检查。打开发动机盖，若发动机表面堆满了油灰，则说明车主平常不太护理车辆，车辆的维护保养可能欠佳。但是，若发动机周围特别清洁，也有可能车主在来二手车市场之前，事先对车进行了一次清洗，以图卖个好价钱。一般的来说，车主到二手车市场来评估欲卖的二手车，事先都会做一些清洁工作，这也是正常的，评估人员不要太在意。

2）检查机油。使用量油尺，查看机油油位是否标准。若机油油面高度超高，机油混浊，或起水泡，则可能水箱的水混入到曲轴箱内，气缸垫有可能被烧坏。若机油油面过低，则说明机油短缺。需要查明原因，有可能机油窜入燃烧室被燃烧掉，这意味着气缸套与活塞环之间配合间隙过大，缸套磨损过甚，引起气缸上油，起动发动机，排气管有可能冒蓝烟。这表明，此车恐怕要进行大修了。

这项检查不是看机油缺不缺，而是通过机油油位高低，查看发动机有关机件是否有磨损。若只是机油正常缺油，加注机油到标准油位即可，对评估价值并不构成影响。若为机件的磨损或损坏，那就是另一回事了。

结合机油检查，进一步查看气缸盖外有无漏油痕迹，若有大量油迹，则表示或气缸垫损坏。若只有少量油迹则问题不大。在实际操作中，经常会碰到缸盖处有油迹，这时应仔细察看，若油迹较明显，并有一定的量，那就说明气缸垫有可能损坏。若只有一点油迹，一般属正常现象。

3）蓄电池检查。检查电池两端的接线柱，应没有白色粉状物（硫酸盐）黏附在上面。蓄电池外壳应干爽、清洁、没有裂痕。查看一下蓄电池购买日期，一般蓄电池寿命约为两年多，过期则应更换。

4）检查水箱。先打开水箱盖，看水箱水是否全是黄色锈水或水箱外是否有锈水漏出；水箱上下的密封胶喉有无裂痕。检查水箱盖关闭是否严密，胶垫是否松脱。仔细察看水箱有无撞过的迹象，散热片是否烧焊，若有烧焊，说明水箱被碰撞挤压过。水箱支架是否校正过、更换过或有烧焊的痕迹，若有也能说明汽车曾发生过碰撞事故。

(3) 车辆底部的检查

车辆底部检查可借助地沟或举升机构进行。检查的主要内容有：

1）检查三漏情况，即看是否有漏油、漏水、漏气现象。检查底盘地板的锈蚀情况，看是否有焊接痕迹。

2）检查车架是否有弯扭变形以及断裂、锈蚀等损伤；螺栓、铆钉是否有松动等。

3）检查前、后桥中的前、后车轴是否有变形、裂纹。非独立悬架中的钢板弹簧是否有裂纹、短片、断片的现象。中心螺栓和骑马螺栓是否松动，减振器是否漏油。独立悬架中的螺旋弹簧或扭杆弹簧有无断裂现象，摆臂有无变形、裂纹等。有些二手车若使用时间较长，减振器容易失效。一般可用手将车身往下按压，然后迅速放开，看车身的运动情况，从而可粗略地判断出减振器的减振性能是否良好。

4）检查转向传动机构中的转向节臂、横直拉杆及球头销有无裂纹和损伤，球头销是否松旷，连接是否牢固可靠。

5）检查传动轴、万向节是否有裂纹和松旷现象。中间支承中的轴承是否松旷，传动轴伸缩花键的防尘套是否破损。

(4) 车厢内部和附属装置的检查

1）检查仪表盘是否是原装件，其底部有无更改过的痕迹。抄录下行驶里程数作为评估的参考参数。

2）察看内饰的新旧程度，坐椅是否下凹，顶篷是否开裂，地板或板胶是否有残损，车厢内是否污秽发霉。揭开地板的板胶，看底板是否生锈或潮湿。若有生锈则说明该车可能漏水。

3）打开行李箱盖，看盖的防水胶是否损坏、脱落，行李箱是否漏水。若发现有烧焊的痕迹，则说明发生过碰撞的事故。

4）检查一下离合器踏板和制动器踏板上的胶垫是否磨损过度，一般的胶板寿命是30 000 km左右，若胶板换了新的，则此车可能已行驶30 000 km以上。

5）检查附属装置，如刮水器、仪表、反光镜、灯具、空调设备、信号装置、加热器等是否破损、残缺，并进行通电、起动检查，看是否工作正常。

2. 使用量具的检查

（1）车体歪斜错位的检查

在目测检查时，如发现有较严重的横向或纵向歪斜，可用高度尺、水平尺检查车体歪斜是否超过规定值。此时，还应考虑到车架、车身是否变形，悬架刚度是否下降，轮胎气压是否正常。若有异常，应及时排除。否则，车体歪斜会越来越严重，最终引起汽车行驶跑偏，重心转移，操纵失灵不稳，轮胎磨损加剧等种种不良后果。

《机动车运行安全条件》规定，车体应周正，左右对称部位高度差不得大于40 mm。

（2）汽车轮胎的检查

轮胎是汽车一个价值较高的易损件，特别是高级轿车和一些大型货车，其轮胎价值都较高。在汽车的使用过程中，轮胎的磨损、破裂和割伤用目测就可以发现，也可采用简单的深度尺或直尺进行定量的测量。

一般规定轿车轮胎胎冠上的花纹深度磨损后应不少于1.6 mm，其他车型轮胎胎冠花纹深度不得少于3.2 mm。而轮胎的胎面和胎壁上不得有长度超过25 mm，深度足以暴露出轮胎帘布层的破裂和割伤，这样会使帘布层暴露在外，行驶中，容易引起爆裂，发生车祸。特别是前轮轮胎爆裂，会使汽车失去操纵性，引起严重的事故。

有关轮胎的磨损情况及其原因，见表4—5。而轮胎的磨损情况如图4—2所示。

表4—5　　轮胎不正常磨损及其原因

轮胎磨损情形		原因分析
正常磨损		—

续表

轮胎磨损情形		原因分析
胎冠两肩磨损	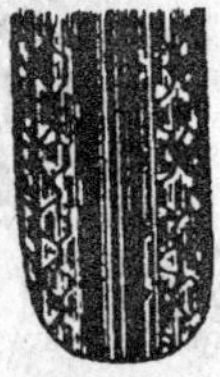	①气压不足 ②超载
胎冠中部磨损		①轮胎气压过高 ②回转不足
胎冠两侧或内侧磨损	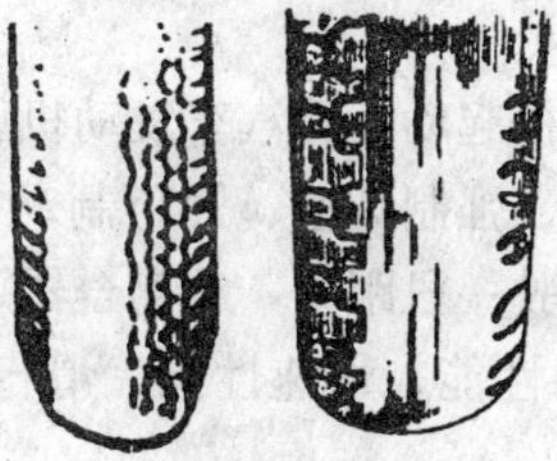	①前轮外倾角不对 ②转向节臂弯曲变形 ③前轮未及时更换
胎冠锯齿状磨损	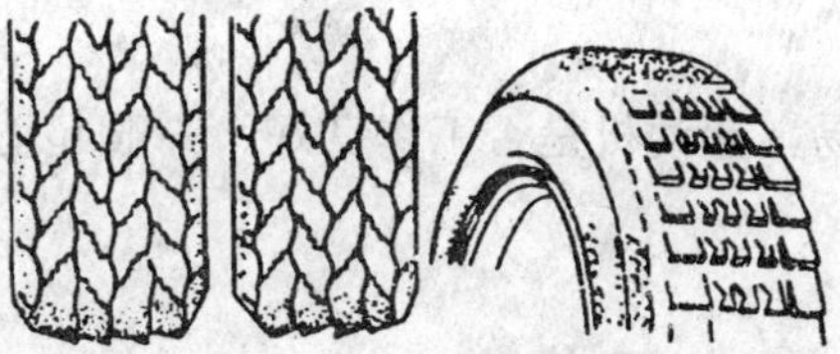	①前束不对 ②转向节臂弯曲变形
胎冠呈波浪状或碟边状磨损		①轮胎不平衡 ②轮毂轴承松旷

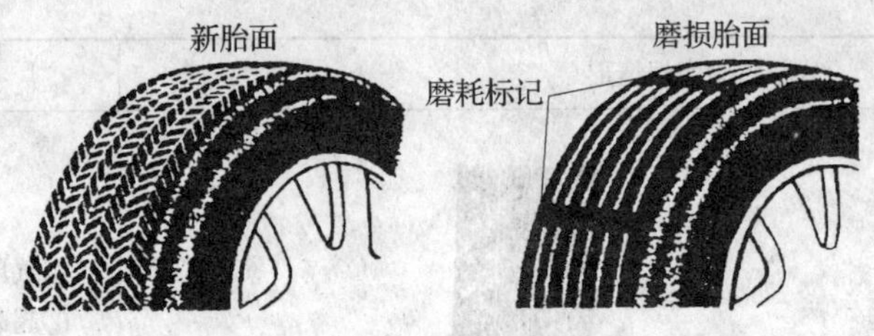

图 4—2　轮胎的磨损

(3) 车轮横向和径向摆动量的检查

将汽车前桥顶起，用百分表触点触及轮胎前端胎冠外侧，然后用手前后扳动轮胎，测量其横向摆动量。再将百分表移至轮胎的上方，使表的触点触及胎冠中部，然后用撬杠往上撬动轮胎，测量轮胎的径向摆动量。车轮横向和径向摆动量如超过规定值，在汽车行驶时，会引起转向盘抖动，行驶不稳定。

《机动车运行安全技术条件》规定，车轮横向和径向摆动量，小型汽车不大于 5 mm，其他车辆不大于 8 mm。

§4—4　动 态 检 查

二手车的动态检查是指将汽车发动机起动，看汽车发动机、音响、灯光等各部分工作是否正常。接着起步、加速、匀速、滑行、强制减速、紧急制动等。然后从低速挡到高速挡，再从高速挡到低速挡行驶，且用倒挡行驶一段距离，看离合器、变速器、转向和悬架系统工作情况。并检查汽车的操纵性能、制动性能、加速性能、滑行情况、噪声和尾气排放等状况，以鉴定汽车在动态下的技术状况。

一、发动机无负荷工况检查

1. 检查发动机的起动性

起动发动机，看起动是否容易，起动机是否工作良好。一般起动不应超过 3 次。每次起动不超过 10 s。

2. 无负荷工况检查

起动发动机，并使其处于怠速运转状况，然后听听其运转的声音。若有杂音，说明机件磨损严重。检查其是否运转平稳，怠速运转时车头越静、越稳则越好。

发动机起动运转一段时间，待水温、油温正常后，检查其加速的灵敏性。从怠速状态猛踩加速踏板，看发动机转速从低速到高速的反应灵敏性。然后从加速状态猛松加速踏板，看是否会出现怠速熄火。

接下来就要检查发动机窜油、窜气情况。方法是打开机油口盖，慢慢踩下加速踏板，加油，若窜气严重，用肉眼就能看到。若窜气不十分严重，可以用一张白纸，放在距机油口盖约50 mm的地方。然后踩下加速踏板，若窜油、窜气，则白纸上会有油迹，严重时油迹较大。

最后检查排气颜色。正常时，汽油机工作时，排出的气体是无色的。柴油机在正常负荷下运转时，排气颜色为淡灰色，负荷大时，则为深灰色，但只允许短时间出现。如果排气颜色不正，一般指排气颜色为黑色、蓝色。若为黑色，说明气缸内混合气过浓，或点火时刻过迟，造成燃烧不完全，一部分未燃烧的碳元素混在废气中排出，出现黑烟现象。若排气颜色为蓝色，说明有机油窜入气缸燃烧室内，气缸内有机油燃烧，形成蓝色气体随废气排出。一般来说，常因活塞、活塞环、气缸套磨损过甚，配合间隙过大，导致机油窜入气缸而出现此种现象。此外，若进气不畅，机油也可能被吸入燃烧室，从而也会出现冒蓝烟的情况。

二、路试检查

静态检查后，就可以说已完成了路试前的准备工作。即检查了冷却水、机油、离合器踏板、制动器踏板、转向盘、轮胎气压等。路试工作准备就绪，就可进行路试。但路试现场，必须确保人员安全。

机动车路试一般进行 15～20 min。

1. 路试检查的项目

(1) 检查汽车的动力性

由原地起步后，作加速行驶。如果猛踩加速踏板后，提速快，则说明加速性能好。高速行驶时，看其能否达到额定的最高时速。此外，看汽车行驶时是否平稳，是否有异响。作爬坡试验，看汽车爬坡行驶是否有劲。若出现提速慢，最高时速与厂定额定最高时速差距较大，上坡无力，则说明汽车的动力性能较差。

(2) 检查汽车的操纵稳定性

在一宽敞的路段上，向左、向右转动转向盘，看转向是否灵敏、轻便，有无自动回正力矩。高速行驶时，是否跑偏，有无摆动现象发生。

(3) 检查制动性能

汽车起步后，加速到 50 km/h，迅速将制动踏板踩到底，看汽车是否立即减速、停车，有无制动跑偏、甩尾现象。制动距离应符合有关规定的标准值。

此外，加速到 60 km/h 左右，感觉汽车有无抖动。若有，则可能是前悬架或车辆有问题，或传动轴弯曲所致。

(4) 检查离合器

起步时看离合器是否平稳结合，分离是否彻底，工作时是否发抖、发响等。

(5) 检查变速器和主减速器

从起步加速到高速挡，再从高速挡减速到低速挡，看变速器换挡是否灵活，是否有乱挡、跳挡，是否有异响。

在路试中，车速达 40 km/h 时，突然猛松加速踏板，随后又猛然踩下加速踏板，看主减速器是否发出特别大的声响，若声响很大，说明主减速器磨损严重。

(6) 滑行试验

在平坦的路面上，将汽车运行到 50 km/h 时，踩下离合器踏板，将变速器摘入空挡，让汽车靠滑行行驶，根据滑行的距离，来评估汽车传动系传动效率的高低。滑行的距离长，说明传动系传动效率较高。否则，传动效率低。

2. 路试后的检查

路试以后，还应检查的项目有：

(1) 检查各部件的温度

路试后应检查一下油、水温度。正常的机油温度为 95℃。正常的水温度为 80～90℃。齿轮油的温度不应高于 85℃。齿轮油温主要是变速器和主减速器的温度。最好检查一下轮毂的温度，其温度过高，说明轮毂轴承安装过紧，应调整好轮毂轴承的间隙。

此外，还应用手或测温器检查其他有关运动件的过热情况，制动鼓、传动轴、中间支承的轴承等，都不应有过热现象。

(2) 检查“四漏”情况

检查汽车的漏气、漏电、漏水、漏油情况。在发动机运行及停车以后，水箱、水泵、缸体、缸盖、暖风装置及所有的连接部位，均不得有明显的渗、漏水现象。检查漏油的情况，应在汽车连续行驶距离不少于 10 km 后，停车 5 min 观察，不得有明显的渗漏油现象。

对气制动的汽车，若有漏气则在制动时有所反应，若有漏气现象，就需仔细检查管路系统和气罐、气泵、阀等。

漏电一般在行车中会出现明显故障，电路出现故障，也需要仔细查找。

§4—5 仪器设备的检测结果分析

用仪器设备对汽车进行检测，可为分析、判断汽车的技术状况提供定量的分析依据，其检测结果准确度高。但需要有专用的检测设备、专用的场地，操作人员要经过专门的培训，投资大，成本高，费时，费力。为此，在二手车的评估中，目前一般不对被评估的汽车进行上线检测，仅由评估人员进行前述的静态和动态检查。然后，再按一定的评估方法和程序，评估出二手车的现时价值。

但是，对于一些价格很高的二手车，买方要求对其技术状况进行准确全面的检测鉴定时，应进行仪器设备的全面检测，以便对被评估汽车作出准确的判断和切合实际的评估。有时候，二手车经营公司或汽车销售公司也需要对收购或置换的高档二手车的技术状况进行全面深入的了解，以便有针对性地进行维修保养后再出售。但其检测、维修保养的费用，会列入成本，包含在再出售的二手车价中。

一般来说，二手车通过仪器设备检测的主要项目有：发动机功率、气缸密封性、排放污染物、制动性能、四轮定位、前照灯等。

由于这样的检测是用专门的仪器设备，在专设的场地、专业的检测线上，由专业人员进行操作，通常不要求评估师都同时具备此种检测的专业技能，但要求评估师能够对检测提供的报告、检测结果进行分析判断。有鉴于此，对上述有关性能检测的设备结构原理、技术要求以及检测操作方法、步骤和程序等问题，在此不作介绍，而只介绍如何对检测结果进行简要的分析判断。

一、发动机功率检测结果分析

在进行发动机技术状况检测时，首先要检测发动机功率、油耗和磨损情况，因为发动机功率和油耗直接表征其动力性和经济性，发动机运动件的磨损除了影响功率和油耗外，还对机油消耗、废气排放等有影响。

发动机的有效功率是指发动机飞轮输出的功率，是发动机的一个综合性评价指标。通过测量发动机的输出转矩和转速，就可计算发动机功率。发动机的有效功率计算公式为：

$$P_e = \frac{T_e n}{9\ 550} \tag{4—1}$$

式中　P_e——发动机有效功率，kW；

T_e——发动机有效转矩，N·m；

n——发动机转速，r/min。

检测发动机的有效功率的方法，通常分为无负荷测功和有负荷测功两类。

1. 无负荷测功

无负荷测功是指发动机在节气门开度和转速均为变动的状况下，测定其功率的一种方法，故又称动态测功。由于测功时无须对发动机施加外部负荷，因而又称为无外载测功。其具体方法是：当发动机在低速运转时，突然全开节气门或置油门齿杆位置为最大（柴油机），使发动机克服惯性和内部各种阻力加速运转，用其加速性能直接反映最大功率。

这种方法不加负荷，不需大型测功设备，既可在实验台上进行，也可就车进行，因而提高了检测方便性和检测速度，特别适用在用汽车发动机的功率检测。

无负荷测功结果，可根据国家有关标准，如《机动车运行安全技术条件》《汽车发动机大修竣工技术条件》等有关规定，对其检测结果进行分析判断。

在用汽车发动机功率不得低于额定功率的 75%；大修后发动机功率不得低于额定功率的 90%。此外，还应根据检测结果对发动机技术状况作出进一步的判断。

若发动机功率偏低，系燃料供给系或点火系统的技术状况调整不佳所致，则应对油、电路系统进行检查调整。如果调整后仍然较低，则应检查气缸压力和进气管真空度，判断是否是机械部分的故障。如对个别气缸的技术状况有怀疑，可对其断火后再测功，从功率下降的大小，诊断该缸的工作情况。

也可利用在单缸断火情况下测得的发动机转速下降值，来评价各缸的工作情况。工作正常的发动机，在某一转速下稳定空转时，发动机的指示功率与摩擦功率是平衡的。此时，若取消任一气缸的工作，发动机转速就会有相同的下降值。当发动机在800 r/min下稳定工作时，使某一缸断火，致使发动机转速正常平均下降值见表 4—6。要求最高和最低转速下降之差，不大于平均值的30%。如果下降值低于表中所示值，说明断火的气缸工作不良。转速下降值越小，则单缸功率越小。当下降值为零时，单缸功率也等于零，即该缸不工作了。

表 4—6　　　　转速正常平均下降值

发动机气缸数	转速正常平均下降值（r/min）
4缸	150
6缸	100
8缸	50

发动机单缸功率偏低，一般是由于该缸高压分火线或火花塞技术状况不佳，也可能是气缸密封性不良，气缸中窜入机油所致。

值得指出的是，发动机功率与海拔高度有密切关系。而无负荷测功仪所测结果是实际大气压力下的发动机功率，若要校正到标准大气压力下的功率，应乘以校正系数。

2. 有负荷测功

有负荷测功要对发动机施加外部负荷，也叫有外载测功。此种测功方法是一种稳态测功方法。稳态测功是在试验台上通过测功器测试功率的方法。它是在发动机节气门开度一定，转速一定和其他参数保持不变的稳定状态下进行测功的。常用的测功器有水力测功器、电力测功器和电涡流测功器等。通过测功器测出发动机的转速 n 和转矩 T_e，然后应用（4—1）式计算得到发动机功率 P_e。

稳态测功的结果比较准确可靠，比无负荷测功（即动态测功）的精度要高。

二手车在进行有负荷测功，即稳态测功时，通常不会把发动机从汽车上拆卸下来，再安装到发动机台架上去进行测功。这样费时、费力且非常不方便。一般均采用底盘测功机来检测汽车的功率。底盘测功的目的，有时是为了获得驱动轮上的输出功率或驱动力，以便评价汽车的动力性；有时则是用获得的驱动轮上的输出功率与发动机飞轮输出功率进行比较，并求出传动系的效率，以便判断汽车传动系的技术状况。底盘测功是在滚筒式试验台上进行的。滚筒式试验台是以滚筒表面来代替路面，试验时通过加载装置给滚筒施加负荷，以模拟行驶时的阻力，使汽车在行驶时尽可能接近实际的行驶工况。所以，汽车的动力性、经济性、滑行距离、制动性和车速表指示误差等，均可在滚筒式试验台上测定。

现仅就传动系效率及其检测结果进行分析。

根据底盘测功机上测得的驱动轮输出功率与发动机飞轮输出功率，就可计算出传动系的效率 η_k。计算公式如下：

$$\eta_k = \frac{P_k}{P_e} \tag{4—2}$$

式中　P_k——驱动轮上输出的功率，kW；

P_e——发动机飞轮输出功率，kW。

把上述计算结果与汽车传动系的机械传动效率正常值（见表 4—7）作比较，就可以评估出传动系的技术状况。

表 4—7　　汽车传动系机械传动效率

汽车类型		传动效率（η_k）	汽车类型	传动效率（η_k）
轿车		0.90～0.92	4×4 越野汽车	0.85
载货汽车和公共汽车	单级主传动器	0.90	6×4 载货汽车	0.80
	双级主传动器	0.84		

当被测汽车传动系效率低于表 4—7 中的值时，则说明消耗于传动系中的离合器、变速器、万向传动装置、主减速器、差速器及轮毂轴承中的功率较多。若要提高传动系效率，必须正确调整和合理润滑传动系各运动件。随着汽车使用时间的增长，行驶里程的增加，磨损也逐渐加大，摩擦损失也会逐渐提高，从而使传动效率逐渐降低。故传动效率能为评价汽车底盘技术状况提供重要依据。

二、发动机气缸密封性检测结果分析

气缸密封性是表征气缸组件技术状况的重要参数。其技术状况的好坏，将严重影响发动机的动力性和经济性。在汽车的使用过程中，气缸、活塞、活塞环和进排气门等有磨损、烧蚀、结胶、积碳、气缸垫损坏等现象，都将引起气缸密封性下降。

检测气缸密封性的仪器设备主要有气缸压力表和气缸压力测试仪等。

气缸密封性的诊断参数主要有气缸压缩压力、曲轴箱漏气量、气缸漏气量、进气管真空度等。

气缸压力检测结果，应符合原设计规定，各缸压力差，汽油机应不超过各缸平均压力的 8%，柴油机应不超过 10%。

在用汽车发动机的气缸压力不得低于原设计额定值的 25%，此数据可作为诊断标准用。有关汽车原设计的规定值，查阅有关车型资料即可获得。

检测结果如若超过原规定值，不一定就是气缸密封性好，要结合使用情况进行分析。这种情况有可能是气缸垫过薄；缸体与缸盖结合平面经多次修理加工过度，使燃烧室容积变小，压缩比有所升高所致。此外，也有可能是燃烧室积炭过多所致。

若测得结果低于原设计规定值，可向气缸火花塞或喷油器孔内（柴油机）注入适量机油，再用气缸压力表重测其压力。若第二次测的压力比第一次高，且接近标准压力，则表明气缸套、活塞、活塞环磨损过甚，或者是活塞环卡死、断裂，缸壁拉伤，也可能是活塞环切口失去弹性造成气缸不能密封。若第二次测的压力与第一次接近，但仍比标准压力低，则可能是进、排气门或缸垫不密封造成的。如若两次检测结果均表明某相邻两缸压力都相当低，则说明相邻处的气缸垫烧损窜气。

用气缸压力表检测气缸压力，尽管应用极为广泛，但仍存在测量误差大的缺点。特别是在低转速范围内，即使发动机转速差较小，也能引起气缸压力测量值较大变化。即使是同一型号的发动机，由于蓄电池电压、起动机和发动机技术状况不一，其起动转速也不可能完全一致，这就产生了测量转速是否符合规定的问题。这些都是用气缸压力表检测气缸压力误差大的主要原因。所以，在检测气缸压力时，如能监控曲轴转速，将是发现问题，减小测量误差，获得正确分析结果的重要保证。

用气缸压力表检测气缸压力还需要把火花塞或喷油器卸下，一缸一缸地进行，费时、费力，极不方便。

除用气缸压力表检测气缸压力外，还可使用压力传感器和起动电流、电压测量仪器来检测。

若用上述两种压力检测仪，有的可以显示出各缸压力的具体数值，并能与规定的标准值对照。有的只能定性的显示出“合格”与“不合格”。也有的只能显示出波形。对于只能显示出压力波形的，如果显示的波形振幅一致，峰值又在规定范围内，说明各缸压力符合要求。若各缸压力波形振幅不一致，某缸峰值低于规定范围，则表明该缸压力不足。应借助其他手段测出具体的压力值，以便分析判断。

三、制动性能检测结果分析

汽车制动性能的好坏，直接影响汽车的行驶安全。评价制动性能的指标主要有制动距离、制动时间、制动减速度和制动力等。而制动距离与行车安全有直接关系。因此，交通管理部门通常按制动距离制定安全法规。

制动性能的检测方法有道路检测和室内检测两种。室内检测方法具有迅速、准确、经济、安全、不受外界气候条件影响、重复性好、能定量检测出各轮制动力和制动距离等优点。

1. 制动性能的道路检测

道路检测汽车行驶制动性能和应急制动性能时，应在平坦、硬实、干燥的，轮胎与地面间的附着系数不小于 0.7 的沥青或水泥地面进行。检测时发动机应脱开。

检测时使用的仪器设备为第五车轮仪，简称五轮仪。

汽车在规定的初速度下的制动距离和制动稳定性应符合表 4—8 的要求。

表 4—8　　制动距离和制动稳定性要求

车辆类型	制动初速度（km/h）	满载检验制动距离要求（m）	空载检验制动距离要求（m）	制动稳定性要求车辆任何部位不得超过的试车道宽度（m）
座位数≤9 的载客汽车	50	≤20	≤19	2.5
其他总质量≤4.5 t 的汽车	50	≤22	≤21	2.5①
其他汽车、汽车列车及无轨电车	30	≤10	≤9	3.0
四轮农用运输车	30	≤9	≤8	2.5

续表

车辆类型	制动初速度（km/h）	满载检验制动距离要求（m）	空载检验制动距离要求（m）	制动稳定性要求车辆任何部位不得超过的试车道宽度（m）
三轮农用运输车	20	≤5	≤4.5	2.3
两轮摩托车	30	≤7		—
边三轮摩托车	30	≤8		2.5
正三轮摩托车	30	≤7.5		2.3
轻便摩托车	20	≤4		—
轮式拖拉机车组	20	≤6.5	≤6.0	3.0
手扶变型运输机	20	≤6.5		2.3

注：①对总质量大于 3.5 t 并小于等于 4.5 t 的汽车试车道宽度为 3 m。

若采用平均减速度检测行车制动性能，则其要求见表4—9。

表 4—9　　制动减速度和制动稳定性要求

车辆类型	制动初速度（km/h）	满载检验充分发出的平均减速度（m/s^2）	空载检验充分发出的平均减速度（m/s^2）	制动稳定性要求车辆任何部位不得超过的试车道宽度（m）
座位数≤9 的载客汽车	50	≥5.9	≥6.2	2.5
其他总质量≤4.5 t 的汽车	50	≥5.4	≥5.8	2.5①
其他汽车、汽车列车及无轨电车	30	≥5.0	≥5.4	3.0

注：①对总质量大于 3.5 t 并小于等于 4.5 t 的汽车试车道宽度为 3 m。

汽车在空载和满载状态下，进行应急制动，其要求见表4—10。

表 4—10　　应急制动性能要求

车辆类型	制动初速度（km/h）	制动距离（m）	充分发出的平均减速度（m/s^2）	允许操纵力不大于（N）	
				手操纵	脚操纵
座位数≤9 的载客汽车	50	≤38	≥2.9	400	500
其他载客汽车	30	≤18	≥2.5	600	700
其他汽车	30	≤20	≥2.2	600	700

驻车制动时，在空载状态下，驻车制动应保证在坡度为 20%（坡度角 $\alpha=11.3°$，总质量为整备质量的 1.2 倍以下的汽车为 15%，$\alpha=8.5°$），轮胎与地面附着系数不小于 0.7 的坡

道上，正、反两个方向保持固定不动，其时间不少于 5 min。

2. 制动性能的室内检测

室内制动性能的检测是在制动试验台上进行的。制动试验台有惯性式和反力式两种。惯性滚筒式制动试验台用来测量制动距离。反力式制动试验台又可分成滚筒和平板式两种。目前，国内多采用反力滚筒式制动试验台。反力滚筒式试验台又有双轮式和单轴式。单轴式用得最为广泛。

行车制动性能检测，在试验台上测出的制动力应符合表4—11的要求。

表 4—11　　台试检验制动力要求

车辆类型	制动力总和与整车重量的百分比（%）		轴制动力与轴荷的百分比（%）	
	空载	满载	前轴	后轴
汽车、汽车列车、无轨电车和四轮农用运输车	≥60	≥50	≥60①	—
三轮农用运输车	—	—	—	≥60①
摩托车	—	—	≥60	≥50
轻便摩托车	—	—	≥55	50

注：①空载和满载状态下测试均应满足此要求。

制动力平衡要求是在制动力增长过程中，左右车轮制动力之差与同轴左、右轮中制动力大者之比，对前轴不得大于 20%，对后轴不得大于 24%。

对于驻车制动性能的检测要求是：驻车制动力的总和应不小于该车在测试状态下整车质量的 20%。

四、前轮定位参数检测要求

汽车转向轮（前轮）定位参数包括主销后倾角、主销内倾角、前轮外倾角和前轮前束四个参数。后轮主要有外倾角和前束两个参数。前轮定位的作用是使汽车能稳定地直线行驶，车轮偏转后有自动回正的能力，此外还可使汽车转向轻便，减轻驾驶员的劳动强度。因此，应对前轮定位参数进行检测，以保证汽车正常行驶。转向轮定位参数不正确，会引起车轮承受侧向力而侧滑，尤以前轮外倾和前轮前束两参数对车轮侧滑量的影响最大。

目前，检测车轮定位参数多采用四轮定位仪进行。检测结果应与各车型出厂技术参数相吻合。

在汽车检测线上，若采用滑板式车轮侧滑试验台来检测转向轮定位参数，可根据两块滑板的侧滑量，取单边侧滑量的平均值 S_t，如图 4—3 所示。即：

$$S_t = \frac{L' - L}{2}(\mathrm{m/km}) \qquad (4—3)$$

当 $S_t > 0$ 时，两轮向外侧滑，说明前束过大；当 $S_t < 0$ 时，两轮向内侧滑，说明前束过

小。此外，《机动车运行安全技术条件》还规定，汽车转向轮引起侧滑量应不大于5 m/km。

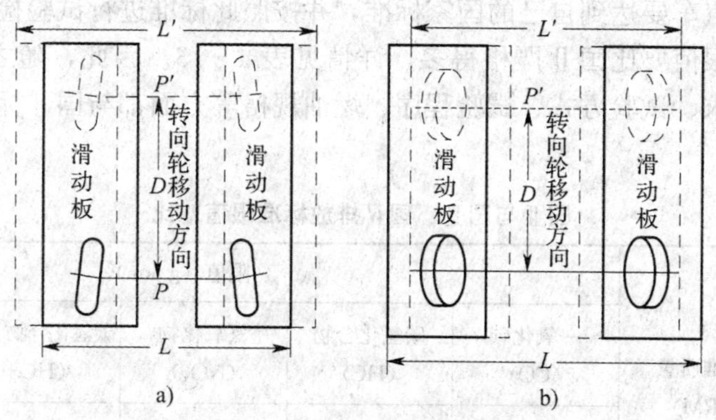

图 4—3　转向轮侧滑的测量原理

a）前束引起的侧滑　b）外倾引起的侧滑

五、汽车排放检测要求

汽车排放污染物主要是 CO、HC、NO_x 和碳烟等。它们污染了人类的生活环境，危害人们的身体健康，已成为一个严重的社会问题，必须严格控制。

我国对机动车排放污染物控制起步较晚，从 1981 年才开始制定汽车排放限制标准，1988 年开始实施四冲程汽油车怠速排放物、柴油机全负荷烟度和柴油车自由加速度的排放标准。为了进一步贯彻《中华人民共和国环境保护法》和《中华人民共和国大气污染防治法》，严格控制机动车排放物，改善空气质量，国家环保部于 2005 年 4 月 27 日公布了 5 项机动车污染物排放新标准。其中与广大汽车生产企业最为密切的是国标 GB 18352. 3—2005《轻型汽车污染物排放限值及测量方法（中国Ⅲ、Ⅳ阶段）》，也就是中国轻型汽车第Ⅲ、Ⅳ号排放标准。并规定轻型汽车第Ⅲ号（称国Ⅲ）排放标准自 2007 年 7 月 1 日起实施，第Ⅳ号（称国Ⅳ）排放标准自 2010 年 7 月 1 日起实施，见表 4—12。

表 4—12　　**轻型汽车国Ⅲ、Ⅳ排放标准执行日期**

<table>
<tr><th colspan="2">试验项目</th><th>第Ⅲ阶段</th><th>第Ⅳ阶段</th></tr>
<tr><td colspan="2">Ⅰ型试验
Ⅱ型试验
Ⅲ型试验
Ⅳ型试验
Ⅴ型试验
Ⅵ型试验
双怠速试验</td><td>2007. 7. 1</td><td rowspan="3">2010. 7. 1</td></tr>
<tr><td rowspan="2">车载诊断（OBD）系统试验</td><td>第一类汽油车</td><td>2008. 7. 1</td></tr>
<tr><td>其他类车辆</td><td>2010. 7. 1</td></tr>
</table>

我国轻型汽车第Ⅲ、Ⅳ号排放标准（以下简称国Ⅲ、国Ⅳ）的出台，意味着以后在国内生产的轿车等轻型汽车要达到自己的国家标准，并按照此标准进行试验检测、型式认证。由于国Ⅲ、国Ⅳ排放限值要比国Ⅱ严格得多，详情见表 4—13。因此，随之而来的型式认证、试验类型、试验要求、试验方式、试验程序、燃油规格等方面都与国Ⅱ标准完全不同，而且要严格得多。

表 4—13　　国Ⅱ与国Ⅲ、国Ⅳ排放标准限值对比

阶段	类别	级别	基准质量（RM）（kg）	限值（g/km） 一氧化碳（CO）L_1 汽油	一氧化碳（CO）L_1 柴油	碳氢化合物（HC）L_2 汽油	碳氢化合物（HC）L_2 柴油	氮氧化物（NO_x）L_3 汽油	氮氧化物（NO_x）L_3 柴油	碳氢化合物和氮氧化物（HC＋NO_x）L_2+L_3 汽油	碳氢化合物和氮氧化物（HC＋NO_x）L_2+L_3 柴油（非直喷/直喷）	颗粒物（PM）L_4 柴油（非直喷/直喷）
Ⅱ	第一类车	—	全部	2.2	1.0	—	—	—	—	0.5	0.7/0.9	0.08/0.10
Ⅱ	第二类车	Ⅰ	RM≤1 250	2.2	1.0	—	—	—	—	0.5	0.70/0.9	0.08/0.10
Ⅱ	第二类车	Ⅱ	1 250＜RM≤1 700	4.0	1.25	—	—	—	—	0.6	1.0/1.3	0.12/0.14
Ⅱ	第二类车	Ⅲ	1 700＜RM	5.0	1.5	—	—	—	—	0.7	1.2/1.6	0.17/0.20
Ⅲ	第一类车	—	全部	2.30	0.64	0.20	—	0.15	0.50	—	0.56	0.050
Ⅲ	第二类车	Ⅰ	RM≤1 305	2.30	0.64	0.20	—	0.15	0.50	—	0.56	0.050
Ⅲ	第二类车	Ⅱ	1 305＜RM≤1 760	4.17	0.80	0.25	—	0.18	0.65	—	0.72	0.070
Ⅲ	第二类车	Ⅲ	1 760＜RM	5.22	0.95	0.29	—	0.21	0.78	—	0.86	0.100
Ⅳ	第一类车	—	全部	1.00	0.50	0.10	—	0.08	0.25	—	0.30	0.025
Ⅳ	第二类车	Ⅰ	RM≤1 305	1.00	0.50	0.10	—	0.08	0.25	—	0.30	0.025
Ⅳ	第二类车	Ⅱ	1 305＜RM≤1 760	1.81	0.63	0.13	—	0.10	0.33	—	0.39	0.040
Ⅳ	第二类车	Ⅲ	1 760＜RM	2.27	0.74	0.16	—	0.11	0.39	—	0.46	0.060

注：第一类车指包括驾驶员座位在内，座位数不超过六座，且最大总质量不超过 2 500 kg 的 M_1 类汽车；第二类车指除第一类车以外的其他所有轻型汽车。

国Ⅲ、国Ⅳ排放标准还增加了Ⅵ型试验的检测标准和车载诊断（OBD）系统。我国的排放标准要进行Ⅰ～Ⅵ型的试验检测（见表 4－12 所示）。

1. Ⅰ型试验

这是常温下冷起动后排气污染物的排放试验。与国Ⅱ标准比，排放限值降低 30％以上。

国Ⅳ排放限值又在国Ⅲ的基础上下降一半。

2. Ⅱ型试验

Ⅱ型试验为双怠速试验，测定双怠速的CO、HC和高怠速的过量空气系数λ值。试验在Ⅰ型试验后进行，一是测定常规怠速下的CO、HC排放；二是测定高怠速下的CO、HC和CO_2，并计算λ值，高怠速一般是指发动机转速在2 000 r/min以上。

3. Ⅲ型试验

这是对曲轴箱和污染物排放进行的试验。要求发动机曲轴箱通风系统不允许有任何污染物排入大气。

4. Ⅳ型试验

这是对蒸发污染物排放进行的试验。国Ⅳ排放标准Ⅳ型试验中，增加了试验时间和模拟可变环境温度，使试验更贴近实际使用工况。

5. Ⅴ型试验

这是对污染控制装置进行的耐久性试验。试验里程为8万公里。

6. Ⅵ型试验

这是在低温下（−7℃）对冷起动后排气中的CO和HC所进行的试验。

Ⅵ型试验是国Ⅳ标准新增加的检测项目。主要考虑我国冬天严寒地区汽车实际排放情况，从而也可对低温条件下汽车排放严重超标情况有效监控。表4—14是Ⅵ型试验排放的限值。

表4—14　　轻型汽车国Ⅳ排放标准Ⅵ型试验的排放限值

试验温度266 K（−7℃）				
类别	级别	基准质量（RM）（kg）	CO，L_1（g/km）	HC，L_2（g/km）
第一类车	—	全部	15	1.8
第二类车	Ⅰ	RM≤1 305	15	1.8
	Ⅱ	1 305＜RM≤1 760	24	2.7
	Ⅲ	1 760＜RM	30	3.2

7. 车载诊断（OBD）系统试验

国Ⅳ标准增加了车载诊断系统（OBD）测试，这是实施国Ⅳ标准的核心，也是难点之一。OBD是英文On-Board Diagnostics的缩写，中文译为“车载自动诊断系统”。

这个系统根据发动机的运行情况，随时监控汽车尾气是否超标，一旦出现排放超标，会马上发出警示。当系统出现故障时，故障灯或检查发动机的警告灯亮，同时动力总成控制模块（PCM）将故障信息存入存储器，通过一定程序可以将故障码从PCM中读出。根据故障码的提示，维修人员能迅速准确地确定故障的性质和部位，从而可有效控制在用车因排放净化装置故障或其他原因造成排放超标。

特别要注意的是，汽车在怠速时，由于节气门开度小，发动机转速很低，残余废气量相对增加，燃烧温度偏低，且混合气又较浓，使得CO和HC排放明显增多。因此，国外有的地方规定，汽车怠速超过1 min，就必须熄火。而我国则有双怠速检测试验，即上述的Ⅱ型试验，以此来控制怠速排放污染物。检测时，多采用不分光红外线CO和HC气体分析仪。这种检测方法具有测量值不受影响的特点。

柴油汽车自由加速烟度的检测，则是多采用滤纸式烟度计来检测。

柴油车排出的烟色一般分为黑烟、蓝烟和白烟三种。其中，以柴油车在全负荷和加速工况时排出的黑色碳烟最为常见。这就是人们常说的"墨斗鱼"汽车。

柴油汽车废气中的黑烟发暗的程度用排气烟度表示，用烟度计进行检测。使用滤纸式烟度计时，烟度是定容量排气所透过滤纸的染黑程度。为此我国制定了《柴油车自由加速烟度排放标准》和《柴油车自由加速烟度测量方法》两个国家标准，在后者中，指出了测量仪器应采用滤纸式（BOSCH）烟度计。

滤纸式烟度计，从柴油车排气管中获取一定容积的废气，并使其通过一定面积的白色滤纸，废气中的碳烟就会存留在滤纸上，并使滤纸变黑。用检测装置测定滤纸的染黑程度，该染黑度就代表柴油汽车的排气烟度。滤纸的染黑度用0～10波许单位（R_b）表示。规定全白滤纸的波许单位为0，全黑滤纸的波许单位为10，从0～10均匀分度。

对于上述尾气排放检测仪器的结构和使用方法，此处不予赘述。

我国已制定了《中华人民共和国大气污染防治法》，明确了机动车排气污染防治技术政策。此外，根据中国环境保护远景目标纲要，重点城市应达到国家大气环境质量二级标准。为尽快改善城市环境质量，在控制城市固定污染源排放的同时，应加强对流动污染源的控制。由于绝大多数机动车集中在城市，所以应重点控制城市机动车的排放污染。一般来说，二手车的尾气排放，都要比同类型的新车严重。所以，对二手车尾气排放的检测应严格执行国家和地方政府的有关规定。只有大家共同努力，才能保证城市环境空气质量。

§4—6 事故车的检查判断与评估

汽车发生事故是常见的，发生过事故的车辆，其使用性能无疑会受到极大的损害，而且还会存在很大安全隐患。但由于在二手车交易前，它们都会经过修理，一般非专业人士很难分辨出来。所以，欲购买二手车的消费者，一定要和熟悉二手车的专业人士到市场挑选二手车。否则，就有可能购买到事故二手车。这些非正常使用过的二手车，不仅容易在今后的使用过程中出现质量问题，而且其价值也并非物有所值。但并不是发生过事故的二手车，就认定其为事故车，如轻微的撞击，不一定就会"伤筋动骨"，稍作修复，即可正常使用。下面就将事故车的有关问题探讨如下。

一、事故车的定义

目前我国对事故车尚无权威机构给予严格的界定，也就谈不上制定出标准，但是，有个别销售公司或汽车公司对事故车有其自己的界定条件。在此，就事故车的定义探讨性地给出一个界定，抛砖引玉，希望专业人士给予讨论，使其更为完善更切合实际。此外，以帮助消费者在选购二手车时，提高警惕，尽可能避免购买到事故二手车。

事故车是指在使用中，曾经发生过严重碰撞或撞击，或长时间泡水，或较严重过火，虽经修复并在使用，但仍存在安全隐患的车辆总称。

1. 严重碰撞或撞击的车辆

只要符合以下任何一条损伤的车辆，就应认为是事故车：

(1) 碰撞或撞击后，车架大梁弯曲变形、断裂后修复；

(2) 水箱及水箱支架被撞损伤后修复或更换过；

(3) 车身后叶子板碰撞后被切割或更换过；

(4) 车门及其下边框、B柱碰撞变形弯曲后修复或更换过；

(5) 整个汽车在事故中翻滚，整个车身产生变形凹陷、断裂后修复或做过车身。

2. 泡水车

泡水车辆与涉水行驶过的车辆不能混为一谈，有许多车辆在遇大雨、暴雨或特大暴雨的恶劣天气时，曾在水中短时间行驶过，这不能算泡水车。因为涉水行驶，不是潜渡，车辆在行驶中发动机及其附件仍在工作。涉水深度有可能略超过车轮半径，发动机油底壳可能与水接触，或浸入水中。此时发动机最好不要熄火，否则对小轿车来说，排气管就有可能进水。

泡水车一般是指全泡车，也叫灭顶车。全泡车是指泡水时，水线超过发动机盖，水线达到前挡风玻璃的下沿。这样整个发动机舱都浸泡在水中，绝大部分电气设备、仪表都被水浸泡，当然会造成严重后果。至于浸泡时间长短，一般认为，只要水线达到上述水平，无须考虑泡水时间的长短，即是泡水车。但也有的认为不宜超过 10 min。笔者认为，前者更切合实际一些。因为水虽然在极短的时间内难于浸入密封的机件内，但水会对密封产生腐蚀、侵蚀作用。此外，泡水对电气设备危害最大，而且难以清洁。气门和空气滤清器等处都会进水，进而危害发动机气缸内部，造成锈蚀，不可小视。

3. 过火车辆

汽车无论是由于自燃还是外燃，只要在发动机舱或乘员舱发生严重火烧，燃烧面积较大，机件损坏较严重，就应列为事故车。火烧是个极严重的事故，经火烧后，机件很难修复。但对于局部着火，过火的只是个别的非主要零、部件，并在极短的时间内熄灭，主要机件未受到影响的，经修复换件后，不能算过火车辆。

法院在判案过程中，对事故车判定有一个定量的标准：车辆在碰撞或泡水后，其维修费用达到或超过该车正常情况下评估价值的 40%，就裁定为事故车。

二、事故车的检查判断

凡是发生严重碰撞、泡水、过火的事故车，到二手车市场来评估交易之前，都经过汽车修理厂的恢复和修理，非专业人士一般检查不出这是事故车。车主有时也不会“自报其短”。必须要经过训练有素的专业人士，进行仔细认真地检查和分析判断，才能做出正确的结论。此处只提供一般通用的检查方法。

1. 碰撞事故车检查

此类车在检查时，首先查看汽车底盘，看脏污的程度是否大致相同，若发现有部分地方特别干净，该处有可能被修理和擦拭过。而此处大梁应平直，并无敲打的痕迹。若发现有敲打或烧焊的痕迹，就可肯定大梁发生过弯曲变形，甚至于断裂或有裂纹。

其次查看水箱支架和水箱，看是否有碰撞变形后修复或更换过的痕迹。若有，水箱一定修理或更换过。水箱支架损坏后，碰撞有可能殃及发动机或车架，要注意有关零、部件的检查。

再次，若车后部被严重碰撞，车身的叶子板肯定会损坏，看叶子板是否被切割更换过。叶子板与车厢及车体的连接处应平整，其上的焊点应略呈圆形及微凹陷，若焊点是凸出状，则为重新烧焊的痕迹。也可打开行李箱盖，查看其内板是否有烧焊的痕迹。

此外，可查看车身侧面，有无碰撞痕迹。先看车门是否与车身密合，有无翘曲，门缝是否均匀一致，若修理或换过就一定会出现某些缺陷。检查 B 立柱是否有烧焊的痕迹，这可从车内侧扒开装饰物查看，或看油漆是否平整，有无涂抹腻子。检查底板、横梁有无敲击过和烧焊痕迹。

有时还可从零件的工艺孔是否变形来检查，看工艺孔是否一致来判断。例如，有的轿车发动机盖前方左右两内侧有对称的椭圆形工艺孔，若两工艺孔形状不对称、不一致，则可能发生过碰撞后变形，因而有异。总之，检查时，要仔细查看，发现有蛛丝马迹，就要认真查下去，以确保不漏查事故车。

2. 泡水车的检查

泡水车的检查，首先打开发动机盖，查看水箱、散热器片、水箱前板（从下往上看）是否留有污泥。然后检查发动机旁的发电机、起动电动机、电线插座等小零件，左右轮罩的接缝处。其次，翻倒检查前、后排坐椅，查看弹簧及内套绒布是否有残留污泥，甚至还伴有霉味。此外，还要查看行李箱内的备胎座内有无污泥，若是泡水车，后轮罩隐秘的接缝处死角内会留有污泥。另外，还要仔细检查一下前、后车门中间的“B 柱”，把塑料饰板轻轻撬开，可看出浸泡水线的高度。如果塑料饰板没有更换，不需要撬开，就可发现泡水高度的水线印迹。撬开塑料饰板后，可查看到 B 柱内死角接缝不易清洗处的污泥和水线印迹。最后还可检查前、后挡风玻璃橡胶条，由车内将其拉开，内有污泥，则肯定是泡水车。

有时会遇到河塘的水非常清澈，无污泥。碰到这种情况，也可按上述检查，看出浸泡水线的痕迹。泡过水与未浸水的界面，一定会留下痕迹，仔细查看，即可发现存在异样。多处查看，都存在同样问题，就可肯定是泡过水的事故车。

3. 过火车的检查

汽车过火的地方比较容易辨认，过火并烧蚀较严重的金属会出现像排气歧管一样的颜色。凡是燃烧面积较大，燃烧时间较长，过火严重的车修复起来很困难，常应作报废处理，不能再使用了。因为过火的机件，金属变脆、退火，内部金相组织发生变化，不能继续使用，否则会事故频发。

三、事故车的危害

严重碰撞的事故车，虽经修理后仍可上路行驶。但是，车辆仍存有一些内伤隐患，这是修理厂无法修复的。这些隐患对汽车的使用寿命，或者零、部件的使用寿命会带来一定的不利影响。若存有安全方面的隐患，问题就较严重。下面发生在北京街上的一个例子，很能说明问题。

北京有位朱先生花了125万元购买了一辆保时捷 Cayenne S。只开了两个月前轴突然断裂，一头撞向停在街边的奥迪 A6。但在事故认定时，是交通事故在先，还是前轴断裂在先？车主与保时捷中国——捷成（中国）公司争执不休。

保时捷车身较高，受到损伤的是车辆右前侧的上部；奥迪 A6 的车身相对较低，且发生碰撞时处于相对静止的状态，难以造成保时捷的上部损伤，车主认为“前轴断裂后导致碰撞”是唯一合理的解释，如图 4—4 所示。

图 4—4 保时捷一头撞向奥迪 A6

撞车后，保时捷 Cayenne S 右前侧凹陷，右前车胎爆裂，轮毂已经触地，前大灯完好无损。仔细观察车的前轴，发现4个断裂面都带有锈迹（断裂面生锈，检查时间距事故发生近一个月了）。

保时捷 Cayenne S 的车身高度为 1 699 mm，发动机舱盖距地面约 1 100 mm，在正常胎压下，发生事故的 Cayenne S 的受损处距地面 920 mm。而奥迪 A6 受损的尾部腰线距地面约860 mm。两车受损的部位分别是 Cayenne S 的右前侧，奥迪 A6 的左侧后部。上述数据表明，发生事故前，Cayenne S 要“向下蹲”60 mm，才能造成现在的撞击结果。但也不排除，在撞车前猛踩刹车，重心前移，车辆低头。可是，事故是在 2006 年 7 月 6 日清晨，发生在北京东城区新中街，在城内行车，速度恐怕不可能达到很高的车速。保时捷中国汽车销售有限公司称，保时捷在售前都经过严格检验，在世界范围内，Cayenne S 从未出现过类似问题。

经检验，朱先生购买的该款保时捷 Cayenne S，其配置却与 80 万元的美规“水货”相同，且无法享受正常的维修、质保服务。此车不仅价贵且没有倒车雷达和 6 碟 CD。

据保时捷中心所公布的数据，Cayenne S“行货”的价格是 102 万元，还包括了中国标准配置、关税和增值税，并可享受两年的质保服务。

很清楚，该款保时捷车，不仅是水货，而且是事故车，双料缺陷的车辆。

此案例提醒人们，购车必须到正规的销售网点。事故车的隐患有时会造成严重后果，朱先生若在高速路上行驶，那危害将会更大。这次事故好在人身没有受到损害，这是不幸之中的万幸。存在安全隐患的事故车是一个隐形的杀手，评估人员有责任严格查验，防止事故车在不知情时，把车销售给消费者，造成危害。

泡水车也一样，虽然在一定程度上可修复，但即使修好，也存在严重的隐患，浸泡的时间越长，故障出现的几率越高。另外，泡水车由于有一些砂石是没有办法清理干净的，留在一些齿轮或皮带等有相对运动的部件处，会造成这些零、部件的磨损，而且开始时还会有一些异响。一般情况下，被水浸泡过的车辆，在修复时，是先把坐椅、内饰件、内饰板卸掉，排干积水，再清洗泥浆。发动机也要拆下来，检查电子器件，特别是要检查电脑主板是否有损坏。

实际上泡水车修复后就如同定时炸弹，随时都有可能出现问题。比如高速行驶时发动机突然熄火，安全气囊关键时刻无法弹出，甚至于无故弹出等。这样的车价格虽然便宜，但在日常行驶中都存在严重的安全隐患，所以消费者最好不要贪图便宜而去购买泡水车。

2010 年夏季，南方持续暴雨，很多汽车被水淹过车顶，形成所谓的泡水车。这些车进入二手车市场，对消费者后期使用造成很大麻烦。所以，上海通用的“诚新二手车”、奥迪的“AAA 认证二手车”以及雪铁龙的“龙信二手车”、一汽丰田的“安心二手车”等品牌二手车，都把泡水车视为事故车，拒绝品牌认证。足见泡水车在以后使用中的危害性了。

四、事故车的评估

汽车在行驶中，若发生严重碰撞事故后，必须经专业的修理厂修理，并经检验后，方可上路行驶。

严重碰撞造成的事故车，车主除了可向事故责任方索赔修理费用外，还可考虑由于事故给车辆带来的贬值费。修理费用是在事故发生后，由具有资质的定（估）损机构进行定损，由保险公司来理赔，支付修理费用。但定损机构对事故造成的车辆贬值，不进行评估。保险公司对这部分费用也不理赔。

实际上，严重碰撞的事故车，虽经修理后仍可上路行驶，但车辆仍存在一些内伤隐患，这是修理厂无法修复的。这些隐患对汽车的使用寿命，或者零、部件的使用寿命会带来一定的不利影响。若存有安全隐患，问题就更为严重。所以，碰撞事故车，应该考虑事故给车辆带来的价值贬值。这也是定损与评估不同之处。

2006 年 6 月北京出现国内首例因交通事故索赔车辆贬值费的案例。此案经法院判决，责任方向无责任方车主支付了车辆的贬值费。

车主王女士的车被撞，在索赔金额 10 400 元后，王女士又提出车辆贬值费的索赔。经法院认定，车辆贬值损失客观存在，而且与此事故有因果关系。因该车碰撞后受损，造成左右后纵梁变形等后果，对车辆性能有极大影响。因此法院判责任方王先生赔偿王女士车辆贬值费 8 500 元。

在上述赔偿案的不久，一起同样的索赔案上诉到法院，这次索赔金额达 2.5 万元之多。看来今后交通事故责任方对车辆碰撞后造成的贬值赔付将成为重要的一项赔付费用，而且这笔费用完全要由责任方车主掏腰包。

目前，有关车辆贬值并没有相关法规可以参考，只能通过有关的正规评估机构进行评估，法院也只能以评估机构的评估结果作为判决的依据。

但贬值率的最后认定，还应进一步探索，如对事故涉及的层面、影响的深度和广度，使用性能的受损程度都需要进一步探索。这也是评估机构的评估师需进一步研究的重要课题。恐怕今后这类事件会越来越频繁地出现，因此，对评估师的培训内容，应在这方面加强，以适应市场和实际需要。

那么哪种碰撞事故对车辆价值影响较大呢？应该说，以下几种情况对车辆价值影响较大：全车大梁被撞变形（即使修复或更换）；水箱及其支架碰撞损坏（即使修复或更换）；车身 A、B、C 柱被撞击损伤（经修复）；车身叶子板被切割更换等。这些情况将对二手车价格有较大的影响。尤其是大梁的断裂、变形，对汽车的贬值影响是很大的，因为大梁是汽车的脊梁骨，脊梁骨有损伤，不仅会影响汽车的使用功能，还会带来严重的安全隐患。若在高速公路行驶时，有可能造成车毁人亡的特大事故。所以，在评估事故车的贬值时，要特别注意根据不同部位的损伤给予不同的贬值考虑。一般业内人士认为，对碰撞损伤的事故车的贬值率，应在同品牌同等技术状态下二手车的评估值的基础上，再贬值 10%～25%。具体贬值多少，视实际情况而定。

但并不是所有交通事故对车辆价值都会有如此大的影响，像一些小的剐蹭造成玻璃、保险杠、车漆等损伤并经修复，不会对车辆价值构成影响，因此，就不应列在索赔之列。所以，并不是任何交通事故都能索赔车辆的贬值费的。

对于泡水车，由于泥水对全车的电子器件、电器设备影响较大，损坏较重。又因现代汽车的电子元器件及电器设备等占全车价值的比重越来越大，据统计现代轿车上的电子元器件和电器设备可占到全车价值的 25%～40%。所以对泡水车的评估，其贬值率应在 20%～30%之间，要视情况而定。

过火车则视过火部位的不同，过火面积的大小和损坏程度的不同，综合考虑其贬值率。如若修复较好，一般认为其贬值率为 7%～18%。

以上可以看出，对事故车的评估是摆在广大评估师面前的一项新的研究和探索的课题，希望能引起评估师的关注。事故车的检查、判断和评估是一个较棘手的问题，对一般评估师来说是比较困难的。但是，只要在二手车的评估实践中，不断地总结经验，经过一段时间的努力，一定能克服这一难题。

第五章　二手车评估的基本原理

§5—1　评估的几个概念

二手车的评估是指由专门的评估机构的评估师，根据其经济行为，遵循法定或公允的标准和程序，运用科学的方法，对二手车进行手续检查、技术鉴定和价值评估的过程。

二手车的评估通常由六大要素组成，即鉴定评估的主体、客体、目的、方法、程序和标准。鉴定评估的主体即指评估师；客体就是被评估的对象——二手车；目的就是二手车要发生的经济行为；根据其经济行为的不同，来决定采用的评估方法和标准及进行评估的程序。

一、评估的特点

汽车虽然属于机器设备一类的固定资产，但汽车有其自身的特点。其主要特点有：一是技术含量高，汽车是一个高科技产品，汽车工业水平的高低，反映一个国家科技水平的高低；二是单位价值大，一辆汽车少则几万元，多则几百万元；三是政策性强，管理严格，税费附加值大；四是使用范围广，使用时间较长，使用强度、使用条件、维护水平差异大。由于汽车本身具有以上特点，所以，就决定了二手车评估的如下特点：

1. 二手车评估以技术鉴定为基础

由于汽车本身具有较强的工程技术特点，其技术含量高。汽车是集机械、电子、自动控制和信息技术于一身的产品。对汽车进行鉴定评估涉及对其技术状况的了解。此外，汽车在长期使用中，由于机件的磨损和自然力的作用，汽车处于不断磨损的过程。因此，要评估出汽车当前的实际价值，往往需要通过技术检测来鉴定其损耗程度。

2. 评估以单台为评估对象

因汽车品牌型号较多，结构较复杂，配置都较现代化，单位价值有时相差较大。一般评估时，都需要分整车或部件逐台、逐件地进行。但有时为了简化评估程序，节省时间，提高评估的效率，对于以产权转让为目的，单位价值又较低的汽车，也不排除采取“提篮”作价的评估方法。

3. 评估要考虑附加值

国家对汽车实施户籍管理，使用中需缴纳的税费较多，税费附加值较高。因此，对二手车评估时，除考虑其实体性价值外，还要考虑户籍管理的手续费用及使用过程中各种规费的价值。

二、评估的目的与任务

显然，对二手车进行评估的目的，就是为了尽可能确切地反映出二手车当前的技术状况和其价值量，以便为将要发生的经济行为，提供公平的价值尺度。所以，在二手车交易中，对二手车进行评估的主要任务是：

1. 为二手车所有权转让提供交易的参考底价

二手车在交易中，买卖双方对二手车的交易价格期望不同，需要评估人员客观、公正地对二手车当前的技术状况和价值进行鉴定评估。评估出的价格作为交易时的参考底价。一般情况下，实际的交易价要略低于评估价。

2. 抵押贷款时，为抵押物作价

车主为了融资，向有关金融机构借贷，金融机构为了确保放贷安全，要求借贷人以汽车作为借贷抵押物。放贷者为贷款安全起见，要对车主的汽车进行评估，为抵押物作价。

3. 为司法裁定提供现时价值依据

在当事人遇涉及机动车的法律诉讼时，法院要委托评估机构对机动车辆进行评估。这样，法院在作出裁决时，可根据评估的结果，为司法裁定提供现时的价值依据。

4. 为拍卖提供参考底价

对于执法机关罚没的汽车、抵押的汽车、企业清算的车辆、海关获得抵税和放弃的车辆、国家机关更换下来的公务用车辆等，都需经拍卖竞价销售。在拍卖之前，必须对车辆进行评估，以在规定的日期，为拍卖的车辆提供参考底价。

5. 在企业或个人发生产权变动时，提供咨询服务

企业如遇合资、合作、联营；企业分设、合并、兼并；企业出售、股份经营、企业清算或租赁等，必须要对机动车辆进行评估作价。特别是在涉及国有资产时，应按国家的有关规定，对车辆进行价值评估，严防国有资产的流失。

6. 识别非法车辆

二手车评估还有一项重要任务，就是要识别走私、盗抢、非法拼装、报废、手续不全的车辆，严禁这些车辆流入市场，造成危害。

三、评估的业务类型

二手车评估的业务类型就是其业务性质。按照服务对象的不同，业务类型分为两类：交易类和咨询类业务。

交易类业务是服务于二手车交易市场内部的交易业务，是一种有偿服务，其服务费的收取按照《二手车流通管理办法》的规定执行。二手车交易管理费不再按评估价值的百分比来收取，而是采取定额的收费办法。根据车辆的类型、排量大小或载质量大小以及服务项目的多少交纳管理服务费。改革后的收费办法，降低了小排量、经济型二手车的交易费用，从而有利于促进个体消费者之间进行二手车的交易。

咨询服务类业务是服务于交易市场外部的非交易业务，它是按地方物价部门对二手车评估制定的有关价格规定，实行有偿服务。如为司法裁定提供咨询服务等，按规定收取一定的

咨询费。

四、评估的价值内涵

二手车评估时，评估的结果是价值还是价格呢？这就涉及价值与价格的概念了。从经济学的观点看，价值与价格是两个不同的概念。现举例说明价值与价格的不同概念。有的商品如粮食，这是每人每天都要吃的，不吃就要挨饿，会损害人的健康，甚至危及生命。可见粮食的价值是很高的。但粮食的价格却很低，目前500 g普通的大米，价格只有1.8～2.3元。与此相反，有的商品，如金项链，它只是作为一种装饰品，或作为一种财富象征，不戴也不会造成任何损害，从价值的角度看，其价值并不十分大。但购买金项链的价格可不低，少则上千元，多则上万元，甚至更贵。此外，商品的价格还受到供求关系的影响，有关国计民生的商品，国家还要进行价格的调控，以保持社会的稳定。在这里就不讨论价值与价格经济学中的概念，只是作一般的了解和区分。

在二手车评估中，价值与价格的概念经常处于混用的状况，没有经济学那么严格。一般来说，在二手车评估中，评估出的结果，可理解为交易价值或市场的交易价格。

二手车评估的价值表面上是评估人员估算出的价值，但二手车价值的真实体现是产权交易发生时的价值。而交易价值最终判定者是买卖双方当事人，评估的价值应是交易双方认同的价值。评估人员应从交易双方当事人的角度来考虑二手车的价值。

价格是二手车市场价值的货币表现。所以，评估的价值又是市场交易的价格。因为二手车评估的依据来源于市场，具有现实的接受市场检验的特征。

此外，价格是一个动态的概念，因而评估中的价格是指在特定的时间、地点和市场条件下的价格。价格具有很强的时效性，严格说来，二手车的评估值是指评估基准日的市场价格。

§5—2　二手车的价值类型

二手车在评估过程中，其价值形态上的计量，有多种不同的价值类型，要注意根据不同的经济行为来选择与之相应计价的价值类型。不同的价值类型，不仅在质上有区别，在量上也有较大差异。而二手车评估业务要求的价值类型是唯一的。所以，在评估时，要根据评估的目的，即其经济行为，来选择所要求的计价性质，从而确定二手车评估业务所适用的价值类型。

二手车评估的价值类型有继续使用价值、交换价值、清算（清偿）价值、重置成本价值和报废价值与残余价值等多种价值类型。

一、继续使用价值

继续使用价值，也就是二手车投资的价值，二手车投资的目的是获取利润或能提供服务。在这种情况下，其特点就是二手车是以完整的整体车辆而存在。完整的车辆方可提供服务，为投资者创造货币收入或利润，也就是可以以整车的形式继续使用，而存在着使用价值。因此，不能用把车辆拆零出售零、部件所得收益之和来评估其价值。

例如，一辆汽车用作营运，其评估价可能为 6 万元，而将其拆成发动机、变速器等零、部件分别出售，其总价值可能仅为 4.5 万元。而且拆零后，就不能作为整车继续使用了，而继续使用价值是作为整车能继续使用而存在的价值。

可见不同的价值类型，其价值量也不一样。要注意的是在这种情况下，汽车应尚未达到报废年限，还具有剩余使用寿命，而且还应以其能提供服务或满足投资者经营和工作上所期望的收益为前提。

二、交换价值

交换价值也叫变现价值，是指二手车在公平市场条件下能够实现的交易价值。二手车交易的实现对二手车出让方，就意味着变现。在这种情况下，变现价值的高低往往取决于二手车的继续使用价值。此外，交换价值还常常与是否有充分发育和完善的市场条件有关。

所谓充分发育和完善的市场条件，就是公平的市场。一个公平的市场，应有充分的市场竞争，买卖双方没有垄断和强制行为。交易双方彼此地位平等，彼此都可获取市场信息，也就是人们常说的买卖双方市场信息对等或对称，双方均不得有隐瞒和欺诈行为，以便对车辆的功能、用途、技术状况、市场交易价格等作出理智的判断。

二手车在公开的公平市场上买卖，不同类型的二手车，其性能、用途不同，市场活跃程度就不一样。用途广泛、剩余寿命期较长的车辆，比用途狭窄、剩余寿命期短的车辆市场要活跃、要好卖得多，其价值量也肯定不一样。

无论车辆的买者还是卖者，都希望车辆能得到最佳效用。所谓最佳效用是指车辆在可能的范围内，用于最有利又可行且法律又允许的用途。最佳效用由车辆所在地区的具体条件以及市场供求规律来决定。

三、清算价值

清算（清偿）价值是一种带有强制条件的变现价值。它是二手车的所有者，在某种压力下，被强制将车辆整体或拆零，以拍卖的方式在市场上出售的拍卖价值。由于受到拍卖期限的限制和买主的限制，其价格一般低于市场的交换价值。在二手车的交易实践中，二手车的拍卖，均是以这种价值性质出售的。

拍卖市场与公平市场是不一样的。拍卖除有期限的要求外，参与拍卖的买主也有一定的限制，首先要缴纳一定的竞买押金，而且事先要去申请登记。所以买主是有一定限制的，不像公平市场，任何有购买愿望的客户均可不受任何限制地进入市场。故交换价值与清算价值是不一样的。

四、重置成本价值

重置成本价值又称重置价值，是指在现时条件下，重新购置或构建一辆全新状态的与被评估车辆相同或类似车辆所需全部成本，简称重置全价。按重新购置或构建车辆使用的材料、技术标准、工艺等不同，可把重置成本全价分为更新重置成本和复原重置成本。

1. 更新重置成本

机动车的更新重置成本是指在功能和效用上与被评估车辆相同或最接近的类似新车的购置或构建成本。对于目前还在生产制造的车辆，其更新重置成本就是新车的现行市场购置价格。而对于已经停产的车辆，它的更新重置成本应为功能和效用相同或相类似的新的替代车辆购置价格。一般来说，更新重置成本是指用新材料、新工艺、新技术、新标准、新设计等，以现时价格购置或构建相同或相似功能的全新车辆所支付的全部成本。

2. 复原重置成本

车辆的复原重置成本是指购置或构建一辆与被评估车辆完全一样的新车所需成本，也就是用与被评估车辆完全相同的材料、工艺、技术、标准、设计方法等，以现时价格复原购置或构建相同的全新车辆所支付的全部成本。

复原重置成本在机动车的评估中较少采用，因为在现实生活中，机动车的制造工艺、制造技术、所用的材料等，发展非常迅速。新工艺、新技术、新材料、新设计方法的采用，使机动车的成本降低，功能效用却比原来车辆都有较大提高和改进。所以，复原重置成本并无太大的实际意义，一般都使用更新重置成本。之所以选择使用更新重置成本，是因科学技术的发展，新工艺、新材料、新设计的采用被社会普遍接受和认同。值得注意的是，有时候，更新重置成本与复原重置成本并无区别。例如，有的机动车几十年一贯制，其生产工艺等无任何变化，功能和效用也无改进提高。生产厂家仍继续生产、出售，这时，机动车的现行购置价既是复原重置成本，也是更新重置成本。还有一些专用车辆，它们的制造工艺、技术，使用的材料无任何改进和变化，功能和效用也完全能满足用户的需求，在这种情况下，反而使用复原重置成本比较合适。

五、报废价值与残余价值

1. 报废价值

报废价值主要是指机动车报废后，可回收金属的价值，如钢、铁、铝、铜等。这一部分价值在以后的评估中，为计算方便，通常省略不计。

2. 残余价值

残余价值即残值，是指机动车在报废后，某些零、部件的回收价值，如机动车的某些控制装置、齿轮、轴或仪表等。这种情况在我国的有些汽车上还是比较常见的，因为我国的汽车可进行大修，大修时，可更换发动机、变速器等重要部件。更换以后，当汽车整车已使用到报废年限，但这些中途更换的主要部件尚未到报废标准所规定的年限，还有剩余的使用寿命期，这样的部件还有相当的残余价值存在。

§5—3 评估的依据与原则

二手车评估和其他的资产评估一样，在评估时，必须要有正确的科学依据和遵循的原则。

一、评估的主要依据

1. 理论依据

二手车评估的理论依据就是资产评估学。汽车是属于机器设备一类的资产，评估时实际操作方法和程序按国家有关规定进行。

我国对机动车评估工作开展较晚。20 世纪 90 年代后期，由于我国汽车工业有了较大的发展，二手车市场才开始活跃起来。近年来二手车市场蓬勃发展，二手车评估工作全面展开。但应该说，我国二手车评估工作还要不断地积累实践经验，从理论和实践两个方面推进评估工作，使二手车的评估不断深入，评估质量不断提高。

二手车的评估一般属于单项资产评估的范畴，它不如一个工厂、一个企业整体资产评估那么复杂。但由于汽车是一种严管商品，就单项资产来说，其价值比较高，结构也比较复杂，涉及的面也比较广。虽然资产评估的一些基本理论和方法可用于二手车的评估，但也有许多区别。

汽车是一种消费品，也是一种消耗品。买汽车一般不可能保值，更谈不上会增值。买汽车就只有贬值，使用时间越长，贬值就越多，最后报废，不能上路行驶，没有使用价值，就剩下报废价值了。所以，在二手车的评估中，不断地总结经验，探索一些新的、符合汽车特点的一些简单、实用、便捷的评估方法和理论，是广大评估师特别是高级评估师的一项义不容辞的责任。

例如，北京的二手车市场经过多年努力，在进行大量统计的基础上，探讨和总结出各种不同品牌型号的汽车，在市场中的保值率，反过来就是其贬值率。这就给北京地区二手车评估提供了极有价值的理论依据。尽管这个工作还做得比较粗糙，但已经有了一个好的开头，坚持探索下去，进一步深入和完善，就很可能形成一种既有理论，又能简化评估工作，提高评估工作效率，符合当地、当时二手车市场实际的评估方法。

国外二手车市场也有类似的新的评估理论和方法的应用。前面已述及美国是资产评估学说应用和创建最早的国家之一。它对二手车的评估，就不用任何固定的计算公式，而是根据市场历年来的大量交易报告的统计资料分析，得出具有代表性的参考价格，形成二手车价格指南，从而来确定需要评估的二手车的价格，操作起来方便实用，并被广大二手车消费者所认同。当然，这只能在二手车市场发育比较完善的基础上才能进行。我国二手车市场形成的时间还不长，远不及美国那么完善。但业内人士还是在不断地研究和思考我国二手车市场发展情况，注意总结经验，探索符合我国二手车市场的评估理论和方法。

2. 政策法规依据

二手车评估的政策性很强，主要依据的政策法规有《国有资产评估管理办法》《国有资产评估管理办法施行细则》《汽车报废标准》《二手车流通管理办法》《汽车贸易政策》等。《二手车流通管理办法》是直接针对二手车市场的一部法规，于 2005 年 10 月 1 日起实施。此后，还有一些实施细则出台，这些都对二手车市场的发展，起到了极大的推动作用。

3. 取价依据

取价依据主要考虑在评估基准日这一时点的现实条件。要注意车辆当前的技术、功能状态，要根据有关的技术标准，如安全标准、排放标准，了解汽车的技术参数，判断车辆现时的状况。此外，还要注意市场的取价资料，如物价指数、银行利率水平、股息情况等。这些都是二手车评估时现实价格依据，对评估结果会产生直接影响，在有关的评估方法中，要应用到这些信息。

而机动车的账面原值、净值等历史资料，具有一定的客观性，对评估而言有一定的参考价值，但不能作为评估的直接依据。

二、评估的原则

为了确保评估结果的准确性、真实性，并使评估工作做到公平、公正、公开、合理，被社会所认同，就必须使评估工作遵循以下原则：

1. 公平性原则

公平、公正是二手车评估人员必须遵守的一项基本道德规范。评估人员应公正无私，公道合理，绝对不能偏向任何一方。

2. 独立性原则

二手车评估人员在评估车辆时，应按照有关规章制度及可靠真实的数据资料，对被评估车辆独立自主地作出客观评估，不应受到外界干扰或受委托人的影响，确保评估工作客观公正。应回避有亲属关系的人对相关车辆进行评估。

3. 客观性原则

客观性原则是指评估结果应以充分的事实为依据，对车辆的技术状况分析应实事求是，所采用的数据资料必须真实可靠。

4. 科学性原则

在二手车评估过程中，必须根据评估的目的，选择相应的评估方法和价值类型，按规定的评估程序进行评估，使评估结果准确合理。

5. 专业性原则

对二手车进行评估的人员，必须接受专门的职业培训，并经考试合格后，由国家统一颁发执业证书，持证上岗，以确保评估人员是合格的。

只有坚持上述评估工作的原则，才能保证评估工作正常有序地进行。在实际的评估工作中，确保评估人员具有较高素质，使用的资料数据是真实可靠的，评估方法、步骤是合法的、正确科学的，评估结果才会是客观的、真实可靠的。

三、评估的程序

二手车的评估程序从理论上讲，应按照资产评估的法定程序进行。但因二手车的评估属单台资产评估，交易中又多为产权转让，且私家车越来越多，个体交易越来越活跃。所以，二手车的评估应参照法定程序，根据实际情况，区别对待。采取实际可行的评估操作程序和步骤进行。但若涉及属国有资产的车辆，则必须按法定程序进行，不得敷衍行事。

1. 国有资产评估的法定程序

国有资产评估程序，在国家有关的法律、法规和规章制度中作了具体规定。其评估工作可分为三个阶段、四个步骤和若干个具体环节。三个阶段为：前期准备、评估操作、后期管理三个阶段。四个步骤是：申请立项、资产清查、评定估算、验收确认四个步骤。四个步骤当中，每个步骤又包含若干个环节。例如，申请立项这一步骤中，又分为申请、立项、委托三个环节。各个环节又有其具体明确的工作内容。如申请这个环节就规定，国有资产、集体所有的资产，必须向资产管理部门提出评估申请，阐述申请评估的原因、目的等。

资产清查是指按确定的评估范围，对被评估资产的实际数量、质量等进行实地盘点，并作清查报告的过程。四个步骤的具体内容，请参阅有关规定，此处不再赘述。

2. 二手车评估操作程序

从专业角度来看，二手车评估与其他国有资产评估有些不同。私有车主可直接向评估机构申请评估，评估机构受理，则视为立项，并签订评估合同即可，有的则更简单，填一个评估登记表即可。所以，一般客户或车主，委托评估、咨询、买卖双方交易等远没有国有资产评估的程序、步骤繁杂。二手车评估既要考虑遵循资产评估的法定程序，又要根据实际情况简化操作程序。

在二手车的评估实践中，应按不同情况区别对待。一是单个二手车需要在评估后进行交易，这类业务通常是零散地一台一车进行评估交易。另一种是国家机关、企事业单位、公司多辆或成批量二手车的评估业务。上述两种不同的业务，通常按不同的操作程序和步骤进行评估。

对于零散的一台一车的评估，可按接受委托、手续检查、技术鉴定、价值评估、出具评估作业表或评估单据、评估凭证几个操作程序进行。一般不要求出具评估报告。

对于第二种情况，基本上要按法定程序进行，特别是国家机关更新淘汰的公务用车，在进入二手车市场前，均要进行评估。从目前情况看，这样的车数量还不少。受委托评估的机构，一般是经过招投标进行竞争后的中标机构。只有中标后的评估机构，才能按投标时的各项承诺进行评估。像这样多辆或批量评估交易业务，一般操作程序可按下述步骤进行。

(1) 评估前的准备

二手车的评估准备工作，主要有业务接洽，实地考察，签订评估委托协议书，以及根据评估的要求，收集车辆的有关资料，了解情况等。

(2) 技术鉴定

首先进行手续检查，核对实物（车辆），然后验证委托单位提供的资料，评估车辆的技术状况。

(3) 价值评估

在筛选和整理资料的前提下，按照评估的目的，选择相应的评估方法，本着客观、公正的原则，对车辆进行价值评估，得出合理的评估结果。

（4）撰写评估报告

在对评估方法、过程、评估结果检查核对无误的基础上，撰写评估报告，最后归档备查。

§5—4 国家宏观政策对评估的影响

汽车在促进社会经济的发展，提高劳动生产率和人类物质文明，满足人民群众健康文明生活需求的同时，也带来很大的负面效应。主要是给人类赖以生存的地球带来了能源的大量消耗和环境的严重污染，以及交通事故频发的社会问题。为了节约能源，保护环境，减少交通事故及人员的伤亡、财产的损失，我国政府颁布了《中华人民共和国节约能源法》《中华人民共和国环境保护法》和《汽车报废标准》等一系列法律、法规及产业政策，对汽车的使用进行了严格管理和规范。

一、能源政策

在我国，国家对能源实行开发和节约并重的政策，合理利用能源，降低能源消耗是国家长期的产业政策。从 2004 年 6 月以来，国家发改委就先后出台了《汽车产业发展政策》《乘用车燃料消耗量限值》和我国第一个《节能中长期专项规划》等文件。其中明确提出把发展小排量汽车作为国家产业政策。小排量、低能耗、低排放的环保经济型汽车，是普通消费者最主要、合理的消费要求。小排量的微型车省油、低排放、节省路面资源，鼓励广大消费者购买、使用小排量经济型汽车是建设节约型社会的必然选择。

2005 年 10 月 1 日实施的《二手车流通管理办法》，规定采取定额收费办法收取二手车交易管理服务费。根据车辆的类型、排气量等不同，采取不同的收费标准。例如，有的地区对 1～1.2 L 排量的小型车，收费范围在 200～500 元之间不等。排量小于 1 L 的收费仅为 100 元。这种收费标准的制定，也是响应国家鼓励发展中、小排量的车型，建设节约型社会的一种宏观调控措施。

此外，实行多年的汽车消费税税率，也根据这一政策作了调整。按汽车不同排量课以不同税率。小排量，低税率；大排量，高税率。显然，这也是符合鼓励发展小排量汽车的一贯政策的。

还有根据上述政策，各地对小排量经济型汽车的限驶禁令，也被取消。这一政策的实施，也在改变人们求大求洋不切实际的消费习惯。

对于在用车，为了切实鼓励节约能源，帮助国家能源战略调整，征收燃油税代替了征缴养路费，这也是便捷、合理而有效的手段。

上述这些政策的实施，以及国际油价的不断攀升，使得小排量环保型小汽车销售大幅增长，而这也将影响二手车市场小排量汽车的交易量。北京二手车市场，小排量汽车的交易量就有明显的增加，价格也有所下降。

国家发改委实施的汽车油耗公示制度，对建立汽车产品油耗公示制度提出了明确要求。国家发改委委托中国汽车技术研究中心开展了相关的研究，于 2006 年 11 月首次对 409 个车型的油耗数据在网上公示，这也是一次实施新产品油耗公示制度的尝试或实践。此后，汽车产品油耗公示制度将常态化，表 5—1 为部分乘用车燃料消耗量。

表 5—1　　部分乘用车燃料消耗量

序号	商标	产品型号及名称	整备质量（kg）	耗油量（L/100 km）标准限值	综合值（L/100 km）
1	马自达	CA7201AT 轿车	1 427	10.7	7.91
2	宝来（BORA）	FV7162FATE 轿车	1 310	10.1	9.07
3	奥迪	FV7183TFCVTE 轿车	1 470	11.3	9.30
4	天籁（TEANA）	EQ7203BA 轿车	1 450	11.3	10.00
5	车风标致	DC7164C307 轿车	1 324	10.7	8.50
6	吉利美日	MR7131AHU 轿车	1 042	8.8	8.33
7	桑塔纳	SVW7180LEI 轿车	1 100	8.9	7.90

公示产品车型的油耗数据，是由国家授权的检测机构在统一的综合测试循环下的油耗。由于测试循环模拟了汽车在道路上行驶的车速、阻力、工况等各种情况，试验结果更能客观地反映出产品实际技术状况。此前，各厂家在销售新车时，均自行公布车辆的耗油量，而消费者在实际使用中，实际耗油量与厂家公布的差距甚远，常误导消费者。

由于车辆的耗油量指标，是一项重要的经济指标，不少消费者视其为购车的主要考量指标。油耗量低的车型，当然就会受到消费者的青睐。这样就促使厂家加强研究，降低油耗，提高自己产品的竞争力，得益的当然是消费者。

但要注意，公示的油耗值与实际使用时，可能还有一些差距，这是因为影响汽车实际使用的油耗因素很多，很复杂。驾驶员的驾驶行为、道路、车辆状况、燃油质量等仍会导致与新车在标准测试循环下的油耗存在偏差。

二手车因随行驶里程和使用年限的增加，车辆磨损加剧，发动机的耗油量、传动系的传动效率都将发生变化。发动机油耗增加，传动效率则降低。所以二手车的耗油量均会比新车高许多。新车的耗油量高，那么二手车的耗油量也会相应增加。评估时，应考虑汽车的耗油量，耗油量高者，评估价值应低一些。

二、环境保护政策

2005 年 4 月 27 日，国家环保部召开新闻发布会，公布了五项机动车污染排放新标准，如《轻型汽车污染物排放限值及测量方法》（即国Ⅲ、国Ⅳ号排放标准）《装用点燃式发动机重型汽车曲轴箱污染物排放限值及测量方法》《摩托车和轻便摩托车加速行驶噪声限值及测量方法》等。其中，轻型汽车国Ⅲ号标准，自 2007 年 7 月 1 日起实施。国Ⅳ号排放标准，自2010年7月1日起实施。北京市于2008年3月1日提早两年执行了国Ⅳ号机动车排放标准。

制定和实施更严格的排放标准，降低排放负荷是解决机动车污染问题的必然选择和有效手段。新的排放标准是根据国内机动车污染状况、汽车工业的发展和环境保护的需要制定的。

近年来，我国机动车保有量迅速增加，目前全国机动车保有量已达1.24亿辆，机动车排放造成的污染问题突显出来，引起社会的普遍关注。

国家环保政策对机动车评估的影响主要体现在以下两方面：

1. 缩短了机动车的使用寿命

根据国家能源、环境政策，对不达标的机动车限制使用或者提前报废，大大加速了机动车的更新速度，缩短了不达标机动车的正常使用寿命。许多在用的“黄标”车，除限驶地区外，一年内还需多次检测，大大增加了使用成本，从而缩短了使用寿命。根据北京市二手车交易市场信息部门的预测，新的排放标准的实施，主流二手车型交易寿命缩短了15%，由原来的6年下降到5年左右。

2. 增加了使用成本

国家对不符合要求的在用机动车进行限制使用，不准进入某些重要或敏感地区。此外，还要频繁地进行检测，甚至强制报废，这些举措都导致机动车使用成本的增加，从而加速了超标机动车退出使用的速度。评估时，其使用价值也同样要受到较大影响。

三、《汽车报废标准》的调整对评估的影响

我国《汽车报废标准》在1997年颁布以后，经过两次调整。特别是2000年的一次调整，对非营运性9座以下（含9座）的载客汽车，规定使用年限由原来的10年调整为15年。与此相反，北京地区对排量在1 L以下（含1 L）的出租车、小公共汽车，规定使用年限由原来的8年，调整为6年。规定使用年限的这一升一降，对这种二手汽车就意味着一个大幅升值，另一个贬值。这就是国家宏观政策对二手车价值影响的明显例证。在二手车评估中，必须加以理解，并考虑其对二手车价值的直接影响。

应引起注意的是，宏观政策的影响，既可以使二手车贬值，也可以使其升值，这是正常的，无须人为地去对客观事实进行干预，否则评估结果就不符合实际，会得出错误的结论。

有关舆论提出，将非营运的乘用车不再规定报废年限，只对其安全性和排放指标进行检测，不达标的汽车不能上路行驶。但这并不意味着非营运乘用车，就能无限期地使用下去。这一调整看似放宽，实际更为严格。汽车随着行驶里程的不断增加，其各项指标均会逐渐下降，特别是排放指标，随着发动机的磨损，工况变得越来越差，排放超标，结果需进行技术改造，投入就更大。另一方面油耗大幅升高，使用费用猛增，这样的车继续使用就很不经济，很不合算，还不如买辆新车。

当然对于那些行驶里程不多的私家生活用车，平常保养较好，一年行驶里程仅为1万公里，这样的生活用车有可能使用更长的时间，当然也就相当于增值了。而对于那些平常欠维

护和保养，使用强度又较大，年行驶里程 2～3 万公里的乘用车，上述规定还有可能缩短其使用寿命。

四、其他的影响因素

国家宏观政策的其他影响因素主要还有：

1. 北京实行汽车号牌总量控制对二手车评估的影响

北京为了缓解交通压力，减少道路的堵塞，提高效率，需要抑制本市汽车数量过快增长。北京的汽车总量已达 500 万辆，在实施总量控制前的 2010 年，汽车每月增量达 6～7 万辆。使得北京的交通设施不堪重负，给出行带来极大的困难。“京城无处不堵车”已成了老百姓的口头禅。为此，北京市于 2011 年实施了汽车号牌总量控制的政策，汽车年增长数控制在 24 万辆左右。需要购车的个人、机关、社会团体、企事业单位等，向有关部门提出申请，经审查后，参加每月一次的号牌摇号。中签的个人，即可获得一个车牌号，可在 6 个月之内到汽车市场购车上牌。没有中签的，可滚动进入下一次摇号。这样一来，原来想购买一辆二手车的消费者，会觉得这个号牌来之不易，就很容易打消以前购买二手车的念头，而会去购一辆新车。实际情况正是这样，结果是 2011 年总量控制政策一出台，北京二手车市场的交易量明显下滑，二手车在本市的销量大幅下降，二手车的评估交易价格也大幅下降。

这一政策出台，在短期内对北京市二手车市场冲击较大，对二手车价格影响是很明显的。二手车市场必须调整经营模式，针对周边地区和外省市的消费者，给他们提供良好的服务，以开拓二手车新的市场。

2. 公安部实施的 102 号令的影响

公安部在 2008 年 10 月 1 日发布的 102 号令，即实施修订后的《机动车登记规定》。102 号令规定在二手车交易中，原来号牌等不得随车再继续使用，必须重新登记上新的号牌。旧的规定，二手车同城交易后，可带原号牌继续使用，可以不用上新的号牌。102 号令实施后，消费者购得二手车后，就要去办理新的号牌，手续多一点，手续费也略有增加，但对二手车的评估和交易影响不会太大。

第六章　重置成本法

§6—1　重置成本法的基本原理

一、基本概念

重置成本是指在评估基准日，重新购置或构建与被评估车辆完全相同或相似的全新车辆所需的成本。前已述及，重置成本可分为更新重置成本和复原重置成本。它们的区别在于重置的方式不同。复原重置成本是完全按原来二手车的制造工艺、材料、结构、设计和标准等，以现时的物价水平，即现时价格，重新构建一辆与被评估车辆完全一样的新车所需成本。更新重置成本是按现时的新工艺、新材料、新结构、新设计和新标准等，重新构建一辆与被评估车辆功能相同的新车所需成本。

根据替代性原则，在进行二手车交易时，购买二手车的消费者所愿意支付的价格，绝不会超过按市场标准重新购置或构建与该二手车相同的全新车辆所付出的成本，可看出重置成本是二手车的最高价格，同时也是新车的最低价格。只要是被评估车辆是已使用过的二手车，其评估价值，则应从重置成本中扣减在使用过程中的各种陈旧性贬值。

各种陈旧性贬值一般包括实体性贬值、功能性贬值和经济性贬值。

1. 实体性贬值

实体性贬值是指汽车在存放或使用过程中，由于自然力的作用，引起车辆在物理和化学方面的变化，而导致车辆实体损耗，最终导致车辆价值贬值。一辆全新的汽车，其实体性贬值为零，而一辆报废的汽车，其实体性贬值就是百分之百了。处于其他状态下的汽车，其实体性贬值就在这两者之间。

2. 功能性贬值

功能性贬值是由于科学技术的进步，造成车辆制造成本降低或功能和使用性能相对落后，从而引起车辆价值的下降。这类贬值又可细分为一次性功能性贬值和营运性功能性贬值。

一次性功能性贬值是指由于技术进步引起劳动生产率的提高，现在再生产制造同样功能的车辆，所需的社会劳动时间减少，成本降低，从而造成原有车辆价值贬值。

营运性功能性贬值也就是由于科学技术的进步，出现了新的性能更优的车辆，致使原有车辆的功能相对新车型已经落后，而引起原有车辆的贬值。例如，电喷系统在汽车上应用，使得原装有化油器汽车贬值落价。这种情况引起的贬值，就是典型的营运性功能性贬值。

3. 经济性贬值

经济性贬值是由于外部经济环境发生变化，所造成的车辆贬值。所谓外部经济环境，包括国家宏观经济政策、市场需求、通货膨胀、环境保护、心理因素、生活习惯等。这种贬值完全是由于外部环境而不是车辆本身内部因素所引起的。

二、理论依据

重置成本法是通过估算被评估车辆的重置成本和车辆的各种陈旧性贬值，将重置成本扣减各种贬值后，作为被评估车辆价值的一种评估方法。

所以，被评估车辆的评估值应等于重置成本减去实体性贬值、功能性贬值、经济性贬值。其数学表达式如下：

$$\begin{aligned} P &= R - D \\ &= R - D_p - D_f - D_e \end{aligned} \tag{6—1}$$

式中 P——评估值；

R——重置成本；

D——各种陈旧性贬值；

D_p——实体性贬值；

D_f——功能性贬值；

D_e——经济性贬值。

若把车辆的各种陈旧性贬值与重置成本之比，称为相应的贬值率，则实体性贬值率、功能性贬值率、经济性贬值率分别可写为：

$$\left.\begin{aligned} \alpha_p &= \frac{D_p}{R} \quad 或 \quad D_p = \alpha_p R \\ \alpha_f &= \frac{D_f}{R} \quad 或 \quad D_f = \alpha_f R \\ \alpha_e &= \frac{D_e}{R} \quad 或 \quad D_e = \alpha_e R \end{aligned}\right\} \tag{6—2}$$

将（6—2）式中的三种贬值率 α_p、α_f、α_e 代入（6—1）式，则可写成：

$$\begin{aligned} P &= R - \alpha_p R - \alpha_f R - \alpha_e R \\ &= R[1 - (\alpha_p + \alpha_f + \alpha_e)] \\ &= R(1 - \alpha) \end{aligned} \tag{6—3}$$

式中：$\alpha=\alpha_p+\alpha_f+\alpha_e$，称为车辆的陈旧性贬值率。

通常将（6—3）式中的（$1-\alpha$）称为成新率，用 γ 表示，即 $\gamma=1-\alpha$。所以（6—3）式就改写成：

$$P = R\gamma \tag{6—4}$$

（6—4）式表明，被评估车辆的评估值，等于重置成本乘以成新率。在二手车的评估中，若采用重置成本法进行评估二手车的价值，一般都采用（6—4）式来计算，而很少采用

(6—1) 式来进行评估计算。用 (6—4) 式来进行二手车的评估，就必须确定二手车的重置成本 R 和其成新率 γ。

§6—2 重置成本的确定方法

一、重置成本的构成

重置成本 (R) 的构成可分为直接成本和间接成本。直接成本为现行市价的购买价格，而间接成本是指在购车时，所支付的购置附加税、牌照费、注册登记手续费、车船所用税、保险费等规费。在二手车的评估中，对间接成本是否计入重置成本全价中，有两种不同情况和不同的处置办法。

一是属于所有权转让的经济行为，即交易类业务可只按被评估车辆的现行市场成交价格作为被评估车辆的重置成本全价，其他间接成本（各种规费）就略去不计。另一种情况，即咨询类业务，各种规费，即间接成本就要计入重置成本全价，如企业合资、合作、联营、合并和兼并等。这样的一些经济行为，评估时，其重置成本全价的构成，除考虑被评估车辆新车的现行市场购置价格以外，还应考虑上述间接成本，并将其一并计入重置成本全价。

这里要特别指出的是，上述被评估车辆的现行市场成交价为其新车的价格，而不是二手车的成交价。

为什么涉及所有权转让的经济行为，其重置成本全价可以不包括间接成本呢？这主要是根据二手车交易实际情况来考虑，这类业务属于前述的交易类业务。二手车交易时，买卖双方需求不同，其心理动机也不一样，他们都有各自的政治和经济背景。总之，对于产权转让一类的交易业务，在二手车评估时，在计算重置成本时，就把车辆一些使用环节的税费忽略不计。在实际的二手车评估交易中，也获得了买卖双方的认同。

而属于企业产权变动的经济行为，这类评估为咨询类业务，其重置成本全价就应该把间接成本所包含的各种税费计入其内，这样可防止国有资产的流失。

二、重置成本的确定方法

前已述及重置成本有复原重置成本和更新重置成本。在二手车评估中，一般应采用更新重置成本来进行评估。重置成本的估算方法有多种，对于二手车的评估，建议采用以下两种方法。

1. 直接法

直接法是指通过现行市场途径来确定车辆购置成本的最简单、最有效并且可信的方法。这种方法是以现行市价为标准，确定被评估车辆重置全价。

应指出的是，用直接法取得的重置成本，无论是国产车还是进口车，一律采用国内现行市场价作为被评估车辆的重置成本全价。

使用这种方法的关键是获得市场价格资料，对于大、中城市，车辆市场价格资料的取得是比较容易的。评估师可直接从市场了解相同或类似车辆现行市场新车销售价格。但要注意的是，车辆的市场价格，制造商和销售商，或者是不同的销售商其售价可能是不同的。按替代性原则，在同等条件下，评估人员应选择可能获得的最低市场售价。此外，还可从报纸、杂志上的广告，厂家提供产品目录的价格表，经销商提供的价格目录，网上查询等渠道获取。但在使用上述价格资料时，要注意数据的有效性和可靠性，这是至关重要的。

在获取上述价格资料时，还应注意以下问题：

（1）价格的时效性

价格资料和市场信息一般只反映一定时间的价格水平，尤其是机动车价格变化较快、较大，价格稳定期较短。评估时要特别注意价格的时效性，所用资料要看能否反映评估基准日的价格水平，尽可能地避免使用一些过时的价格资料。

（2）价格的地域性

机动车销售价格受交易地点的影响也较大，不同的地区由于市场环境不同，消费水平也有差距，交易条件也不尽相同，所以机动车的售价也不完全一样。评估时，应该使用评估对象所在地的价格资料。若无法获取当地的价格资料，则可参考邻近地区的价格，但要进行价格差的修正。有时，一些县城机动车价格，比大城市同样车型的价格还要高一些，这是正常的，不要主观认为县、市的机动车价格，就一定比大城市的价格低。使用价格资料要实事求是。

（3）价格的可靠性

评估师有责任对使用的价格资料的可靠性作出判断。一般从网上及其他公共媒体获得的价格资料只能作为参考价格。使用这些资料，评估人员应以审慎的态度进行必要的核实。而从汽车销售市场直接获得的现时价格，可靠性相对较高。

2. 物价指数法

物价指数法就是以机动车原始的购买价格为基础，根据同类车价格上涨指数来确定被评估车辆的重置成本。原始购买价格又称原始成本或称历史成本，也就是机动车车主所持的账面原值或是购车时的原始发票上的价格。车辆重置成本的计算公式如下：

$$R = R_0 \frac{S}{S_0} \tag{6—5}$$

式中 R——重置成本；

R_0——原始成本或历史成本；

S——评估时的物价指数，%；

S_0——购车时的物价指数，%。

物价指数通常用百分数来表示，以100%为基础。当物价指数大于100%时，表明物价上涨；物价指数低于100%时，表明物价下降。物价指数又分定基物价指数和环比物价指数。

（1）用定基物价指数确定重置成本

定基物价指数是以固定时期为基期的指数，也常用百分比来表示。下面举例说明如何用定基物价指数来计算重置成本（假设表 6—1 为某机动车的定基物价指数）。

表 6—1　　　　定基物价指数

年　份	物价指数
2001	100
2002	103
2003	106
2004	108
2005	110

例 6—1：某汽车 2002 年购置，原始成本（购买价）为 4.2 万元。2005 年的物价指数为 110，计算 2005 年该车的重置成本。

解：按（6—5）式计算如下：

2005 年该车的重置成本　$R=R_0\dfrac{S}{S_0}$

$$=4.2\times\frac{110}{103}\approx 4.485\text{（万元）}$$

（2）用环比物价指数确定重置成本

环比物价指数是以上一期的物价指数为基期的指数，如果环比期以年为单位，则环比物价指数表示该机动车当前年比上年的价格变动幅度。通常也用百分比来表示。现将表 6—1 中的定基物价指数改用环比物价指数来表示，则其环比物价指数见表 6—2。

表 6—2　　　　环比物价指数

年　份	物价指数
2001	—
2002	103
2003	102.9
2004	101.9
2005	101.9

采用环比物价指数来计算重置成本的计算公式则改写为：

$$R=R_0(S_1^0S_2^1\cdots S_n^{n-1})\tag{6—6}$$

式中　S_n^{n-1}——前 $n-1$ 年的环比物价指数。

现举例说明环比物价指数的应用。

例 6—2：现改用环比物价指数来计算例 6—1 中的汽车的重置成本。

解：按（6—6）式计算如下：

2005 年该车的重置成本 $R=R_0\ (S_1^0 S_2^1 S_3^2)$

$=4.2\times\ (102.9\%\times101.9\%\times101.9\%)$

≈4.488（万元）

从上述计算结果分析，用定基指数和用环比指数计算机动车的重置成本，其结果稍有差别，但不是很大，几乎一样。但要注意，有时也许差别较大，也要尊重事实。其计算结果就是重置成本，无需更改。

(3) 物价指数的获取

物价指数反映不同时期机动车价格变动的程度。评估人员可以参考政府有关部门、世界银行、保险公司公布的统计资料，也可以根据所掌握的价格资料测算，但使用时应区分定基指数和环比指数。

(4) 应用物价指数法应注意的问题

如果被评估车辆是已淘汰的产品，或是进口车辆，查询不到现时市场价格时，用物价指数法来确定重置成本，是一种很好的办法。但一定要检查车辆的账面原值，若购买的原值不知道，或不准确，则不能用物价指数法。此外，物价指数要尽可能选用有法律依据的国家统计部门或物价管理部门，以及政府机关发布的数据，不能选用无依据、不明来源的数据。

一般来说，物价指数并不能反映技术先进性。所以，物价指数法不能运用于更新重置成本，也不能提供任何衡量复原重置成本和更新重置成本差异的手段。

§6—3 各种陈旧性贬值的估算

为了进一步深入了解汽车各种实体和非实体性损耗的理论基础及其内在含义，按照 (6—1) 式，可对陈旧性贬值 D 的值进行计算。

机动车陈旧性贬值 D 包括实体性贬值 D_p、功能性贬值 D_f 和经济性贬值 D_e。

一、实体性贬值估算

机动车实体性贬值在制造完工后就开始发生，即使车辆没有使用，在闲置和保存过程中也产生损耗。在使用过程中还要受到摩擦、冲击、振动、腐蚀等作用，使车辆的零、部件磨损、疲劳、锈蚀直至损坏。这种有形损耗引起的贬值，一般用实体性贬值率来表示：

由 (6—2) 式可得车辆实体性贬值 D_p 为：

$$D_p=\alpha_p R$$

重置成本 R 的确定已在本章第二节中叙述，只要确定实体性贬值率 α_p，即可求得实体性贬值额 D_p。

评估人员可根据车辆的状况，来判断其贬值程度，确定车辆的贬值率 α_p，常用的方法有观察法和寿命比率法等。

1. 观察法

观察法就是评估人员通过现场观察车辆的宏观技术状况，并通过了解查阅车辆的历史资料，了解车辆的使用情况、维修保养情况等，并向驾驶人员询问车辆的使用条件、使用性质、使用强度、故障率等，然后对所获得的有关信息进行分析，依据经验判断出车辆的损耗程度及其贬值率。

观察法对二手车技术状况的描述非常简单扼要，为了帮助评估人员更好地掌握二手车实体性贬值的评估，下面参考美国有关评估协会的车辆实体状态与贬值率之间的对应关系，且结合二手车的实际情况而编制出的贬值率参数表（见表 6—3），供评估人员学习和理解，也可在实际评估工作中参考使用。

表 6—3　　　　实体性贬值率参考表

等级	车辆状况	贬值率 α_p（%）
全新	全新车，待出售，尚未使用，状态极佳	0 5
很好	车辆很新，只轻微使用过，无须任何修理或换件	10 15
良好	半新车辆，但经过维修或更换一些易损件，状态良好，故障率很低，可随时出车使用	20 25 30 35
一般	车辆已陈旧，需要进行某些修理或更换一些零部件，才能恢复原设计性能，在用状况良好，外观中度受损，但恢复情况良好	40 45 50 55 60
尚可使用	处于可运行状态的旧车，需要大量修理或更换零、部件。故障率上升，可靠性下降，外观油漆脱落，锈蚀程度明显，技术状况较差	65 70 75 80
状况不良	经过多次修理的老旧车辆，大修并要更换运动机件或主要结构件，方可运行	85 90
报废	除了基本材料的废品回收价值外，已达规定使用年限，车辆已丧失使用功能	97 100

通过对二手车的简单观察来判断其所处的技术状况及贬值率往往不够准确，其准确性很大程度取决于评估人员的专业水平和实际评估经验。若要提高判断的准确性，可采用专家判断法和德尔菲法。但这两种方法涉及的专家较多，费时、费力，花费也较大，效率低，不适

合二手车的鉴定评估。所以，此处不予介绍。

2. 寿命比率法

寿命比率法也叫使用年限法，是从使用寿命的角度来估算实体性贬值率。它是在假定机动车辆规定的使用寿命期内，其价值与剩余使用寿命成正比关系的前提下，来对其贬值率进行计算。通常，机动车的实体性贬值率，用机动车的使用寿命消耗量与规定使用寿命之比来表示。其计算公式为：

$$\alpha_{\mathrm{p}} = \frac{T_1}{T} \times 100\% \tag{6—7}$$

式中 α_{p}——实体性贬值率，%；

T_1——已使用寿命期（或已使用年限）；

T——规定使用寿命期（规定使用年限）。

机动车的使用寿命可用时间和行驶里程来表示，我国颁布的《汽车报废标准》就是这样，限定了汽车的使用年限和行驶里程，只要使用达到规定年限或行驶里程，车辆就要报废（不考虑延长期）。因此，只要确立了汽车的规定使用年限和里程及已使用年限和里程，就可计算出汽车的实体性贬值率。故（6—7）式中的 T 及 T_1 的单位可以是"年"，也可以是"千米"。但是，目前在我国，二手车评估中，一般均采用年限来表示已使用寿命和规定使用寿命。

现举例说明如何用寿命比率法计算汽车的实体性贬值率。

例 6—3：某一家用轿车其规定使用年限为 15 年，已使用 5 年，计算其实体性贬值率 α_{p}。

解：按（6—7）式可得该轿车的实体性贬值率 α_{p}：

$$\alpha_{\mathrm{p}} = \frac{T_1}{T} \times 100\% = \frac{5}{15} \times 100\% \approx 33.3\%$$

该轿车的实体性贬值率 $\alpha_{\mathrm{p}}=33.3\%$。若此车的重置成本 R 为 11 万元，则该轿车的实体性贬值额可按（6—2）式计算得到：

$$D_{\mathrm{p}} = \alpha_{\mathrm{p}} R = 11 \times 33.3\% = 3.66(\text{万元})$$

若该轿车只考虑其实体性贬值，不考虑其他的贬值，则其现有价值仅为 7.34 万元。

二、功能性贬值估算

功能性贬值 D_{f} 是由于科学技术的发展导致车辆贬值，也叫车辆的非实体性损耗。这类贬值又可分为一次性功能性贬值和营运性功能性贬值两种。

1. 一次性功能性贬值 D_{f1}

一次性功能性贬值反映在超额投资成本上，这是由于科学和技术的进步，引起劳动生产率的提高，现在生产制造与原功能相同的车辆所需社会劳动时间减少，使相同功能的新车辆制造成本比过去降低了。成本降低了相当于原车辆的价值贬值。这主要反映为更新重置成本低于复原重置成本，两者之差即为一次性功能性贬值。

如某一品牌车型，其复原重置成本若为 18.6 万元，而更新重置成本为 14.8 万元，那么该车型的一次性功能性贬值为 $D_{f1}=18.6-14.8=3.8$（万元）。需要注意的是使用物价指数法获取的重置成本一般为复原重置成本，这是由于物价指数不能反映科学技术的进步因素所致。

对于目前市场上还能购买到，且还有制造厂家继续生产的全新车辆，一般其市场价就可以认为已考虑了该车辆的一次性功能性贬值，无需再行考虑了。在实际评估中，一般就用市场价作为更新重置成本。

2. 营运性功能性贬值 D_{f2}

营运性功能性贬值是由于科学技术的进步，出现了新的、性能配置更优、更高的车辆，致使原有车辆在功能效用上相对新的车辆已经落后，使新的车辆在营运的费用上，要低于老旧的车辆，从而引起原来的车辆价值的贬值。具体表现为，原有旧车辆在完成相同工作任务的前提下，在燃油、滑润油、维修、配件等方面的消耗费用增加，形成一部分超额费用，也即是增加了营运的成本。这一部分超额运营成本（费用）的折现值，称为营运性功能性贬值。

评估人员必须对被评估车辆与新型车辆的运营费用即成本进行分析比较，才能较准确地计算出被评估车辆营运性功能性贬值。一般计算步骤如下：

（1）选定参照物，即对比的车辆，一般为新近出厂的车辆，并与参照物进行比较，找出营运成本有差别的量值；

（2）确定被评估车辆还可继续使用的年限，计算出每年的超额运营成本即费用；

（3）查明应上缴的所得税率，计算税后净超额的运营成本；

（4）确定折现率，最后计算出超额运营成本的现值。有关折现率的概念及如何确定，将在第八章中详述。

现将营运性功能性贬值计算过程举例说明如下：

例 6—4： 现有被评估车辆甲，其燃油经济性指标为百千米油耗 23 L，平均每年维修养护费用为 2.4 万元。以新出厂的同型车辆乙为参照物，乙车的燃油经济性指标为百千米油耗量20 L，平均每年维修费用为 2 万元。如果甲、乙两车其他支出项目方面基本相同。被评估的车辆甲还可使用 5 年，每年平均出车日为 300 天，每天营运 250 km。按所得税率为 33.3%，适用的折现率为 10%，试计算被评估车辆营运性功能性贬值 D_{f2}（燃油价格为 6 元/L）。

解：（1）甲车每年超额燃油消耗费用为：

$$(23-20)\times 6\times \frac{250}{100}\times 300=13\,500\text{（元）}$$

（2）甲车每年超额维修养护费用为：

$$24\ 000-20\ 000=4\ 000\text{（元）}$$

（3）甲车每年超额营运成本费用为：

$$13\ 500+4\ 000=17\ 500\text{（元）}$$

（4）按所得税率 33.3%计，则甲车每年税后超额营运成本为：

$$17\ 500\times（1-33.3\%）=11\ 672.5\text{（元）}$$

（5）计算 5 年的超额营运成本的折现值。按折现率 10%计，5 年的年金现值系数查附录一为 3.790 8，则净超额营运成本的折现值，即为甲车的营运性功能性贬值额 D_{f2}：

$$D_{f2}=11\ 672.5\times3.790\ 8=44\ 248.1\text{（元）}$$

经计算得甲车的营运性功能性贬值额为：44 248.1 元。

有时在实际的评估工作中，常遇到待评估车辆的型号，现在已停产或已经被淘汰，在市场中没有实际的市场价了，只有采用参照物的价格。但参照物一般为替代型号的车辆，这些替代型号的车辆其功能通常比原车型有所改进和提高，故其价值也比原车型要高。故在与参照物比较进行评估时，一定要了解参照物在功能方面改进和提高的情况，再按其功能变化的差异情况测定被评估车辆的价值，与参照物的车辆运营成本进行比较，以分析是否存在功能性贬值，并计算其贬值额大小。总的原则是，原有车型其价格应低于用来比较的新车型的价格。有时这种价格相差还是比较大的，在评估中，应仔细考虑。

三、经济性贬值估算

经济性贬值 D_e 是指由于外部经济环境变化所造成的车辆贬值。外部经济环境包括宏观经济政策、市场需求、市场竞争、通货膨胀、环境保护政策等 经济性贬值是由于外部原因而不是车辆本身或内部因素所引起的贬值。外界因素对车辆造成的影响不仅是客观的，而且对车辆的价值影响还相当大，所以在二手车的评估中不可忽视。这种影响大多数情况是负面影响，即使车辆产生贬值，但也有时是正面的，而使车辆产生增值。

总之，由于机动车在使用过程中，有可能给人民群众的生命财产造成极大危害，国家制定了许多法律、法规严加管理，要按规定进行检测，导致成本的提高；能源提价，也使车辆的使用成本上升。这些都会给车辆市场和二手车的评估带来影响。

引起经济性贬值的因素较多，计算起来也较复杂，有的还不太好进行精确计算。所以，经济性贬值计算起来较为复杂，准确性也差一些。现举一例，以帮助理解经济性贬值的含义及其计算方法。

例 6—5：1997 年颁布的《汽车报废标准》规定各类出租车使用年限为 8 年。北京市 2000 年调整为排量在 1 L 以下（含1 L）的出租车规定使用年限为 6 年。试计算调整报废标准后对该车型引起的经济性贬值。

解：先计算其经济性贬值率 α_e：

$$\alpha_e=\frac{8-6}{8}\times100\%=25\%$$

如果该车型的重置成本为 4.5 万元，则其经济性贬值额按（6—2）式计算得：

$$D_e=\alpha_e R=4.5\times25\%=1.125\text{（万元）}$$

有的经济性贬值的计算比较复杂，有时还要涉及经济学中的一些复杂概念，计算较困难，不像上面这个例子那样简单。在二手车的评估中，一般对经济性贬值不作详细的计算，只是在评估时酌情考虑其对被评估车辆的影响，通常在车辆的成新率中综合考虑。

§6—4 成新率的估算方法

一、成新率的含义

在本章第一节中，将（6—1）式推导到（6—4）式的过程中，导引出了成新率 γ 的含义。由其可知成新率 $\gamma=1-\alpha$。α 为车辆各种陈旧性贬值率，α 等于实体性贬值率 α_p、功能性贬值率 α_f、经济性贬值率 α_e 的和，即 $\alpha=\alpha_p+\alpha_f+\alpha_e$。由此可以看出，成新率 γ 是综合考虑了各项贬值后的结果，并以一个综合系数来表示，此系数还可理解为是二手车的现时状况与新车状况的比率。在实际操作中，营运性功能贬值和经济性贬值的确定有相当的难度，它们的弹性也大。许多情况，虽经努力但最终仍影响评估结果的准确性。所以，在实际的评估工作中，只就营运性功能贬值和经济性贬值对车辆价值影响大小酌情考虑，而以一个系数调整来综合考虑，此系数即为成新率 γ。成新率 γ 已涵盖了上述三种贬值的内容。

但是在实际计算成新率时，采用不同的方法，其侧重点也不一样。有的方法侧重于实体性贬值，有的方法则在实体性贬值的基础上，再采用调整系数来适当修正。说到底，二手车的成新率的求取方法，均是在二手车实体性贬值的基础上，进行适当调整后得出的。所以，在采用求取成新率的方法时，要注意理解其含义和实际意义。这样才能对评估结果做到心中有数。

成新率的计算，通常有四种方法，在二手车的评估时，对价值高低不同的二手车，建议采用与之相适应的方法。这四种方法分别是：实体贬值观察法、寿命比率法（也叫使用年限法）、综合分析法和部件鉴定法。下面将分别给予介绍。

二、实体贬值观察法

在本章第三节中已介绍了用实体贬值观察法来估算二手车的实体贬值，同样可利用此法来计算二手车成新率。这个方法主要是评估人员通过现场对二手车技术状况的观察、检查和分析，从而判断出二手车的现时技术状况，估算出二手车的损耗程度，从而获取二手车的成新率 γ 值，进而评估出二手车的现时价值。其计算公式如下：

$$\gamma=(1-\alpha_p)\times100\% \tag{6—8}$$

式中 γ——成新率，%；

α_p——实体性贬值率，%。

（6—8）式中的 α_p 可参考被评估车辆技术状况，从表 6—3 中选取。选取 α_p 值后，代入（6—8）式中计算，得出的数值即为该二手车的成新率。

此方法简单、方便、实用，被广泛应用于现实的二手车评估活动中。但需指出的是，该方法仅适用于有一定实际工作经验的评估师，因为其准确度取决于评估师的专业水平和实际经验。

现举例说明计算方法如下：

例 6—6：一辆私家生活用经济性轿车，已使用 4 年。使用条件较好，维护保养也较好，此车更换过一些易损件，检查时状况良好，故障发生率较低，可随时出车使用。试使用实体贬值观察法计算其成新率 γ 值。

解：按（6—8）式计算如下：

根据上述情况，从表 6—3 中选取 α_p 值为 25%。代入式（6—8）中，得：

$$\begin{aligned}\gamma &= (1-\alpha_p)\times 100\% \\ &= (1-25\%)\times 100\% \\ &= 75\%\end{aligned}$$

三、寿命比率法（使用年限法）

采用寿命比率法来计算成新率 γ，其计算公式如下：

$$\left.\begin{aligned}&\gamma = \left(1-\frac{T_1}{T}\right)\times 100\% \\ &\text{或} \\ &\gamma = \frac{T_2}{T}\times 100\%\end{aligned}\right\} \qquad (6\text{—}9)$$

式中 γ——成新率，%；

T_1——已使用年限，年；

T_2——剩余使用年限，年；

T——规定使用年限，年。

（6—9）式中的已使用年限 T_1 的计算，在实际操作中，常取汽车从新车在公安交通管理机关注册登记之日起至评估基准日为止的年数。规定使用年限 T 则按《汽车报废标准》中的规定来确定。而剩余使用年限 T_2 则为：

$$T_2 = T - T_1 \qquad (6\text{—}10)$$

国家规定延期报废的汽车不准转籍过户。所以，评估时就不考虑延期报废的延长使用年限。

评估时，被评估的汽车应该在正常使用的情况下，方可应用上式计算成新率。若非正常使用，则在此方法的基础上，还应考虑进行修正或调整，使其成新率降低，以符合实际使用情况。例如，经常超载的车辆，其成新率就应该比同样使用年限而无超载的车辆成新率要低。所以，在应用上式时，不能单纯地考虑日历年限，还要注意对汽车的使用情况。

现举例来说明其计算方法。

例 6—7：一辆出租汽车已使用了 3.5 年，其规定使用年限为 8 年，试用使用年限法计算其成新率。

解： 按（6—9）式计算如下：

$$\gamma=(1-\frac{T_1}{T})\times100\%=(1-\frac{3.5}{8})\times100\%$$
$$=56.25\%$$

应指出的是，在计算时可把年化成月去计算，就可避免出现小数。有时已使用年限为几年几月，这样就都把它化为月去计算更为方便。

对于已使用年限 T_1 的确定还有一种观点，即汽车的已使用年限应采用在第二章第三节所叙述的折算年限。即（2—1）式所示：

$$T_{折}=\frac{L_{总}}{L_{年}}$$

汽车的总的行驶里程 $L_{总}$ 应在里程速度表中读出，而年平均行驶里程 $L_{年}$ 是一个统计数据。采用折算年限反映了汽车的使用性质、使用强度，又包括了使用条件和某些停驶时间较长的汽车的自然损耗。但在实际评估中，很难找到累计行驶里程和年平均行驶里程这组数据。有的车主对里程速度表做手脚，改小行驶里程数，因而难于获得真实的行驶里程数。对于年平均行驶里程，由于我国地域辽阔，各地道路条件千差万别，也难于反映真实情况。有鉴于此，故已使用年限只能从新车在公安交通管理机关注册登记之日起至评估基准日止的年数。因此，上述方法，就是寿命比率法。

四、综合分析法

综合分析法是在寿命比率法的基础上，再综合考虑影响二手车价值的多种因素，以系数来进行调整或修正，从而来确定成新率 γ 的一种方法。其计算公式如下：

$$\left.\begin{aligned}&\gamma=(1-\frac{T_1}{T})\times\beta\times100\%\\ 或\quad&\\ &\gamma=\frac{T_2}{T}\times\beta\times100\%\end{aligned}\right\}\qquad(6—11)$$

式中 β——综合调整系数。其他字母的含义同（6—9）式。

用综合分析法来确定成新率的关键是求出综合调整系数 β 值。β 值的确定可借助表 6—4 所推荐的各项影响因素的系数值，再用加权平均的方法求得。

表 6—4　　综合调整系数表

影响因素	等级	调整系数	权重（%）
技术状况	好	0.3～1.0	30
	较好		
	一般		
	较差		
	差		

续表

影响因素	等级	调整系数	权重（%）
维护保养	好	0.5～1.0	25
	较好		
	一般		
	较差		
制造质量	进口车	0.8～1.0	20
	国产名牌车		
	国产非名牌车		
工作性质	私用	0.4～1.0	15
	公务、商务		
	营运		
工作条件	好	0.6～1.0	10
	一般		
	较差		

关于表 6—4 中的影响因素和相应的调整系数的选取须注意：

(1) 车辆技术状况系数是在对车辆进行技术状况鉴定的基础上，对车辆影响因素分级，然后取调整系数来对使用年限法求出的成新率进行修正。技术状况系数取值范围为 0.3～1.0。技术状况好的取上限，反之则取下限。对于还有 1～2 年就将报废的车辆，技术状况很差时，下限还可低些。但技术状况最好的车辆取值一般不应超过 1.0。

(2) 维护保养因素反映车辆的使用者对车辆维护保养的水平。这个因素对不同使用者，其差别可能较大。其系数的取值范围推荐为 0.5～1.0。

(3) 车辆制造质量因素是根据我国目前汽车制造业的水平来划分等级，并确定其系数的取值范围。把经正规手续进口的车辆视为优于国产名牌车辆，作为顶级质量的车辆。当然这还要看从哪些国家进口的车，不同国家其制造质量也有差异，不能一概而论。

随着国内配件生产水平的提高，汽车零、部件国产化率不断提高，与国外的差距正在逐渐缩小。取系数时，要根据制造厂家的实际情况来选取。对于国产非名牌汽车也应用动态的眼光来看待其制造质量。国产自主品牌汽车，其制造水平和质量也已有很大提高，出口量也逐年增加。所以制造质量系数的取值范围定为 0.8～1.0。

(4) 车辆的工作性质不同，其繁忙程度也不一样，使用强度相差较大。家庭生活用车一般工作强度都较低，而营运性的出租车，工作强度却非常高，两者差距很大。故把调整系数的取值范围定为 0.4～1.0。

(5) 车辆的使用条件，由于我国地域辽阔，自然和道路条件差别也较大，其对车辆的影响也不可忽视。一般在大、中城市，道路条件较好。而在乡村、山区、边远地区的道路条件就较差。自然条件主要是指寒冷、沿海、高原、风沙等，在这样的地区使用车辆，对其寿命和成新率也有相当大的影响。调整系数的取值范围定为0.6～1.0。

上述调整系数的确定，对车辆成新率有较大影响，最终将影响车辆的评估值。评估人员在实际操作时，应慎重选取。需要强调的是：一般调整系数的取值不应超过1.0。

按表6—4中5项影响因素分别选取一个调整系数，然后与相对应的权重百分比相乘，得到各影响因素的权分系数，最后将获得的5项权分系数相加，其和即为β。将β的数值代入（6—11）式中，进行计算，就可获得成新率γ的值。

现举例说明综合调整系数β和成新率γ的确定方法。

例6—8：某出租车公司有一辆捷达出租车，初次登记日为2002年4月，2006年6月欲将此车对外转让。该车常年工作在北京市区或市郊，工作繁忙，工作条件较好，经外观检查日常维护保养较好，但车辆的技术状况一般。请确定该车的综合调整系数及成新率。

解：（1）该车已使用4年又2个月，共50个月，规定使用年限为8年，共96个月。

（2）综合调整系数β的计算：

该车技术状况一般，调整系数取0.7，权重30%；

维护保养较好，调整系数取0.8，权重25%；

制造质量国产名牌，调整系数取0.9，权重20%；

工作性质出租，调整系数取0.6，权重15%；

工作条件好，调整系数取1.0，权重10%。

计算综合调整系数为：

$$\beta = 0.7\times30\% + 0.8\times25\% + 0.9\times20\% + 0.6\times15\% + 1.0\times10\% = 78\%$$

（3）计算成新率，按（6—11）式计算为：

$$\gamma = (1-\frac{T_1}{T})\times\beta\times100\% = (1-\frac{50}{96})\times78\%\times100\% = 37.4\%$$

成新率的计算也可用剩余使用年限来求取。该车还可继续使用3年又10个月，共46个月，方可报废。所以成新率还可计算为：

$$\gamma = \frac{T_2}{T}\times\beta\times100\% = \frac{46}{96}\times78\%\times100\% = 37.4\%$$

成新率的计算结果一样，所以用剩余使用年限进行计算，其结果相同。

综合调整系数β值还有一种确定方法，就是评估人员根据自己丰富的评估经验和实践知识，凭经验确定一个β值，不用表6—4中各项影响因素的系数去进行计算。这种方法称为

“一揽子”方法。这种方法对于工作不久的评估人员，因缺乏实践经验，不容易把握好尺度，可能会产生较大的误差，偏离正确的评估值。所以，对经验尚不丰富的评估人员不提倡使用这种方法。待取得经验以后，可以采用，省去烦琐的计算。

五、部件鉴定法

部件鉴定法是针对组成二手车的各总成部件及其在整车中的重要性和所占整车的价值量大小来加权评分，然后计算出各总成部件的权分成新率，再把各总成部件的权分成新率相加，最终获得整车的成新率 γ。其基本步骤如下：

第一步：将整车分成表 6—5 中的 9 个总成部件。

表 6—5　　机动车总成、部件价值权分表

权重（%）类别 / 总成部件	轿车	客车	货车	权重（%）类别 / 总成部件	轿车	客车	货车
发动机及离合器总成	25	28	25	车架总成	0	5	6
变速器及传动轴总成	12	10	15	车身总成	28	22	9
前桥及转向器前悬总成	9	10	15	电气仪表系统	7	6	5
后桥及后悬架总成	9	10	15	轮胎	4	4	5
制动系统	6	5	5				

第二步：根据各总成部件在整车中的重要性以及其占整车价值量的比重，按一定的百分比确定其权重（%）。车辆的类别不同，其总成部件的权重也不一样。表 6—5 中列出了轿车、客车和货车各总成部件的权重百分比。值得注意的是，评估人员可以不完全按表 6—5 所示的划分总成部件，权重百分比也可根据汽车制造厂家或销售公司来确定。因为各总成本部件占整车的价值百分比，他们最为清楚。

第三步：根据各总成部件的技术状况，估算出各总成部件的成新率。建议在估算各总成部件成新率时，可按使用年限法计算。

第四步：将估算出的各总成部件成新率与其相应的权重百分比相乘，得到各总成部件的权分成新率。

第五步：最后将各总成部件的权分成新率相加，即得到被评估车辆的成新率 γ 值。

关于用部件鉴定法来计算成新率的实例，请参见本章第 5 节的有关内容，此处就不再作介绍。

§6—5　重置成本法小结

采用重置成本法来评估二手车的价值，都需应用（6—1）式或（6—4）式。现将（6—

1）式和（6—4）式重录如下：

（6—1）式：$P=R-D_p-D_f-D_e$

（6—4）式：$P=R\gamma$

一般来说，似乎（6—1）式优于（6—4）式，因（6—1）式中不仅扣除了有形损耗即实体性贬值 D_p，而且扣减了功能性贬值 D_f 和经济性贬值 D_e。但在实际的评估工作，通常都只采用（6—4）式来进行评估计算，而不用（6—1）式。其原因是：（6—4）式能够按重置成本的运用思路，将重置成本扣减了实体性贬值外，还扣减了功能性贬值中的一次性功能性贬值。由于重置成本大都采用更新重置成本，故一次性功能性贬值已经被扣减了。剩下的功能性贬值中的另一部分营运性功能性贬值和经济性贬值，前面已经谈及，要确定它们有相当难度，弹性也大。在许多情况下，虽经努力但最终仍会影响评估值的准确性。故在实际操作中，只能用成新率 γ 这一系数时，酌情将营运性功能性贬值和经济性贬值考虑进去。这样既简化了操作，提高了评估的效率，又考虑了它们的影响，从而使评估结果被大家所认同。

一、评估举例

下面将举例说明重置成本法的应用。

例 6—9：有一辆私人面包车 WHB6320，发动机为 462Q。经核对相关证件，证照齐全有效。该车出厂时间为 2000 年 6 月。初次登记日期是 2000 年 7 月，购买价 22 000 元。现场勘察，车身外观较好，无漆面脱落现象。经点火试驾，发动机运转平稳，无异常响声。挡位清晰，制动性良好，累计行驶 10 万公里。维护保养较好，技术状况尚好。评估基准日为 2005 年 7 月。评估时，该车型的现行市场新车销售价为 21 000 元。车辆购置税为 1 800 元，牌照费 200 元，其他税费不计。试评估该车的价值。

解：该题没有指定采用哪种求成新率的方法，为了说明问题，本题采用寿命比率法和综合分析法来分别求出成新率和评估值。

1. 首先采用寿命比率法来进行评估：

（1）根据已知条件，采用重置成本法来评估该车的价值 P。运用寿命比率法确定其成新率 γ。

（2）该车已使用 5 年，共 60 个月。因为该车属 9 座以下载客微型面包车，规定使用年限为 15 年，共计 180 个月。

（3）该车成新率 γ 计算如下：按（6—9）式得：

$$\gamma=\left(1-\frac{T_1}{T}\right)\times100\%=\left(1-\frac{60}{180}\right)\times100\%\approx66.7\%$$

（4）由题可知，该车的重置成本除新车的销售价外，还应考虑购置税和牌照费，所以其重置成本为：

$$R=21\,000+1\,800+200=23\,000\text{（元）}$$

（5）该车的评估值 P 按（6—4）式得：

$$P=R\gamma=23\,000\times66.7\%=15\,341\text{（元）}$$

2. 采用综合分析法进行评估：

以上是按寿命比率法求成新率来进行评估的。下面再按综合分析法求成新率来评估该车价值。

评估的（1）（2）两个步骤与寿命比率法求成新率一样。

3. 求综合调整系数β值：

先确定5项影响因素的调整系数：

该车技术状况较好，取调整系数0.9，权重30%；

维护保养较好，取调整系数0.9，权重25%；

制造质量为国产非名牌，取系数0.8，权重20%；

工作性质商务用车，取系数0.85，权重15%；

工作条件为中、小城镇，取系数0.85，权重10%。

则调整系数β为：

$$\beta = 0.9\times 30\% + 0.9\times 25\% + 0.8\times 20\% + 0.85\times 15\% + 0.85\times 10\% = 86.75\%$$

4. 该车成新率γ按（6—11）式计算如下：

$$\gamma = \left(1-\frac{T_1}{T}\right)\times\beta\times 100\% = \left(1-\frac{60}{180}\right)\times 86.75\%\times 100\% = 57.9\%$$

5. 该车的评估值P按（6—4）式计算如下：

$$P = R\gamma = 23\ 000\times 57.9\% = 13\ 317\text{（元）}$$

从以上用两种方法来计算车辆的成新率，车辆的评估结果不相同。一般来说，用综合分析法求成新率，能反映各种因素对车辆价值的影响。而使用使用年限法就无法考虑上述诸多因素的影响，评估结果比较粗糙。这就是在实际操作中，多采用综合分析法来确定车辆的成新率，再进一步评估出车辆的现时价值的原因。

下面再举一例说明如何用部件鉴定法求成新率，并评估出车辆的价值。

例6—10：某一私家生活用轿车，已使用5年。一般均在城市中行驶，使用条件较好，车辆技术状况和维护保养较好。已行驶8万公里。现欲转让，需评估其现有价值。经调查同型号轿车现时市场销售价为26.8万元。购置附加税约为车价的10%。试用部件鉴定法评估其价值。

解：（1）本题采用重置成本法评估该车价值，而成新率则采用部件鉴定法确定。

（2）参考表6—5，将该车分成9个不同的总成部件。各总成部件的权重（或称权分），也按表6—5中所给数据。

（3）计算各总成部件的成新率。9个总成部件的成新率根据各总成的实际使用情况，采用寿命比率法求得，但可根据各总成部件的实际状况进行修正。由于计算比较繁杂，为节省篇幅，其计算过程就不一一列出。具体数据填入表 6—6 成新率一栏内。栏内的成新率大多数总成视其实际的技术状况，进行了适当的调整。

（4）求加权成新率。将各总成部件的成新率与权重相乘，其结果即为权分成新率或加权成新率。

（5）计算整车的成新率 γ。把各总成部件的加权成新率相加，就得到整车成新率 $\gamma=76.99\%$（见表 6—6 合计栏）。

表 6—6　　成新率估算明细表

总成部件	权重（%）	成新率（%）	加权成新率（%）
发动机及离合器总成	25	83	20.75
变速器及传动轴总成	12	80	9.6
前桥及转向器、前悬架总成	9	66	5.94
后桥及后悬架总成	9	75	6.75
制动系统	6	70	4.2
车架总成	0	0	0
车身总成	28	80	22.4
电气设备及仪表	7	65	4.55
轮胎	4	70	2.8
合计	100		76.99

（6）计算该车的重置成本 R。该车的重置成本按题意必须考虑 10%的购置税。所以，重置成本为：

$$R=26.8\times(1+10\%)=29.48\text{（万元）}$$

（7）计算该轿车的评估价值。该轿车的评估值按（6—4）式计算如下：

$$P=R\gamma=29.48\times 76.99\%\approx 22.7\text{（万元）}$$

从例 6—10 可以看出，采用部件鉴定法来计算二手车的成新率比较复杂，过程比较多，费时费力，所以在实际评估中较少使用。但作为一名评估人员应该理解和掌握这种方法，以了解其评估的理论，更好地驾驭评估业务。

二、适用情况及其局限性

1. 适用情况

在二手车的实际评估业务中，一般多采用重置成本法来计算二手车的评估值。这是因为：首先，重置成本的信息资料容易取得；其次，重置成本法充分考虑了车辆的损耗，评估结果更趋于公平合理，且操作相对较简单易行，评估理论贴近二手车的实际。

对于成新率 γ 的确定，已介绍了四种方法，即实体贬值观察法、寿命比率法（或使用年限法)、综合分析法和部件鉴定法。实际评估时，要根据被评估对象的不同情况，选择不同的方法。一般来说，对于重置成本不高的老旧车辆，可采用实体贬值观察法、寿命比率法估算其成新率；对于重置成本价值较高的二手车，可采用综合分析法；极少采用部件鉴定法。

应当说明的是，要使评估价值与二手车客观存在的价值完全一致，是很难做到的。评估人员的目标或任务应该是努力缩小这两个量之间的差距。

2. 局限性

重置成本法虽然考虑了通货膨胀等经济性贬值的因素、技术进步引起的功能性贬值以及实体性贬值因素，但该方法还是不能较全面地反映资产（车辆）经济性贬值，有的经济性贬值很难估算，如环境政策、心理状态、消费习惯等引起的贬值。此外，如果存在经济性贬值，重置成本法严格说来不可以作为一种独立的方法来使用，必须结合其他评估方法来进行评估，如和收益现值法一起应用。因为按重置成本法得到的二手车价值，低于按折现现金流量计算的二手车价值，这两者之间的差额即为二手车的经济性贬值。若真的结合其他评估方法来进行评估，就会使评估工作比较复杂，工作效率很低，实施起来较困难，不太现实。所以，虽然重置成本法在实际评估工作中广泛应用，但还应从理论上认识清楚，掌握其本质，做到心中有数。

此外，在估算贬值和重置成本（更新重置成本）时，还会有主观上的误差。如果遇有被评估车辆已在市场上消失了，取而代之的是更先进的换代新车型。这种新车型与原有老车型相比，在功能和性能上也会有很大升级。两者的差异需要非常专业的分析，准确地确定其价值方面的影响是非常困难的，往往要靠评估人员的经验来判断，而由此产生的误差就比较大。另外，贬值的估算有时受主观因素的影响。上述这些方面会直接影响评估结果的准确度。

第七章　市场价格比较法

§7—1　基本概念

一、市场价格比较法的内涵

市场价格比较法也叫市场比较法或现行市价法。该方法是以目前公开市场上出售的与被评估车辆完全相同的二手车作为参照物，依据参照物的价格来确定被评估车辆的价格；如果参照物与被评估车辆不完全相同，但相类似，则需要根据评估对象与参照物之间的异同，对参照物的市场价格作出调整，从而来确定被评估车辆的价格的一种方法。

市场价格比较法可以说是最直接的一种评估方法。这种方法的基本思路是：通过市场调查，选择市场上一个或几个与被评估车辆相同或相类似的车辆作为参照物，分析参照物的结构、功能、性能、配置、新旧程度、使用情况、地区差别、交易条件和成交价格等，并与被评估车辆一一对照比较，找出两者的差别及其在价格上的差额，经调整，算出被评估车辆的价格。

二、对市场的要求

应用市场价格比较法来评估二手车的价格的必要条件是，该市场是公平的、有效的。

1. 公平市场

市场价格比较法以二手车在公平市场上公开出售的价格作为被评估车辆的价格。所谓公平市场是指这个市场应该具备公平交易的条件，有充分的市场竞争，买卖双方没有垄断和强制。买卖双方都有足够的时间和能力了解情况，并具有独立的判断和理智的选择，双方的每个决策都是在谨慎和掌握充分信息的基础上作出的。双方都可以获得足够的市场信息，即买卖双方市场信息是对称的或对等的。双方对车辆的功能、用途及其交易条件、价格等均能作出理智的判断。并且价格也应是二手车交易的正常货币价格，按正常的方式结算，不受特殊付款方式或销售优惠条件的影响。

2. 有效市场

有效市场的前提条件有两个：

（1）市场所提供的所有信息都是真实可信的。二手车市场是二手车评估的重要参照物市场。但有时并不能保证这个市场所提供的信息都是真实可靠的。尤其在我国二手车市场交易还不十分规范，诚信度还不高的情况下，很可能获得假的信息，或存在欺诈行为。这在二手车的交易中并不鲜见。如果能够确定二手车市场所提供的信息资料是真实、可靠的，并且二手车交易市场是活跃的，那么使用市场价格比较法就是可靠的。

（2）评估参照物在市场上交易是活跃的。“活跃的市场”和“可靠的信息”是应用市场价格比较法评估二手车的两个重要条件。活跃的市场是指二手车交易在市场上频繁发生，有充分的参照物可选取。二手车交易越频繁，与被评估车辆相同或相类似的二手车价格就越容易获得。活跃的市场不能是有市无价的市场，而且市场没有被部分经销商所垄断或购买者所控制，且没有人恶意地煽动和操纵市场，制造虚假的市场现象。二手车可以在完全自由的市场气氛中进行交易。

市场价格比较法对于市场上只有唯一一辆的车辆是不适用的。此外，虽然不是唯一的车辆，但市场不活跃也不适用。市场不活跃，或可比较的车辆销售数量极为有限，都表明市场需求不足。这种情况下，重置成本法或收益现值法更为适用。

三、参照物的相似性与可比性

应用市场价格比较法还需了解参照物的相似性和可比性、市场价格、信息来源等情况。

1. 参照物的相似性与可比性

运用市场价格比较法最重要的是要能找到与被评估车辆完全相同或相类似的参照物。

所谓完全相同是指车辆品牌型号相同，配置等均一样。但是在不同的时期，寻找到同型号的车辆作为参照物有时比较困难。所以，一般来说，只要参照车辆与被评估车辆的类别相同、主参数相同、结构性能相同，只是生产顺序号不同，只作过局部改进的车辆，且只在行驶里程和实体状态上有些差异，则可认为是完全相同的。

相似性是指被评估对象和参照物之间，在车辆的类型、结构性能、功能、市场条件、交易条件等方面是相类似的，差异较小。若选择的参照物与被评估车辆在上述这些方面差异较大，很可能会得出一个较大的价值区间，增大评估结果的误差。

可比性是指评估对象与参照物之间有可比较的指标、技术参数、技术性能等，这些有关的资料又能收集得到。另外，影响价格的因素比较明确，并可量化，而且参照物是近期的、可比较的。所谓近期是指参照物的交易时间与被评估车辆评估基准日相近，一般应在一个季度之内。总之，对评估对象与参照物之间的比较是通过比较各种复杂的因素来进行的。

2. 参照物的市场价格

参照物的价格必须是实际交易的价格，而不能是报价或预测价格。参照物价格作为评估的基础条件必须符合公平市场原则。如果这个市场价格受到买卖双方特殊关系的影响，或是子、母公司之间的关联产生的价格，则不能作为估价的基础。

3. 市场信息来源

评估人员在了解和掌握了评估对象的基本情况以后，就要进行市场调查，选取二手车市场参照物，收集相同或相似参照物的售价。参照物售价的来源包括有：

（1）二手车经销商或其他销售商，如4S店置换价格情况；

（2）二手车购买者的购进价格；

（3）拍卖行二手车拍卖数据库中的价格资料。一般来说拍售价格比公开市场的销售价要低，所以，只可作为参考价；

（4）网络中的价格资料；

（5）相关公开出版物所公布的价格资料。例如，中国汽车流通协会、中车联信息技术中心联合发布的《中国二手车价格手册》提供的资料。

四、比较因素

比较因素是指能影响二手车价格的因素。在使用市场价格比较法进行评估的过程中，很重要也较复杂的一项工作是将参照物与被评估对象进行比较。在比较之前，评估人员首先要确定哪些因素可能会影响二手车的价格，哪些因素对价格没有影响或影响很小。

比较因素是一个指标体系，它要能全面反映价格因素。不全面或只使用个别指标来做比较，作出的价值评估可能是不准确的。

一般来说，二手车的可比较因素包括：

（1）车辆品牌型号、主参数、结构、性能、配置等。

（2）生产厂家。厂家不同，制造工艺、生产规模、设计技术水平等不同。

（3）车辆的使用性质。私家生活用车、公务用车、商务用车、营运出租车或特种车辆，其使用性质不同，使用强度和使用条件均有差异。

（4）车辆的使用年限和行驶总里程数。

（5）车辆的实际技术状况。这是评估的重要依据之一。

（6）市场情况。首先要注意整个汽车市场是处于热销期还是恢复期或衰退萧条期，不同的市场情况，对车辆价格会产生极大影响。注意供求关系的变化。汽车市场现在基本上是一个买方市场，购买者选择的余地较大。其次还应注意待评估车辆在市场上处在一个什么样的市场寿命期，该种品牌型号的待评估车辆，是处在试销期还是畅销期，饱和期还是滞销期。因处在不同的市场寿命期，其市场价格相差有时还比较大，其销售策略也不一样，这些市场因素对车辆评估价格均产生直接影响。

（7）交易因素。二手车的交易因素主要是指交易动机和交易背景对价格的影响。不同的交易动机和交易背景都会对价格产生影响。例如，以清偿而快速变现或带有某种优惠条件的出售，其售价往往低于正常的交易价格。这样的售价就不宜作为参照物的价格，而需取市场正常的交易价格作为参照物价格。

（8）成交数量。交易数量也是影响交易价格的一个重要因素，大批量的购买价格，往往要低于单台售价。实际上这是一种差别定价。买车越多，车价就越便宜，鼓励多买，这叫薄利多销。北京、上海的二手车市场，就有一些采购团，成批采购二手车，然后到远郊区或周边省、市转卖，获利颇丰。

（9）时间因素。不同交易时间，其市场供求关系、物价水平等都会有差异。评估人员应选择与评估基准日最接近的成交案例，根据价格走向，对参照物的时间因素适当调整。若时间差异在 3 个月内，一般可不作调整。

（10）地域因素。由于不同地区市场供求关系、市场条件等因素均有变化，各不相同，因而二手车价格也会受到影响，所以，评估参照物应尽可能与被评估对象处于同一地区。若被评估对象与参照物存在地区差异，则需作出调整和修正。

（11）颜色因素。有时车辆的颜色不同也会影响其价格。在国外，二手车销售中，不同的漆种和不同的颜色也可差别定价。一般金属漆价格要高于普通漆。由于汽车的颜色与安全性有关，所以在二手车交易中，颜色有时也是定价时考虑的一个因素。经研究，颜色有进退性、胀缩性、明暗性的不同。

颜色的进退性，即所谓前进色与后退色。如红、黄、蓝、绿四种颜色的轿车，在观察时，似乎红、黄色轿车要近一些，而蓝、绿色轿车则要远一些。故把红、黄色称为前进色，而蓝、绿色称为后退色。前进色的视认性好，安全性就好一些。相反，后退色的视认性差些，安全性也差一些。这就是在铁路上、马路上工作的维修人员、清洁工都必须身着黄色马夹的原因。

颜色的胀缩性，既不同的颜色会产生大小不同的感觉。例如，黄色的物体给人的感觉比原物要大一些，称膨胀色；蓝、绿色感觉会小些，称收缩色。据美国研究，发生交通事故的轿车中，蓝、绿色的轿车最多，黄色最少。可见膨胀色的视认性好，安全性就好一些。

颜色的明暗性是指颜色在人的视觉中的亮度不同，可分为明色和暗色。红、黄色为明色，而暗色的轿车看起来要小些、远一些、模糊一些。而明色则相反，其视认性要好一些。

颜色与人们的习惯有关，中国人喜欢红色、枣红色、黑色、鸭蛋青色，而对白色和黄色则不太喜欢。在汽车销售中，客户选黑色、红色的车较多，而选白色和黄色的较少。其实从科学的角度看，黄色轿车，安全性是很好的。城市出租车其实以黄色为基色是比较科学的。

总的来说，影响二手车价格的因素较多，比较起来也较复杂，在运用市场价格比较法时要全面、慎重地选择、衡量。

§7—2 市场价格比较法的评估方法

运用市场价格比较法来评估单台车辆的价值，通常可根据不同情况，采用直接比较法、相似比较法、成本比率估价法三种评估方法。

一、直接比较法

直接比较法是指在二手车市场上能找到与被评估对象完全相同的市场参照物，并依其出售的价格直接作为被评估车辆的评估价格的一种方法。直接比较法是市场价格比较法中，最为简单、最为直接的一种评估方法。它对市场的反映最为客观，能最精确地反映二手车的市场情况。其评估表达式为：

$$P = P_0 \tag{7—1}$$

式中　P——被评估车辆的评估值；

　　　P_0——参照物的市场交易价值。

值得指出的是，被评估车辆与市场参照物完全相同是相对而言的，其含义是本章第一节所叙述的意思。世界上要找完全一样的东西很困难。汽车也一样，就是同年同月同日生产制造、销售、注册登记的车辆，对不同的人，其使用情况、维护保养等也会不同。所以，车辆实体性差异是绝对存在的。但要注意的是，运用直接比较法时被评估对象与参照物之间的差异必须是很小的，其价值量的调整也应很小，并且这些差异对该价值的影响容易直接确定。否则，就不宜采用直接比较法进行评估。

例 7—1：现在要评估一辆轿车，评估师从二手车市场上获得市场参照物的品牌型号，购置年、月，行驶里程，整车的技术状况基本相同。区别在于：

(1) 参照物的左后组合灯损坏需更换，费用约 220 元；

(2) 被评估车辆改装了一套 DVD 音响，价值 5 600 元；

参照物的市场交易价为 225 000 元，试计算被评估的轿车价值。

解：被评估轿车的价值为：

$$P=P_0=225\,000+220+5\,600=230\,820\text{（元）}$$

二、相似比较法

1. 基本概念

相似比较法也叫类比法。应用相似比较法评估二手车时，一般多为在公开的二手车市场上找不到与被评估车辆完全相同的车辆，但能找到与之相似的车辆，就以此参照物的市场交易价格为基础，通过比较被评估车辆与参照物之间的新旧程度、功能效用等比较因素方面的差异，按一定的方法作出价格调整，从而来确定被评估车辆的价值。

所选参照物与被评估对象的比较因素越接近越好，若比较因素相差较大，就应作出价格的修正。就时间而言，参照物的交易时间与被评估车辆的评估基准日越接近越好。但若无近期的参照物，也可选择远期的，再作时间上的价格调整。

这种方法与直接比较法相比，主观性更大些，在对前述比较因素进行分析的基础上，需要作出更多的调整。需要进行调整的因素越多，引起的评估误差也就越大。

相似比较法的数学表达式为：

$$P=P_0(1\pm k) \tag{7—2}$$

式中 P——被评估车辆的评估值；

P_0——相似参照物的交易价格；

k——调整系数。

(7—2) 式中的“±”号是指：若被评估车辆比交易参照物优异的比较因素则取“+”号。相反，参照物比被评估车辆优异的因素则取“−”号。

为减少比较调整的工作量，减少调整时因主观因素产生的误差，所选择的参照物应尽可能与评估对象相似，在地域上尽量同处于一个地区。另外，被评估对象与参照物应具有较强的可比性，在实体状况方面应比较接近。

2. 调整系数 k 值的确定

调整系数 k 也叫调整比率。相似比较法的比较因素较多，下面举不同生产厂家和不同使用年限这两个不同的比较因素，来说明调整因素的调整比率的确定方法，也即为调整系数 k 的确定方法，以及相似比较法的评估方法。

例 7—2：现有甲厂生产的一辆二手轿车需要进行评估，但在二手车市场上找不到甲厂生产的同样车型，只能找到乙厂生产的相似车型，并以此为参照物。已知在新车销售市场上，甲、乙两厂生产的相应车辆售价分别为 6 万元和 6.8 万元。而二手车市场上乙厂生产的相似车型的交易价为 4.2 万元。试计算甲厂生产的二手车的价格。

解：(1) 先计算甲、乙两厂新车价格差异调整系数 k 的值：

$$k=\frac{6.8-6}{6}\times 100\%=13.3\%$$

即乙厂生产出的相类似车辆的新车市场价格比甲厂高出 13.3%，以此作为被评估车辆的调整系数或调整比率。

(2) 在仅考虑这一个比较因素时，则甲厂生产的被评估轿车的评估值，可用（7—2）式求出：

$$\begin{aligned}P&=P_0(1-k)=4.2\times(1-13.3\%)\\&\approx 3.64(\text{万元})\end{aligned}$$

例 7—3：被评估捷达轿车，已使用 5 年，在二手车市场找到的作为参照物的相同车辆，却已使用了 6 年，由于使用年限不同引起价格差异，试求其价格差异调整系数 k，并评估该车的价值。

解：在评估时，有时无法找到相同使用年限的参照物，但应尽量找到接近的参照物。使用年限不同对价格的影响，可利用二手车市场成交价格的统计资料得出，二手车的已使用年限是影响其价格的主要因素。表 7—1 列出了北京市不同车型和使用年限不同的相关统计资料。通过分析二手车交易市场交易价与新车售价的统计数据，可以看出，二手车交易价格与使用年限之间的相关性是比较强的。

表 7—1 二手车市场统计资料表

车型 \ U \ T_1	1	2	3	4	5	6	7	8	9	10	11	12
奥迪	0.864	0.774	0.538	0.645	0.601	0.353	0.264	—	—	0.138	0.117	0.163
本田雅阁	0.800	0.735	0.613	0.533	0.566	0.432	0.370	—	—	—	—	—
普桑及桑 2000	0.700	0.657	0.537	0.544	0.459	0.394	0.355	0.316	0.275	0.225	0.181	0.139
捷达	0.711	0.630	0.559	0.472	0.423	0.383	0.361	0.305	0.252	0.211	—	—
夏利	0.697	0.633	0.601	0.449	0.420	0.321	0.270	0.225	0.191	—	0.113	—

续表

U \ T_1 \ 车型	1	2	3	4	5	6	7	8	9	10	11	12
奥拓	0.691	0.627	0.588	0.550	0.371	0.331	0.276	0.235	—	—	—	—
富康	0.702	0.622	0.478	0.366	0.405	0.395	0.338	0.342	0.295	—	0.187	—
红旗	0.677	0.560	0.451	0.408	0.398	0.332	0.292	0.217	—	—	—	—
帕萨特	0.754	0.718	0.571	0.526	—	—	—	—	—	—	—	—

注：①表中 T_1 为已使用年限；

②表中 U 为售价比率，计算公式为：$U=\frac{\text{二手车交易价}}{\text{新车售价}}$。

根据题意，捷达车的价格差异调整系数 k 值为：

$$k=\frac{0.423-0.383}{0.383}\times 100\%$$

$$=10.44\%$$

即被评估车辆比参照物价格要高出 10.44%。

假设参照物的市场价为 4.5 万元，则被评估车辆在只考虑使用年限这一个调整因素时，其评估值为：

$$P=P_0(1+k)$$

$$=4.5\times(1+10.44\%)$$

$$=4.97(\text{万元})$$

例 7—2 和例 7—3 仅考虑了单一的比较因素，若考虑多个比较因素，且比较的参照物也不只一辆车，而有多辆车。那么在比较评估时，就较复杂，计算起来也较繁杂，但评估结果的可信度也较高。下面举一例来说明存在多个比较因素和多个参照物时，市场价格比较法中的相似比较法的具体操作过程，仅供参考。

例 7—4： 现有一辆 Alto7080 轿车，于 2005 年 10 月到二手车市场评估交易。试用市场价格比较法中的相似比较法对其价值进行评估。

解： (1) 对被评估车辆进行检查鉴定。基本情况是：该车手续齐全有效，为私家生活用车，属 A 厂生产，出厂日期为 1999 年 9 月，初次登记日为 1999 年 10 月，使用情况较好，维护保养较好，技术状况良好。

(2) 对二手车市场进行调研，寻找并确定与被评估车辆相似的参照物，并进行比较，确定差异调整因素。在二手车市场找到 A、B、C 3 个相似的参照物。进行综合分析比较后，其有关情况列于表 7—2 中。

表 7—2 中的技术状况综合分值，是评估人员在对被评估对象与参照物的技术状况比较

分析后，分别给出的分值，以便于计算该项比较因素的调整系数。该分值的给出，有一定的主观因素，其可信度取决于评估人员的实践经验和工作的认真仔细程度。

表 7—2　　　　评估对象与参照物比较表

项目	评估对象	参照物 A	参照物 B	参照物 C
型号	Alto7080	Alto7080	Alto7080	Alto7080
生产厂家	甲厂	甲厂	乙厂	丙厂
已使用年限 T_1（年）	6	7	6	5
配置	相同	相同	相同	相同
技术状况综合分值	6.8 分	5.6 分	6.4 分	7.2 分
交易市场所在地区	北京市	北京市	北京市	北京市
市场状况	二手车市场	二手车市场	二手车市场	二手车市场
交易背景及动机	正常交易	正常交易	正常交易	正常交易
交易数量	单台	单台	单台	单台
交易日期	2005 年 10 月	2005 年 7 月	2005 年 8 月	2005 年 8 月
交易价格（万元）		2.15	2.54	2.86
新车售价（万元）		4.10	3.90	3.90

（3）确定差异调整因素的调整系数。从表 7—2 中可看出差异调整因素有 4 项：评估对象与参照物生产厂家不同、已使用年限不同、技术状况不同、交易日期不同。但是交易日期都非常接近，且都不超过 3 个月，故该项比较因素不做调整。只对前三项比较因素进行调整。

1）所选 3 个参照物中，一个参照物的生产厂家与被评估对象相同，另外两个为乙厂和丙厂生产。在新车交易中，其销售价分别为 4.10 万元和 3.90 万元。则甲厂与乙厂和丙厂的价格调整系数为：

$$k_1 = \frac{4.1-3.9}{3.9} \times 100\% = 5.13\%$$

即甲厂生产的车辆市场售价比乙厂和丙厂生产的售价高出 5.13%。

2）计算已使用年限的调整系数。被评估车辆已使用 6 年，参照物 A、B、C 分别已使用 7 年、6 年和 5 年。根据表 7—1 所给统计数据，则可计算出使用年限不同的调整系数 k_2 的值（见表 7—3）。计算方法参见例 7—3。

表 7—3 已使用年限调整系数表

参照物	已使用年限（年）	U	调整系数 k_2	备注
A	7	0.276	19.9%	价格比被评估车辆低 19.9%
B	6	0.331	0	相同
C	5	0.371	−10.8%	价格比被评估车辆高 10.8%

3）计算实体技术状况差异的调整系数 k_3。按照表 7—2 中所给出的技术状况综合分值计算，其计算结果见表 7—4。

表 7—4 实体技术状况调整系数表

参照物	技术状况综合分值	调整系数 k_3	备注
A	5.6	$\frac{6.8-5.6}{5.6}\times 100\%=21.4\%$	比被评估对象低 21.4%
B	6.4	$\frac{6.8-6.4}{6.4}\times 100\%=6.25\%$	比被评估对象低 6.25%
C	7.2	$\frac{6.8-7.2}{7.2}\times 100\%=-5.6\%$	比被评估对象高 5.6%

（4）计算被评估车辆的评估值。在计算出 3 个比较因素的调整系数以后，再根据 3 个参照物 A、B、C 的二手车交易价格，分别计算出参照物 A、B、C 调整后的价格（见表 7—5）。

表 7—5 参照物调整后的价格

项目	参照物 A	参照物 B	参照物 C
二手车交易价格（万元）	2.15	2.54	2.86
制造厂因素调整系数	1.0	0.948 7	0.948 7
已使用年限调整系数	0.801	1.0	1.108
实体状况调整系数	0.786	0.936	1.056
调整后的价格（万元）	1.354	2.255	3.175

根据表 7—5 中参照物 A、B、C 调整后的价格，即可求出被评估车辆的评估价值 P 为：

$$P=\frac{1.354+2.255+3.175}{3}$$

$$=2.26(\text{万元})$$

例 7—4 为有多个参照物，所以需要把每个参照物的市场交易价格经调整后，再求其平均值，作为被评估车辆的评估值。若在市场上只能找到一个参照物，则被评估车辆的评估值就是参照物交易价格调整后的价值。

从上述例子可看出，用相似比较法评估时，若比较因素较多，参照物也较多，其计算比较繁杂，但计算并不难，需要有条理和有次序地进行，这样就不容易弄乱出错。

三、成本比率估价法

1. 成本比率估价法的含义

成本比率估价法是用二手车的交易价格与重置成本之比来反映二手车的保值程度。这种方法是在评估实践中，通过分析大量二手车市场交易的统计数据，得到同类型的车辆的保值率（相反即为贬值率）与其使用年限之间存在基本相同的函数关系。也就是说，只要是属于同一类别的车辆，即使实体差异较大，但使用年限相同，那么它们的重置成本与二手车交易价格之比是很接近的。根据这个规律，通过统计分析的方法，建立使用年限与二手车售价/重置成本之间的函数关系，以此来确定在二手车市场上无法找到基本相同或者相似参照物的被评估车辆的评估值。

参照物市场的交易价格与其重置成本之比，称为成本比率，也可称为保值率，用 U 表示，则有：

$$U = \frac{P_0}{R_0} \times 100\% \qquad (7\text{—}3)$$

式中 U——参照物的成本比率或保值率，%；

P_0——参照物市场交易价格；

R_0——参照物的重置成本。

求出参照物的 U 值后，就可根据被评估对象的重置成本 R 来确定被评估对象的评估值：

$$P = UR \qquad (7\text{—}4)$$

式中 P——被评估对象的评估值；

U——参照物的成本比率；

R——被评估车辆的重置成本。

式（7—3）和（7—4）中的重置成本的确定与重置成本法中所述相同。

而成本比率 U 的确定要注意的是参照物应为同类型的车辆，但级别、型号可以不同。此外，参照物的使用年限应与被评估车辆相同，否则，评估结果的准确性就要差些。

因此，该方法的内涵，即是认为同类型的车辆，尽管车辆的型号、级别、生产规模、结构、配置等指标不同，但成本比率的变化规律应是相同的。如果找出了成本比率的变化规律，而且被评估对象的重置成本又能确定，则可通过计算得出被评估车辆的评估值。

例如在评估某一品牌型号的微型轿车时，市场上找不到与之相同或相似的参照物。但能找到其他厂家生产的普通级或中级轿车作为参照物。且统计数据表明，与被评估车辆使用年限相同的普通级轿车售价都是其重置成本的 45%～50%。这就可认为被评估车辆的售价也是其重置成本的 45%～50%。

值得指出的是，这种方法是通过大量市场交易数据统计分析得到成本比率关系，评估人员必须确保这些数据是适合被评估对象的。目前我国的二手车市场发育在绝大多数地区还不完善，二手车交易量还不大，要准确获得某类车型的成本比率 U 的值还有一定困难。所以，评估人员在实际工作中，应注意积累这些资料，通过统计分析市场数据，找出成本比率 U 值与使用年限之间的关系，以便在评估中应用。

2. 成本比率估价法的应用

通过对二手车市场大量的交易数据统计发现，同类车辆其成本比率 U 与使用年限之间存在基本相同的函数关系。也就是说，使用年限相同的同一类车辆，它们的 U 值很接近，可用 $U=f(t)$ 来表示。这个表达式只考虑了使用年限“t”的影响，忽略了其他因素，例如实体性差异就未考虑，所以，此式只适用于正常使用的车辆，对长期闲置或过度使用的车辆都不适用。

下面将表 7—1 的轿车类 U 值，按使用年限不同求出其综合成本比率 U_D 值，列于表 7—6中以便供评估时选用。

表 7—6　　轿车综合成本比率

已使用年限	1	2	3	4	5	6
综合 U_D 值	0.732 7	0.661 8	0.548 4	0.499 2	0.455 4	0.367 6
已使用年限	7	8	9	10	11	12
综合 U_D 值	0.315 8	0.273 3	0.253 3	0.191 3	0.149 5	0.151 0

根据这个规律，评估师可通过大量的数据统计分析的方法，建立使用年限与成本比率之间的关系，据此来评估在二手车市场上无法找到相同或相似的参照物的被评估车辆。

例 7—5：某轿车，已使用 6 年，一直正常使用，当前的重置成本为 16.8 万元，试用市场价格比较法中的成本比率估价法评估该车的价值。

解：该轿车已使用了 6 年，查表 7—6，其综合成本比率 $U_D=36.76\%$。所以，该车的评估值按式（7—4）计算：

$$P=U_DR=0.367\,6\times16.8\approx6.176(\text{万元})$$

利用市场上获得的 U 值（见表 7—1），可以计算得到市场中的成本比率 U_D 与使用年限 t 之间的函数关系。常用的数学方法有线性回归和指数方程，通过线性回归计算可以对统计数据的离散性进行定量的分析，以判断数据的精度。因为要涉及数学领域中的对数变换、最小二乘法和偏微分等数学知识。所以，此处就不再赘述。

如果要考虑多因素的影响，就比较复杂了，若要对其进行定量的回归分析，就涉及多变量回归，当然就更复杂了。

§7—3 市场价格比较法的特点和适用范围

一、市场价格比较法的基本程序

采用市场价格比较法评估二手车价值时，一般可按如下程序进行：

1. 收集资料

收集被评估对象的资料，包括车辆的类别、型号、性能、生产厂家，了解车辆的使用情况、已使用年限，鉴定车辆现时的技术状况等。

2. 选定二手车市场上相同或相似的参照物

所选的参照物必须具有可比性。参照物与被评估对象完全相同的很难找，一般都存在一些差异，只要存在差异，就应进行调整。

3. 分析、比较

将参照物与被评估对象进行比较，分析它们之间存在的差异，确定其差异程度，并进行调整。调整是针对参照物进行的，而不能对被评估对象进行调整，因为参照物已有了市场交易价格。主要是针对其价格进行调整，确定需调整的比较因素及其调整系数。

4. 计算被评估对象的评估值

在分析比较的基础上，确定比较因素，并将各因素的调整系数确定后，代入有关计算公式进行评估值的计算，最终获得评估结论。

二、市场价格比较法的特点

第一，因为市场价格比较法的基本数据都来源于二手车市场，能客观地反映二手车市场目前情况。其评估的参数、指标直接从二手车市场获得，所以能较客观地反映二手车市场的价值，并能充分反映二手车的各种贬值，评估结果易于被各方理解和接受。当被评估车辆的销售市场很活跃，并能提供参照物市场交易价格的可靠资料时，市场价格比较法是最有效的评估方法之一。

第二，市场价格比较法需要有公开及活跃的二手车市场作基础，但我国目前二手车市场除少数大城市外，广大的中、小城市二手车市场并不活跃，也很不完善，要寻找到参照物有一定的困难。

第三，当被评估车辆与参照物之间可比较因素较多时，比较起来也较复杂。即使是同一厂家生产的同一型号的车辆，且同一天注册登记，由于不同的车主使用，其使用条件、使用强度、维护保养的水平等也不可能完全一样，其实体差异都不会相同，比较起来很繁杂，难以掌握。

市场价格比较法的三种方法中，最简单、最直接的是直接比较法，其能够最客观、精确地反映二手车市场价值，也是在评估中首选的方法。

三、适用范围

用市场价格比较法评估二手车时，首要的是要有一个发育完善的二手车市场。只有这样的市场才能提供参照物以及其交易价格的可靠资料。但是，当被评估车辆是唯一的市场交易车辆时，市场价格比较法就不可行，这就是说有市无价，市场价格比较法就不能用。这时，就可采用重置成本法或收益现值法来评估。

市场价格比较法可以很好地解决机动车辆的清偿价值，特别是快速变现的清偿价值问题，与公平市场价值和正常变现价值不同之处在于，用市场价格比较法评估二手车的公平市场价值时，参照物市场是正常二手车交易市场，而快速清偿价值的参照物市场为拍卖市场。

另外，采用市场价格比较法评估二手车的原地继续使用价值时，根据市场确定的评估车辆的市场价值，就是公平市场价值。

第八章 收益现值法

§8—1 基 本 原 理

一、基本原理

二手车的价值可以通过对其所有者能获得的预期收益来确定。也就是将被评估的车辆在剩余寿命期内的预期收益，按一定的折现率折现为评估基准日的现值，并以此来确定被评估车辆价值。

采用收益现值法对二手车进行评估所确定的价格，是指客户为获得该车辆的所有权，以取得预期收益所支付的货币总额。

从原理上讲，收益现值法是基于这样的考量，即人们之所以购买某种车辆，主要是考虑将来能给自己带来一定的收益。投资者投资购买车辆时，一般要进行可行性分析，将其未来的预期收益折现到评估基准日的现值，该现值超过对该车辆的评估值时，购买者才肯支付货币额来购买该车辆。所以，运用收益现值法来对二手车进行评估时，是以车辆投入使用后，能连续获利为基础的。在二手车的交易中，人们购买车辆的目的，不仅仅是车辆的所有权，而更重要的是车辆获利权或收益权。因此，收益现值法比较适用于投资营运车辆的评估。

二、计算公式

收益现值法评估值的计算，实际上就是对被评估车辆未来预期收益进行折现的过程。

所谓折现，就是将未来的收益，按照一定的折现率，折算到评估基准日的现值。这里就引出了收益现值法中一个重要概念，那就是资金的时间价值问题。资金的时间价值是指资金作为资本的形态，在扩大再生产及其周转过程中，随着时间的增长而产生的增值，其具体形态就是利息或利润。由于资金具有时间价值，一定数额的收益发生在不同的时间，具有不同的价值。所以，收益必须与时间结合起来才能真正反映出资产的价值。

使用收益现值法评估出的二手车价值是指的评估基准日这一时点的价值，但收益是在未来某个时间发生的，故需要对未来不同时间产生的收益或者是支出的费用进行时间价值的计算，即将未来的收益和支出的费用换算到评估基准日这一时点的价值，这就是所谓的等值计算。将未来收益进行时间价值的计算，并换算成评估基准日这一时点的价值过程称为折现，所使用的换算比率就称为折现率。

综上所述，用收益现值法评估二手车的价值时，被评估车辆的评估值等于其剩余寿命期内收益的现值之和。故被评估车辆的评估值，可通过如下公式计算：

$$P = \sum_{t=1}^{n} \frac{A_t}{(1+i)^t}$$

将上式展开后得：

$$P = \frac{A_1}{(1+i)^1} + \frac{A_2}{(1+i)^2} + \frac{A_3}{(1+i)^3} + \cdots + \frac{A_n}{(1+i)^n} \tag{8—1}$$

当式中的 $A_1 = A_2 = A_3 = \cdots = A_n = A$ 时，也就是 1～n 期的未来收益都一样，均为 A 时，则有：

$$P = A\left[\frac{1}{1+i} + \frac{1}{(1+i)^2} + \frac{1}{(1+i)^3} + \cdots + \frac{1}{(1+i)^n}\right]$$

$$= A\frac{(1+i)^n - 1}{i(1+i)^n} \tag{8—2}$$

式中　P——被评估车辆的评估值（现值）；

t——收益期数；

A_t——未来第 t 个收益期的收益额，或称年金（以一年为一个收益期）。对于末期，车辆的残值，一般不予计算；

n——收益的时间期，对二手车为剩余的寿命期；

i——折现率；

$\frac{1}{(1+i)^t}$——现值系数；

$\frac{(1+i)^n-1}{i\ (1+i)^n}$——年金现值系数（可查附录一）。

在实际计算中，若未来各个时期的收益不相等时，就应用（8—1）式计算评估值。若各个时期的收益均相等时，就用(8—2)式计算评估值。

§8—2　剩余寿命期及预期收益的估算

从（8—1）和（8—2）式可以看出，要计算出被评估车辆的评估值 P，就要确定剩余寿命期 n，预期收益额 A 和折现率 i 3 个参数。有关折现率 i 的确定，将在第 3 节专门叙述。

一、剩余寿命期 n 的确定

二手车的剩余寿命期是指从评估基准日起到报废的年限，也就是前述重置成本法中的参数 T_2 的值。例如，有一辆桑塔纳出租车，于 1998 年 6 月初次注册登记，评估基准日为 2002 年 6 月。按《汽车报废标准》规定，该车规定使用年限 $T=8$ 年，已使用年限 $T_1=4$ 年，剩余使用年限 $T_2=4$ 年，也即 $n=4$。

二、预期收益额 A 的确定

收益现值法中，预期收益的确定很重要，也是难点之一。预期收益是指被评估车辆在今后剩余寿命期内，在其使用过程中，超出自身价值的溢余额。确定预期收益时，须把握住两点：

（1）预期收益额是指车辆使用中带来的未来收益的期望值，是通过可行性分析，预测得到的。显然要预测未来收益的能力，就必须作全面深入的调查，了解未来车辆使用条件、使用环境、货源情况、客源等市场状况。在充分调查分析的基础上，预测出车辆未来投入运营的预期收益额。预期收益不是现实收益，所以投资有一定的风险。

（2）收益额的构成应针对二手车评估特点与评估目的来确定。为评估方便起见，二手车的评估通常选择上缴所得税后的利润为其收益额，这样计算起来也较方便，也能较准确地反映预期收益额。

现举例说明预期收益 A 的确定过程及其所进行的可行性分析。

例 8—1：某人欲购一辆捷达轿车，准备从事出租车经营，经调查分析，其预期收益情况如下：

（1）出租车全年可运营 320 天，每天平均毛收入 480 元，则预期的年收入为：

$$480 \times 320 = 15.36\text{（万元）}$$

（2）预期的年支出为：

1）平均每天行驶 275 km，每百千米耗油为 8 L，每升油价为 5 元，则年支出耗油费用为：

$$5 \times 8 \times \frac{275}{100} \times 320 = 3.52\text{（万元）}$$

2）日常对车辆的维护保养、修理费约为 1.2 万元；平均大修费用为 0.8 万元。共计 2.0 万元。

3）保险费、养路费、车船税、牌照等杂费预测共计 1.4 万元。

4）人员的劳务工资为 3.0 万元。

5）不可预见的支出费用为 0.5 万元。

以上 5 项年支出费用合计为：

$$3.52 + 2.0 + 1.4 + 3.0 + 0.5 = 10.42\text{（万元）}$$

（3）年毛收入为年总收入减去总支出，为：

$$15.36 - 10.42 = 4.94\text{（万元）}$$

（4）按所得税条例规定，收入在 3 万～5 万元时，应纳税率为 30%。故税后利润为：

$$A = 4.94 \times (1 - 30\%) = 3.458\text{（万元）}$$

上例预测出的年税后净收益额 A 值，若在不同的年份，其收入和支出可能均有变化。若在条件允许的情况下，就应预测出未来每年不同的税后净收益值。

这种在可行性分析后，预测出的收益额，可能与实际情况会有出入，所以在支出费用中，增加了一项不可预见的开支费用，以提高净收益的可靠性，提高预测的准确度。一般不可预见费用为其总支出的 5%～7%，但还是要视情况而定。在进行可行性分析时，调查得越周详，分析得越仔细，预测准确度越高。但市场情况是千变万化的，要完完全全把握住市场的变化情况，有相当的难度，所以，任何投资都有风险。

§8—3 折现率的确定

收益现值法中折现率 i 的确定也是一个比较棘手的问题。折现率 i 必须谨慎确定，折现率的微小变化，会给评估值带来较大影响。确定折现率不仅要有定性分析，更重要的还需有定量确定的方法。

一、折现率 i 的概念

欲购买二手车投入营运的投资者，在投入运营的未来一定时期内，可以获得二手车给其带来的收益。但要获得这笔收益，投资者现在必须付出一定的代价。

由于资金具有时间价值，一定数额的收益，发生在不同的时期，具有不同的价值。未来的一定量收益和现在同样量的收益，在价值上是不相等的。一般来说，未来某一定量收益只能和现在某一个小于它的收益量在价值上相等。所以，收益必须和时间结合起来，才能真正反映二手车的价值。

从折现率本身来看，这是一种特定条件下的收益率、回报率或报酬率，说明二手车在营运中取得该项收益的收益率水平。显然，这种收益率越高，那么二手车评估值就越低。因为在收益额 A 一定的情况下，收益率越高，即折现率越高，意味着单位资产增值率高，车主所拥有的二手车价值就低。

此外，折现率与利率不完全相同，利率是资金的报酬。把钱存入银行，按照一定的利息获利，利率反映了资金获利的能力。而折现率是管理的报酬，折现率与二手车的使用条件、用途、使用效果、使用者的管理水平有直接关系。

二、折现率确定的原则

确定折现率时，应遵循如下 4 个方面的原则：

1. 折现率应高于无风险利率

无风险报酬率也称安全利率，是指投资者在不冒风险的情况下，就可以长期而稳定地获得投资收益的利率。显然，投资者在选择投资方式时，只有在资产的期望收益率高于无风险利率时，才有可能实施其投资行为。也即只有在体现投资收益率的折现率高于无风险利率时，投资者才会实施其投资计划。要不然将资金存入银行或购买国债会更安全和有效获利。

2. 折现率应体现投资回报率

折现率就是经验丰富的投资者，对待评估资产进行投资，所需获得的回报率。评估中的折现率反映的是资产期望的收益率，由于收益率是与投资风险成正比的，风险大，收益率也高；反之，收益率就低。例如，将资金投入银行存款或购买国债，风险很小，但利率低，收益就小。若将资金投向股市、房地产市场，风险较大，收益率也高。所以，折现率反映的是对应某一风险状态下该资产的期望投资回报率，或称期望报酬率。

3. 折现率要能体现资产收益风险

某项资产未来收益的不确定性就是资产的收益风险，这种不确定性往往会给投资者带来难以估计的后果。两项资产未来能创造等量的收益，但它们可能承担的风险却会不一样，这与资产的使用者，在使用资产时的使用条件、使用环境、用途、使用技巧、管理水平等密切相关，对这两项资产的评估当然应采用不同的折现率，才能得到比较切合实际的评估结果。从这可以看出，折现率是管理的报酬，有别于资金存入银行存款的利率报酬。这也体现了市场高风险高回报的市场法则。因此，折现率的选取应体现资产收益风险。

4. 折现率应与收益口径相匹配

在使用资金这一指标时，要充分考虑年收益率的计算口径与资金收益额的计算口径要一致。若不一致，会影响评估结果的合理性。

在采用收益现值法时，由于评估的目的不同，收益额计算可以有不同的口径。如收益额用净利润、净现金流量等，而折现率则既有按不同口径的收益额为分子计算的折现率，也有按同一口径的收益额为分子，而以不同口径投资额计算的折现率。所以，针对不同收益额进行评估时，应注意收益额与折现率之间结构与口径的匹配和协调，以保证评估结果的合理性。

三、折现率的构成及选取

1. 折现率的构成

折现率也称预期报酬率、回报率、收益率，这些称谓在二手车评估中都出现过。折现率是根据资金的时间价值这一特性，按复利计息原理把未来一定时期的预期收益折合成现值的一种比率。折现率是收益现值法评估中的一个关键性指标。从其构成上看，评估中的折现率由两部分构成：一是无风险报酬率；另一部分是风险报酬率。用公式来表示，即为：

$$i=\text{无风险报酬率 } i_1+\text{风险报酬率 } i_2$$

或：

$$i=i_1+i_2$$

如果风险报酬率中不包含通货膨胀率，则折现率还包括通货膨胀率，则上式将改写成：

$$i=\text{无风险报酬率 } i_1+\text{风险报酬率 } i_2+\text{通货膨胀率 } i_3$$

或：

$$i=i_1+i_2+i_3$$

2. 构成折现率各参数的选取

折现率 i 由无风险报酬率、风险报酬率和通货膨胀率构成。如何来选取这些参数，就成为确定折现率的主要问题：

（1）无风险报酬率 i_1 的选取

目前我国的资产评估通常以银行定期存款利率为安全利率。也有以国债利率作为无风险报酬率的考量标准。国际上普遍以长期国债利率作为安全利率。如美国就是以 30 年的国债利率作为安全利率的。在我国由于国债市场发展中还存在一些问题，一般不能简单照搬西方的做法。因为我国的国债利率并不能完全由市场供求情况来决定，其利率稍高于同期银行存款利率，目前则大致与银行同期存款利率持平，但国债利息不缴纳 20%的所得税，实际还是比银行同期存款利率高。而我国银行存款利率是根据市场需求来制定的，反映了市场供求和投资收益的基本情况，故在当前的资产评估中，多采用银行定期存款利率作为安全利率，也即是无风险报酬率。所以，目前在二手车评估中，建议采用我国银行 5 年期定期存款利率作为无风险报酬率。

(2) 风险报酬率 i_2 的选取

风险报酬率的确定比较复杂。风险报酬率是指冒风险投资所得风险补偿额与风险投资额的比率。风险有代价，人们把这一代价称作风险补偿或风险报酬。

风险报酬可通过计算获得。计算方法有累加法、股息增长模型法、资本资产定价模型法等。现分别作简要介绍，以供评估师参考。

1) 累加法。累加法是将确定了的主要风险因素所应获得的报酬率累加后得到风险报酬率。此方法比较主观，但它能直接反映伴随各主要风险而应得到的风险报酬。该方法列出了各风险的组成，并标示出了对应风险所能取得的风险报酬率（见表8—1)，将其累加即为期望的风险报酬率。

表 8—1　　风险报酬率表

风险组成	风险报酬率（%）	风险组成	风险报酬率（%）
通货膨胀率	2.4	经营风险	5.0
市场风险	3.0	利率风险	1.0
购买力风险	3.6	总的期望报酬率 i_2	15

因为累加法分别给出了各种风险，并且直观地反映出了各种风险补偿的个人期望值。所以累加法看起来较吸引人，但是，要精确地对表中各项风险补偿的期望报酬率进行量化是非常困难的。由于累加法在确定各种风险补偿因素时具有主观性，故在使用时要慎重对待。

2) 股息增长模型法。该方法是通过计算来获得所期望的报酬率的。其计算公式如下：

$$V=\frac{b(1+g)}{i_2-g} \tag{8—3}$$

式中 V——股票价格；

b——基期股息；

g——固定股息增长率；

i_2——期望报酬率。

上述（8—3）式说明了股票价格与该股票基期股息 b、股息增长率 g、期望报酬率 i_2 有关。如果上式中的 V、b、g 可以确定，则可求出能补偿风险投资的期望报酬率 i_2。由（8—3）式可求得 i_2 值：

$$i_2=\frac{b(1+g)}{V}+g \tag{8—4}$$

用（8—4）式来计算风险报酬率 i_2 需要满足一个重要条件，那就是固定股息增长率 g 在一定时期内必须保持稳定，故称其为固定股息增长率。而且，其增长率还必须小于风险报

酬率 i_2。现举例说明风险报酬率 i_2 的计算方法。

例 8—2：若 1999 年，某上市公司支付每股 0.46 元的股息，此时该公司的股票价格为每股 10 元，预期股息增长率为 4.5%，且保持稳定。用股息增长模型计算风险报酬率 i_2。

解：采用（8—4）式进行计算如下：

$$i_2 = \frac{b(1+g)}{V} + g = \frac{0.46 \times (1+4.5\%)}{10} + 4.5\% \approx 9.3\%$$

3）资本资产定价模型法。此法是分析资本资产收益与风险关系的经典方法。主要用于分析证券的风险与收益的对应关系。其计算公式如下：

$$i_2 = i_1 + \beta(i_m - i_1) \tag{8—5}$$

式中 i_2——期望的风险报酬率；

i_1——无风险报酬率；

i_m——市场平均的期望报酬率；

β——风险调整系数。

由于（8—5）式推导时有许多假设，这些假设并不完全符合实际情况，所以（8—5）式在应用中有一定的局限性。但由于该计算公式简单，故还是被人们所接受，计算结果还较有效，已成为处理风险问题的主要工具和重要的理论武器。在用收益现值法评估二手车，确定风险报酬率时，也可借鉴此公式。但（8—5）式中的有关参数的确定，有一定的难度。因为我国的股票市场还很不成熟，时间很短，还有待进一步规范。有些数据较难获得，而在西方一些发达国家在获取上述参数时就较方便。

首先，在（8—5）式中的 β 值，可在证券市场上选择汽车制造业的 β 值。这个值通常在证券分析机构公开出版物上可找到。值得提醒的是，β 值从长期来看是趋于稳定的，但短期内是变化的。由于我国证券市场还不很完善，历史极短，β 值经常变化。因此，在评估时，要选取最新公布的行业 β 值。有资料推荐汽车制造业的 β 值为 0.941 07。

其次，市场平均期望报酬率 i_m 与无风险报酬率 i_1 之间的差值（也称为市场风险溢价），可通过证券市场长期收益率的统计数据获得。例如，美国从 1926 年至 1997 年的 72 年的统计数据表明，其 72 年股票的平均收益率是 13%。在这期间普通股平均收益比国库券的平均收益率高出 9.2 个百分点，比长期国债的平均收益率高出 7.4 个百分点。我国证券市场还很年轻，要注意证券分析机构发布的统计数据。对于无风险报酬率前述已建议采用 5 年期银行定期存款利率。现举例说明如何用此种方法来计算风险报酬率 i_2 的值。

例 8—3：若无风险报酬率取银行 5 年期定期存款利率，则 $i_1=3.6\%$，而 $\beta=0.941\ 07$；市场的平均期望报酬率 $i_m=9.8\%$。试计算风险报酬率 i_2 的值。

解：将题中各参数代入（8—5）式得：

$$i_2 = i_1 + \beta(i_m - i_1) = 3.6\% + 0.941\ 07 \times (9.8\% - 3.6\%) \approx 9.435\%$$

§8—4 收益现值法的应用

一、应用时应注意的问题

在二手车的评估中，收益现值法一般适用于营运的车辆。评估中各参数的确定，因受许多因素的影响，其准确性和可靠性是十分重要的。但因受市场因素的影响较多，变化也较大，比较复杂，评估人员把握住这些变化较困难。由于我国二手车市场发育还不是很完善，市场经济实行的时间也不长，要获取较准确的参数难度较大。所以，在二手车评估操作时，注意实践经验的积累十分重要。

使用收益现值法评估二手车的价值，需要在二手车剩余的寿命周期内对整个时期的收益进行预测，通常以年为周期单位，预测的内容包括收益的数量和收益的时间。评估中预测的费用是指二手车购置的费用和开始投入营运直至营运终结各时间期发生的开支，如维修、燃油费以及其他税、费都要考虑周全，否则，二手车评估价值不准，投资风险就较大。

上一节介绍了3种确定风险报酬率的方法，这3种方法在获取原始参数时，都有一定的难度，必须要评估师自己去确定，没有人会给评估人员准备现成的风险报酬率。问题是用上述方法确定的风险报酬率是否完全适合二手车的评估，这要通过实践去验证，评估结果买卖双方应认同，实践是检验真理的唯一标准。适合于我国二手车评估的方法也应在实践中总结出来，也只能从实践中获取。

二、评估举例

现举例说明收益现值法的评估操作，仅供学习时参考。

例8—4：现有一辆19座以上的客运车辆，需要鉴定评估，该车系北京至天津线路长途客运车辆，车主欲将车与线路营运权一同对外转让，线路经营权年限与车的报废年限相同。已知该线路于2002年10月登记注册，并投入营运，试评估该车于2006年10月的价值。

解：（1）该车为营运性客运车辆，可用收益现值法进行评估。

（2）该车已使用4年，规定使用年限为8年，剩余使用年限为4年，即$n=4$。

（3）该车预期收益的测算：

1）若每年收益稳定，且各时间期收益相同。假设该车一年工作300天，每日往返4趟，每趟平均载客量为17人。满载率为90%。每张票价为35元。则年平均收入为：

$$35\times17\times4\times300=71.4\text{（万元）}$$

2）年平均支出的费用为：

①耗油费：每趟170 km，一天行驶680 km，该车百千米油耗为18 L，每升油价为5元，则年耗油费为：

$$5\times18\times\frac{680}{100}\times300=18.36\text{（万元）}$$

②车辆年维修费用：

日常维护和小修费用预计为 3.6 万元。

大修费用为 2.5 万元。

两项合计为 6.1 万元。

③保险费、过桥过路费、养路费、车船使用税等各种杂费合计为 6.5 万元。

④人员工资（以 2 人计）合计为 6.5 万元。

⑤不可预见的费用开支为 3 万元。

⑥年均支出费用共计为：

$$18.36+6.1+6.5+6.5+3=40.46\text{（万元）}$$

（4）年毛收入为：

$$71.4-40.46=30.94\text{（万元）}$$

（5）按 35%的税率纳税。则税后年平均纯收入 A 值为：

$$A=30.94\times(1-35\%)=20.111\text{（万元）}$$

（6）折现率 i 的确定。无风险报酬率选银行 5 年期定期存款利率，故 $i_1=3.6\%$；风险报酬率按累加法来确定，按本章表 8—1 选取，$i_2=15\%$，该风险报酬率已包括通货膨胀率。

所以，$i=i_1+i_2=3.6\%+15\%=18.6\%$。

（7）计算该车辆的评估值。

该车评估值按（8—2）式计算为：

$$P=A\frac{(1+i)^n-1}{i(1+i)^n}=20.111\times\frac{(1+0.186)^4-1}{0.186\times(1+0.186)^4}$$

$$=20.111\times2.659=53.475(\text{万元})$$

年金现值系数$\frac{(1+i)^n-1}{i(1+i)^n}$也可通过查书末附录一年金现值系数表获得，但本题的 $i=18.6\%$，需用插值法才能获得。

例 8—5：现在一辆 10 座旅行客车转让，某个体工商户欲购该车作客运。按国家规定，该车剩余使用年限还有 3 年，经预测这 3 年内每年的预期纯收入为：$A_1=2.0$ 万元，$A_2=1.5$ 万元，$A_3=0.8$ 万元，试评估该车的价值。

解：（1）该车属营运性车辆，采用收益现值法评估其价值。

（2）根据题意，该车剩余使用年限为 3 年，则：$n=3$。每年的纯收益已预测得出。

（3）折现率 i 的确定。无风险报酬率仍采用银行 5 年期定期存款利率 3.6%，风险报酬率运用资本资产定价模型法求得，为节省篇幅，现采用例 8—3 中的 i_2 值，即 $i_2=9.435\%$。通货膨胀率取 2.4%。则折现率为：

$$i=i_1+i_2+i_3=3.6\%+9.435\%+2.4\%=15.435\%$$

（4）该车的评估值计算如下：

该车的评估值应按（8—1）式来计算：

$$P=\frac{A_1}{(1+i)^1}+\frac{A_2}{(1+i)^2}+\frac{A_3}{(1+i)^3}$$

$$=\frac{2}{(1+0.15435)^1}+\frac{1.5}{(1+0.15435)^2}+\frac{0.8}{(1+0.15435)^3}$$

$$=1.733+1.126+0.520$$

$$=3.379(\text{万元})$$

§8—5 投资方案的咨询

前已述及，收益现值法一般适用于投资营运车辆的评估。如果投资者需要购买一辆二手车用于营运，就需要考虑投资后的收益问题，而且还要考虑怎样才能实现收益最大化。若投资者在二手车交易中，发现有多个供选择的车型时，到底选择哪个车型最合算，绝大多数投资者可能心中无数，就有可能求助于评估师，希望给其出谋划策，当好参谋，帮助其作投资方案的分析，选择一个合适的车型，使投资成本低，收益高。所以，评估师就要对投资者进行投资方案的咨询。

一、资金的时间价值

对投资者进行的这种咨询，主要是针对投资购买二手车后，去进行营运性经营活动。在有多种可供选择的车型时，究竟选择哪种车型进行投资最为合理，这就要进行投资回报情况的分析计算。因为目前投资，在未来一段时间内才有回报，所以，必须了解资金的时间价值。因资金具有时间价值，两笔金额相同的资金，所处的时间不同，其价值是不相等的。一般来说，现在的一笔资金比未来一笔等额资金价值更大。例如，现在的100元钱比若干年后的100元钱更有价值。正因为如此，不同时点的资金就没有可比性。为了使不同时点的资金具有可比性，必须把不同时点的资金，进行等值计算，使其达到等值。实际上就是把未来的投资回报的资金，通过等值计算，达到现在投资时点的价值，这就叫折现。通过这种折现计算，使不同时刻的资金换算成某一相同时刻的资金，然后才能进行加减运算。

二手车投资方案分析就是评估人员采用数学的计算方法，为客户对可投资的几种目标车型，在进行分析、计算、比较后，选择一种最佳的车型，客户选购这种车型，则回报率最高。这个过程，就是投资方案的咨询。这种情况在二手车市场发育比较完善后，会经常遇到，所以评估人员应掌握各种投资方案的筛选方法。

二、投资方案的分析方法

选择投资方案的分析方法很多，对于二手车来说，以下三种方法较简单易行。

1. 净现值（*NPV*）分析法

净现值分析法是指用二手车在今后剩余的寿命期内，投入运营后的收入的现值总额

（PR）与支出的现值总额（PC）的差额，表示客户购车后投入运营的纯收益，即净收益的现值总额。其计算公式为：

净收益现值总额＝收入的现值总额－支出的现值总额

上式用字母表示为：

$$NPV=PR-PC \tag{8—6}$$

若计算结果 $NPV>0$ 则说明该投资方案能获得收益，方案可取。即购买这种二手车在今后的运营中能有回报，能赚钱。若计算结果为 $NPV\leqslant 0$，则表示该方案不可取，投入运营后，可能亏本。显然，各种方案中，净现值 NPV 最大的方案为最优。

从上述净现值分析中可以看出，在二手车剩余寿命期内，有收入现值总额 PR 和支出现值总额 PC 两项，假如在剩余寿命期内，不同方案的收入现值总额 PR 都相同，这时，只要计算每个方案（即车型）的支出现值总额 PC，就可通过比较不同方案的支出现值总额大小，即可决定投资方案的取舍。这种只比较支出现值总额 PC 就可决定购买哪种车型的办法，就叫现值成本（PC）分析法。

现值成本（PC）分析法就是把各种方案在剩余寿命期内所耗成本（包括投资和使用费）中的一切费用，都换算成与其等值的现值成本，然后据此，以决定方案的取舍。现值成本法的前提条件就是各方案的收益都相同。现举例来说明现值成本的应用。

例 8—6：现有三种同一档次但不同型号的二手车可供选择，个体户张某欲购其中一辆作出租营运，三种车型的投资和使用费用见表 8—2。若折现率 $i=15\%$，剩余使用寿命的年限均为 $n=5$ 年。试问张某在 A、B、C 三种车型中，选购哪种车型的二手车最为经济？

表 8—2　　二手车的费用表

成本费用（万元）／项目／车型	二手车购置费	年耗油费	年维修费	年管理费	三项年费用合计
A	6.4	1.6	0.6	1.4	3.6
B	5.6	2.0	1.0	1.3	4.3
C	4.8	1.8	1.2	1.8	4.8

解：同档次三种不同型号的二手车，其投入营运的收入相同。所以只需计算各型号二手车的现值成本 PC，通过比较三种车型的二手车现值成本，来决定选购哪种车型。显然，现值成本最低的车型，为购买的最优车型，即最佳方案。

以投资时点为现值，这样就需要把年使用费用折算为投资时点的现值，才能进行运算。所以要把年费用运用现值公式来进行折现，即已知年金 A 来求现值 P。其计算公式为（8—2）式，即：

$$P=A\frac{(1+i)^n-1}{i(1+i)^n}$$

上式中的$\frac{(1+i)^n-1}{i(1+i)^n}$称为年金现值系数，简记为（$P/A$，$i$，$n$）。所以上式就可简记为：

$$P=A\ (P/A,\ i,\ n)$$

在（P/A，i，n）这种系数符号中，括号内斜线上方的符号P表示需要求出的未知数，斜线下方的符号A，i，n，表示已知的数。故上述符号表示：已知A，i，n，求P。计算时，系数（P/A，15%，5）可查附录一中的年金现值系数表得：（P/A，15%，5）＝3.352 2。代入计算式中，即可算出三种车型的现值成本PC。

根据（8—2）式，三种不同型号的二手车的现值成本分别为：

PC_A＝6.4＋3.6（P/A，15%，5）＝6.4＋3.6×3.352 2
＝18.467 92（万元）

PC_B＝5.6＋4.3（P/A，15%，5）＝5.6＋4.3×3.352 2
＝20.014 46（万元）

PC_C＝4.8＋4.8（P/A，15%，5）＝4.8＋4.8×3.352 2
＝20.890 56（万元）

从计算结果表明，A 车的现值成本最小，因此选购 A 车最为经济，购买 A 车为最优方案。

通过上述例子可看出，购买价格低的二手车 C，不一定省钱。因为投资（购置价）虽然低，但每年的费用开支大，使得运营成本，即营运投入反而最高，结果使总的经济效益最差。只有通过收益和投入成本的全面考量，才能作出正确的购车选择。

在例 8—6 中，三种车型的剩余使用寿命期n值均为 5 年，若剩余使用寿命期n值不相等，则不满足时间上的可比性。遇此情况，可用以下两种分析方法解决。

2. 净年金（NAW）法

在实际应用时，如果已知投资项目的收入和支出，就可用净年金（NAW）法，将收入和支出的资金都换算成等值的年金，再进行运算。运算结果，若净年金大于零，则说明该项投资在经济上可行，理论上说，不会亏本，能赚钱。其中，年金最大的方案，则是最好的方案，即为可优先考虑购买的二手车方案。

例 8—7：此处有两种可供选择的二手车，其有关资料数据见表 8—3。选择哪种二手车最为经济合算？

表 8—3　　二手车有关数据资料

费用（万元）项目 / 车型	投资费用	剩余寿命期（年）	年收入	年支出	折现率
A	5.5	5	4.6	3.5	12%
B	6.5	7	6.5	4.5	12%

解：根据净年金的概念，其计算公式如下：

净年金＝收入年金总额－支出年金总额

用字母表示为：

$$NAW=AR-AC \tag{8—7}$$

式中　*NAW*——净年金；

AR——收入年金总额；

AC——支出年金总额。

在（8—7）式中的收入和支出年金总额 *AR* 和 *AC* 还要进行折现后，才能进行等值计算，这就要应用（8—2）式的逆运算，其计算公式为：

$$A=P\frac{i(1+i)^n}{(1+i)^n-1} \tag{8—8}$$

式中的 A、P、i、n 含义与（8—2）式相同。现将（8—8）式简记为：

$$A=P(A/P,i,n)$$

（8—8）式中的系数$\frac{i(1+i)^n}{(1+i)^n-1}$或（$A/P$，$i$，$n$）称为资金回收系数。该系数在运算时，可查附录一中的年金现值系数表，然后将其变为倒数，再代入公式进行运算，也很方便。

应用（8—7）式，并进行折现后，再进行等值运算，其过程如下：

$$\begin{aligned}NAW&=AR-AC\\&=PR(A/P,i,n)-PC(A/P,i,n)\end{aligned}$$

将 A、B 两车的有关数据代入，即可分别得到 A、B 两车的净年金：

$$\begin{aligned}NAW_A&=4.6-5.5(A/P,12\%,5)-3.5\\&=4.6-5.5\times\frac{1}{3.6048}-3.5\\&=-0.4279\text{（万元）}\\NAW_B&=6.5-6.5(A/P,12\%,7)-4.5\\&=6.5-6.5\times\frac{1}{4.5638}-4.5\\&=0.5758\text{（万元）}\end{aligned}$$

计算结果表明，A、B 两种车型，A 车净年金小于零，计算结果为负值，表示购买 A 车不仅不能赚钱，还会亏损，显然不宜购买 A 车。B 车的净年金大于零，净年金为 0.575 8 万元，每年应有 5 758 元的净收益。客户应购买 B 车。

3. 年成本（*RC*）法

年成本（*RC*）法是在进行等值计算（折现）后的平均年成本评价方案。显然年成本最低的方案是最佳方案，其经济效益最好。现举例说明此方法的应用。

例 8—8：现有二手车甲和乙，均能满足营运的工作要求，其数据资料见表 8—4。请问购买哪种车型最佳？

表 8—4 **二手车数据资料**

费用（万元）＼项目 二手车	投资费用	剩余寿命期（年）	年维修费用	折现率	备注
甲	3.0	4	0.9	10%	
乙	4.0	6	1.2	10%	

解：甲车的年成本为：

$RC_{甲}=3.0\times(A/P，10\%，4)+0.9=3.0\times0.315\,5+0.9$

$=1.846\,5$（万元）

乙车的年成本为：

$RC_{乙}=4.0\times(A/P，10\%，6)+1.2=4.0\times0.229\,6+1.2$

$=2.118\,4$（万元）

从上述计算结果看法，二手车甲在年运营中，支出的成本费用低于乙车。因此，购买甲车进行营运，经济效益比购买乙车好。

第九章　评估报告的撰写及评估小结

二手车评估报告是评估机构或评估师在完成鉴定评估工作以后，向委托方提供鉴定评估工作的总结。它不仅是评估师向委托方传达评估调查、分析工作及评估结论的重要文件，同时也是行业管理协会判断评估师是否按评估操作规范进行执业的依据。而且它也确认了评估机构或评估师对所鉴定评估结果应负的法律责任。

§9—1　评估报告的基本要求及主要内容

一、基本要求

国家国有资产管理局发布了《关于资产评估报告书的规范意见》，对资产评估报告书提出了比较系统的规范要求。结合二手车鉴定评估的实际情况，二手车鉴定评估报告的基本要求如下：

（1）评估报告必须按照客观、公正、实事求是的原则由二手车交易市场或评估师独立撰写，如实反映鉴定评估工作的实际情况；

（2）评估报告应说明评估的目的、范围，二手车当前的技术状况，并写明评估基准日；

（3）评估报告应反映评估工作所遵循的原则和依据的法律、法规；

（4）评估报告应简述评估的过程，说明评估的方法，反映评估价值的结果；

（5）评估报告的内容必须正确无误，评估师必须对报告的正确性负责；

（6）评估报告应简明扼要，撰写报告的过程也是对评估师整个评估工作的归纳、提炼、总结的过程。

二、主要内容

报告的正文是评估报告最重要的组成部分，财政部 1999 年颁布的《资产评估报告基本内容与格式的暂行规定》（以下简称《规定》）对该部分内容及格式都做了详细的界定。

1. 首部

首部包括报告书的标题和序号两部分。序号应符合公文要求，包括评估机构的特征字、公文种类的特征字、年份、文件序号。

2. 绪言

绪言主要是对评估机构接受委托的事项及评估工作进行情况的说明。

3. 委托方和车辆占有方介绍

按财政部要求，在该部分需要介绍委托方的详细情况。

4. 评估目的

评估目的是进行评估的原因，评估目的是确定价值类型的基础，不同的评估目的可能对应不同的价值类型。价值类型就是第五章第 2 节中所述的内容。在评估中要求评估目的与计价的价值类型相适应。因此，在评估报告中必须对为什么要进行评估作出说明，写明具体的经济行为。

5. 评估的范围和对象

对二手车的评估一般需说明所评估车辆的类型、品牌型号、号牌、发动机号、车架号、17 位代码、初次注册登记日期、年检合格日期、各种规费和税费缴纳情况等。

6. 评估基准日

因为二手车的技术状况和市场价格都随时间变化而变动，评估基准日是评估师在评估、鉴定车辆和选取市场价格标准所依据的基准时间。在评估报告中，评估基准日是非常重要的参数，要以某年某月某日的方式列出。

7. 评估原则

该部分需写明评估工作过程中遵循的各项原则，评估工作中所遵循的国家、行业的有关规定或公认的原则。

8. 评估的依据

评估依据应包括：

(1) 行为依据

二手车评估委托书或评估协议书。

(2) 法律、法规依据

对二手车评估产生影响的政策法规。

(3) 产权依据

车辆的权属证明文件应该是机动车登记证，而不是行驶证。

(4) 取价依据

取价依据主要包括技术标准资料、有关的技术参数资料、技术检测和鉴定资料，以及询价资料等。取价依据应注意国家有关部门颁布的价格指数、存款利率、股票利率等。评估师应在报告中明确告诉报告的使用者，在评估中的取价依据，以便报告的使用者判定评估结果的合理性。

9. 评估方法

评估师在评估报告中必须明确地告诉评估报告使用者所采用的评估方法和选择该方法的原因，并对使用该方法评估作简要说明。评估师若在评估中采用了一种以上的评估方法，应对几种方法的评估结果进行比较，并得出合乎逻辑的结论。

10. 评估过程

对评估过程的描述是评估报告的重要内容。这部分内容，评估机构或评估师应自接受评估委托起至提交报告的全部工作过程进行简要说明，包括接受委托、验证、现场勘察、评定估算、提交报告等。

11. 评估结论

评估结论是对报告加以分析和归纳而得出的最终结论，也就是把采用的评估方法和最终得出的评估价值给予表述。

12. 特别事项说明

对特别事项说明，《规定》中作出了如下规定：

(1) 评估报告中陈述的特别事项是指在已确定评估结果的前提下，评估人员揭示在评估过程中已发现可能影响评估结论，但非评估人员执业水平和能力所能解决的有关事项。

(2) 揭示报告使用者应注意的特别事项对评估结论的影响。

(3) 揭示评估人员认为需要说明的其他问题。

13. 报告的法律效力

(1) 该部分说明报告的有效使用期，即自评估基准日起至×年×月×日止。

(2) 在有效期内，评估结果可作为二手车价格的参考依据，超过有效期，原评估的结果无效，必须重新进行评估。此外，在评估有效期内，若车辆发生事故，或因其他原因对车辆价值产生明显影响时，也需重新进行评估。

(3) 说明评估报告的适用范围，委托方和评估机构或评估人员不得将报告擅自移作他用。

14. 附件

一般评估报告应包括附件，列示出与评估有关的、支持评估结果的重要文件。此外，还可包括图片资料、重要的询证函等。

§9—2 评估报告的范文

下面提供二手车鉴定评估的协议书、委托书、作业表和报告书的示范文本，仅供参考。二手车评估机构或评估师可根据实际情况和委托方的不同对象出具相应的文书。有的委托方不一定要求提供评估报告。例如，属产权交易的个人，就不一定要撰写评估报告，也不一定要填写协议书和委托书。但一定要有评估作业表，以便存档备查。若涉及企事业单位等国有资产的评估，则一定要有协议书或委托书、作业表，并需撰写出评估报告。

一、评估协议书与委托书

1. 评估协议书

对于咨询类的评估业务，需要签订二手车评估协议书。二手车评估协议书是受托方与委托方对各自的权利与义务的协定，是一项经济合同性质的契约。委托协议应写明的内容有：

(1) 委托方和受托方的名称、住所、工商登记注册号、上级单位、评估师资格证书号等；

(2) 鉴定评估的目的、车辆类别、品牌型号、数量；

(3) 委托方需做好的基础工作和配合工作；

(4) 评估工作的起止时间；

(5) 鉴定评估工作收费金额及付款方式；

(6) 反映协议双方责、权、利及违约责任的有关内容。

二手车评估委托协议必须符合国家法律、法规和资产评估的管理规定。二手车评估协议书示例如下，仅供参考。

二手车评估协议书 **编号：**

根据工作需要，甲方委托乙方对下述二手车进行鉴定估价，经友好协商，双方愿意委托与受托，特签订如下协议，双方各执一份。

甲方：委托方 乙方：受托方

单位				单位	××二手车交易中心（市场）		
地址				地址		电话	
经办人		电话		鉴定评估师		执业书证号	

责任与义务	责任与义务
1. 按照委托鉴定评估的车辆清单，提供全面准确的清查资料。 2. 为鉴定评估人员开展工作提供完整、真实和合乎评估管理办法要求的资料、手续和工作场所。 3. 按照国家规定的评估收费标准交付评估费，在签订本协议当时预交______元，待鉴定评估工作结束后多退少补。 4. 由一名领导负责，组织本单位有关人员配合鉴定评估工作和回答评估中的问题。 5. 若不能及时、完整、真实地提供所需资料手续，造成拖延时间，以致不能提出鉴定评估报告或中途停止鉴定评估时，委托方负违约责任，同意按进度支付评估费。	1. 根据委托鉴定估价的车辆清单，按时提出鉴定评估报告。 2. 遵照《国有资产评估管理办法》及其施行细则等有关法规，独立、公正、合理地进行鉴定评估。 3. 委托方若能履行本协议所签订的责任与义务，受托方则于　月　日，提出二手车鉴定评估报告。 4. 对委托方所提供的资料及鉴定评估结果，有责任保守机密。 5. 因受托方不能按协议的时间提出鉴定评估报告，而造成的违约由受托方负责，适当减免评估费。

鉴定评估目的：

委托鉴定评估的车辆清单

序号	车辆厂牌名称	牌照号	发动机号	车架号
1				
2				
3				
4				

备注：

委托方代表签字（盖章） 受托方代表签字（盖章）

年　月　日 年　月　日

2. 委托书

委托书比较简单，若涉及国有资产的评估或在评估车辆数量较多时，委托方和受托方最好签署评估协议书。若为交易类业务可只签订简单的委托书即可。委托书范例如下，仅供参考。

二手车评估委托书

委托书编号：______

______二手车鉴定评估机构：

因□交易　□转籍　□拍卖　□置换　□抵押　□担保　□咨询　□司法裁决需要，特委托你单位对车辆（号牌号码______车辆类型______发动机号______车架号______）进行技术状况鉴定并出具评估报告书。

附：委托评估车辆基本信息

<table>
<tr><td>车主</td><td></td><td>身份证号码/
法人代码证</td><td></td><td>联系电话</td><td></td></tr>
<tr><td>住址</td><td colspan="3"></td><td>邮政编码</td><td></td></tr>
<tr><td>经办人</td><td colspan="3"></td><td>联系电话</td><td></td></tr>
<tr><td>住址</td><td></td><td>身份证号码</td><td></td><td>邮政编码</td><td></td></tr>
<tr><td rowspan="8">车辆情况</td><td>厂牌型号</td><td colspan="2"></td><td>使用用途</td><td></td></tr>
<tr><td>载重量/座位/排量</td><td colspan="2"></td><td>燃料种类</td><td></td></tr>
<tr><td>初次登记日期</td><td colspan="2">年　月　日</td><td>车身颜色</td><td></td></tr>
<tr><td>已使用年限</td><td>年　个月</td><td colspan="2">累计行驶里程（万公里）</td><td></td></tr>
<tr><td>大修次数</td><td>发动机（次）</td><td></td><td>整车（次）</td><td></td></tr>
<tr><td>维修情况</td><td colspan="4"></td></tr>
<tr><td>事故情况</td><td colspan="4"></td></tr>
<tr><td colspan="5"></td></tr>
<tr><td rowspan="2">价值反映</td><td>购置日期</td><td>年　月　日</td><td>原始价格(元)</td><td colspan="2"></td></tr>
<tr><td>车主报价（元）</td><td colspan="4"></td></tr>
<tr><td colspan="6">备注：</td></tr>
</table>

填表说明：

1. 若被评估车辆使用用途曾经为营运车辆，需在备注栏中予以说明；

2. 委托方必须对车辆信息的真实性负责，不得隐瞒任何情节，凡由此引起的法律责任及赔偿责任由委托方负责；

3. 本委托书一式二份，委托方、受托方各一份。

委托方：（签字、盖章）　　　　　　　　经办人：（签字、盖章）

（×××二手车鉴定评估机构盖章）

年　月　日　　　　　　　　　　　　　　年　月　日

二、评估作业表

二手车鉴定评估作业表须每车一表，也是存档备查的重要文档。评估师必须认真填写。特别是车辆的结构特点和现时技术状况栏目，应在仔细检查鉴定车辆后，详细填写清楚，以免日后发生争执。对于二手车的证件是否齐全，各种规费是否如期缴纳，必须逐项、逐件地检查、核实，不得遗漏，更不能马虎从事。检查后，如实填写。评估师和复核人必须签字，以示负责。

下面给出了作业表的示范格式，仅供参考。

二手车评估作业表

<table>
<tr><td>车主</td><td colspan="2"></td><td colspan="2">所有权性质</td><td>□公□私</td><td>联系电话</td><td colspan="2"></td></tr>
<tr><td>住址</td><td colspan="5"></td><td>经办人</td><td colspan="2"></td></tr>
<tr><td rowspan="6">原始情况</td><td>厂牌型号</td><td colspan="3"></td><td>号牌号码</td><td></td><td>车辆类型</td><td></td></tr>
<tr><td colspan="2">车辆识别代号（VIN）</td><td colspan="3"></td><td>车身颜色</td><td colspan="2"></td></tr>
<tr><td>发动机号</td><td colspan="3"></td><td>车架号</td><td></td><td colspan="2"></td></tr>
<tr><td>载重量/座位/排量</td><td colspan="4"></td><td>燃料种类</td><td colspan="2"></td></tr>
<tr><td>初次登记日期</td><td colspan="3">年　月</td><td>车辆出厂日期</td><td colspan="3">年　月</td></tr>
<tr><td>已使用年限</td><td>年　个月</td><td colspan="2">累计行驶里程</td><td>万公里</td><td>使用用途</td><td colspan="2"></td></tr>
<tr><td rowspan="2">检查核对交易证件</td><td>证件</td><td colspan="7">□原始发票□机动车登记证书□机动车行驶证□法人代码证或身份证□其他</td></tr>
<tr><td>税费</td><td colspan="7">□购置附加税　□养路费　□车船使用税　□其他</td></tr>
<tr><td>结构特点</td><td colspan="8"></td></tr>
<tr><td>现时技术状况</td><td colspan="8"></td></tr>
<tr><td colspan="2">维护保养情况</td><td colspan="3"></td><td>现时状态</td><td colspan="3"></td></tr>
<tr><td rowspan="2">价值反映</td><td>账面原值（元）</td><td colspan="3"></td><td>车主报价（元）</td><td colspan="3"></td></tr>
<tr><td>重置成本（元）</td><td></td><td colspan="2">成新率（%）</td><td></td><td>评估价格（元）</td><td colspan="2"></td></tr>
<tr><td colspan="9">鉴定评估目的：</td></tr>
<tr><td colspan="9">鉴定评估说明：</td></tr>
</table>

注册二手车鉴定评估师（签名）　　　　　　　　　　　复核人（签名）

年　月　日　　　　　　　　　　　　　　　　　　　　年　月　日

填表说明：1. 现时技术状况：必须如实填写对车辆进行技术鉴定的结果，客观真实地反映出二手车主要部分（含车身、底盘、发动机、电气、内饰等）以及整车的现时技术状况；

2. 鉴定评估说明：应说明评估价格的计算方法。

三、评估报告书

若属于交易类的二手车鉴定评估业务，一般不需要出具评估报告书，但业主要求出具评估报告，则应尊重业主的要求，撰写出评估报告书。此外，涉及国有车辆的评估无论数量多少，均应出具评估报告书。二手车的评估报告书示范文本如下，仅供参考。

二手车鉴定评估报告书
(示范文本)

一、绪言

××（鉴定评估机构）接受×××的委托，根据国家有关资产评估的规定，本着客观、独立、公正、科学的原则，按照公认的资产评估方法，对××××（车辆）进行了鉴定评估。本机构鉴定评估人员按照必要的程序，对委托鉴定评估车辆进行了实地查勘与市场调查，并对其在××××年××月××日所表现的市场价值作出了公允反映。现将车辆评估情况及鉴定评估结果报告如下：

二、委托方与车辆所有方简介

（一）委托方×××，委托方联系人×××，联系电话：×××××。

（二）根据机动车行驶证所示，委托车辆车主×××。

三、评估目的

根据委托方的要求，本项目评估目的

□交易　□转籍　□拍卖　□置换　□抵押　□担保　□咨询　□司法裁决。

四、评估对象

评估车辆的厂牌型号（　　）；号牌号码（　　）；发动机号（　　）；车辆识别代号/车辆号（　　）；登记日期（　　）；年审检验合格至　年　月；公路规费交至　年　月；购置附加税（费）证（　　）；车船税（　　）。

五、鉴定评估基准日

鉴定评估基准日　　年　月　日。

六、评估原则

严格遵循“客观性、独立性、公正性、科学性”原则。

七、评估依据

（一）行为依据

二手车评估委托书第　号。

（二）法律、法规依据

1.《国有资产评估管理办法》

2.《国有资产评估管理办法实施细则》

3.《二手车流通管理办法》

4.《二手车流通管理办法实施细则》

5.《汽车报废标准》

6. 其他相关的法律、法规等。

（三）产权依据

委托鉴定评估车辆的机动车登记证书编号：

（四）评定及取价依据

技术标准资料：

技术参数资料：

技术鉴定资料：

其他资料：

八、评估方法

□重置成本法 □市场价格比较法 □收益现值法 □其他①

计算过程如下：

九、评估过程

按照接受委托、验证、现场查勘、评定估算、提交报告的程序进行。

十、评估结论

车辆评估价格　　元，金额大写

十一、特别事项说明②

十二、评估报告法律效力

（一）本项评估结论有效期为 90 天，自评估基准日至　　年　月　日止；

（二）当评估目的在有效期内实现时，本评估结果可以作为价值的参考依据。超过 90 天，需重新评估。另外在评估有效期内若被评估车辆的市场价格或因交通事故等原因导致车辆的价值发生变化，对车辆评估结果产生明显影响时，委托方也需委托评估机构重新评估；

（三）鉴定评估报告书的使用权归委托方所有，其评估结论仅供委托方为本项目评估目的使用和送交二手车鉴定评估主管机关审查使用，不适用于其他目的；因使用本报告书不当而产生的任何后果与签署本报告书的鉴定估价师无关；未经委托方许可，本鉴定评估机构承诺不将本报告书的内容向他人提供或公开。

附件：

一、二手车评估委托书

---

① 指利用两种或两种以上的评估方法对车辆进行鉴定评估，并以它们评估结果的加权值为最终评估结果的方法。

② 特别事项是指在已确定评估结果的前提下，评估人员为需要说明在评估过程中已发现可能影响评估结论，但非评估人员执业水平和能力所能评定估算的有关事项以及其他问题。

二、二手车评估作业表

三、车辆行驶证、购置附加税（费）证复印件

四、鉴定估价师职业资格证书复印件

五、鉴定评估机构营业执照复印件

六、二手车照片（要求外观清晰，车辆牌照能够辨认）

注册二手车鉴定评估师（签字、盖章）　　　　复核人①（签字、盖章）

（二手车鉴定评估机构盖章）

年　月　日

①复核人须具有高级鉴定评估师资格。

备注：本报告书和作业表一式三份，委托方二份，受托方一份。

§9—3 评估小结

一、关于评估的方法

本书对二手车鉴定评估方法，只介绍了重置成本法、市场价格比较法和收益现值法三种，实际上评估还有许多种方法。由于二手车鉴定评估工作的专业性、复杂性、多变性，决定了评估方法和评估手段的多样性，这些评估方法和手段为鉴定评估人员提供了选择评估方法的空间和手段。

1. 评估方法的特点

无论哪一种评估方法的手段，从评估的实践中发现都有其共同特点，这就是：简单实用、方便快捷、可操作性强。

为了促进二手车市场的发展，规范二手车的鉴定评估工作，在10多年的实践中，有许多协会、汽车公司、二手车市场以及相关的业内人士在不断地研究和探索二手车的评估理论和方法，也总结了一些很新颖的评估方法和手段。例如，车辆检验千分表法、百分表法、10级评估法等。这些方法都是为了使二手车鉴定评估工作规范化、标准化，有的甚至还提供出标准评估单。这些研究和探索无疑对二手车鉴定评估工作的发展，起到积极的推动作用，应

该给予鼓励和肯定。我国二手车市场还在不断地深入发展，鉴定评估工作也会逐渐走向成熟，一定能找出更适合我国国情的鉴定评估的有效方法。

从10多年鉴定评估的教学培训和市场实践中发现，二手车鉴定评估的理论在不断地深入发展，评估方法则逐渐向简单实用、方便快捷、可操作性强的方向发展，只有具备这样特点的评估方法，才能受到评估人员的欢迎，也能被市场所接受。

从有些培训教材中介绍的评估方法来看，似乎很细致、客观，但是实践起来很繁杂，可操作性较差，费时费力，效率低下，不被评估人员所欢迎，也不被市场所认可。笔者曾试用千分表法来评估二手车。此法分为三个部分：静态检查共54项，分值555分；原地启动检查8项，分值264分；路试检查10项，分值181分。三部分总计检查项目72项，总分值1 000分。有的项目中还有子项目。例如，启动检查发动机一项中，还有“启动发动机”等6个子项目。因为鉴定评估要逐车进行，每车进行72大项的检查就颇费时间和精力，每项还要给出分值，工作十分繁杂，耗时费力，效率低。从评估的精确度来看，也值得商榷。例如，在静态检查中，其中有一大项是检查车身的B柱，若检查后判定为事故车，而该项分值仅为10分，只占整个分值的百分之一。对事故车来说，显然是不太合理。此外，可操作性也很欠缺。在静态检查中，各种按钮都要求检查一遍，而分值才1分，占整车的千分之一。若其中仅有一个按钮有故障，全车诸多按钮，1分的分值摊到每个按钮能有多少分值呢？可以说占整车的分值简直可以忽略不计。显然可操作性也较差。这样的评估方法要推广应用恐怕很难被评估人员接受，市场也不会认可。

据有关媒体报道，10级评分法是把被评估车辆的车况依次分为10级，车况最好的车辆为1级，往下依次降低级别。该法对被评估的车辆检测项目也达到100多项。该法自2009年报批，至今尚未批准推广，是否也存在上述问题，不得而知。

总之，对二手车的评估，不仅仅要考虑车辆的实体性损耗，还要恰当地考虑非实体性损耗。就是非实体性损耗，在对车况进行检查鉴定时，也要分清主次，不要捡了“芝麻”掉了“西瓜”，这在本书第四章第二节中已作了阐述。而对于非实体性损耗（即过去称之为无形损耗），有相当大的因素取决于评估师的实践经验和对二手车市场变化的把握程度，二手车的价值往往受到当时千变万化的市场情况所影响，这种影响还是很大的，而上述评估方法很难考虑进去这方面的影响。

2. 总结经验，不断探索新的评估方法

美国二手车评估已有80多年的历史，凭借其市场历年来积累的大量统计资料，美国二手车评估人员给予分析归纳，得到其变化规律，总结出了一整套评估方法。例如，在以旧换新进行所谓的置换时，凭借市场历年来大量的交易报告统计分析，得出具有代表性的参考价格表，形成二手车的“价格指南”。由于购买新车时，可以选装不同的配置，二手车价目表上又不可能罗列所有车型的价格，因此，在针对某一个具体的二手车评估其价格时，还要依据其已行驶的里程，选用有关配置设备的价值以及其车身情况，对“价格指南”中的价格进行调整，从而得出买主以旧换新时应付款数，并且指出比单纯购新车时要省付多少费用等。在实际的评估操作中，一般不需进行繁杂的计算，多以查表定价的方式进行。这些计算都在制表前已进行了。

我国的二手车评估也开始了有关的探索研究工作，如北京市二手车市场对各品牌车型进行保值率的跟踪研究；中国汽车流通协会和中车联信息技术中心对我国二手车价格进行了统计分析，并发布了二手车价格手册。此外，也有一些公司正在探索新的评估方法，并取得了突破性的进展和可喜的成效。例如，上海驰昊商务咨询有限公司与《中国汽车报》联合开发出了汽车价值指南。该指南综合考虑了车辆的生产年代、上牌时间、行驶里程、车辆技术状况、产品质量等因素，确定了车辆在“标准状态”下的二手车价值。

总之，随着二手车市场的发展，我国二手车评估人员将在不断的实践中，总结经验，分析研究，探索出符合我国实际情况的，操作起来简单、方便、实用、高效的评估方法。

二、关于评估的精确度

要使评估的价值与二手车客观存在的价值完全一致，是很难做到的。鉴定评估人员的责任是努力缩小这个差距，但也要实事求是。

从二手车鉴定评估实践中反映出的问题来分析，可以说二手车评估是一门不很精确的科学。评估中很多问题都无法用精确的理论和计算来解决。这是由于被评估对象的因果关系不确定性、复杂性、随机性以及市场的多变性所决定的。

1. 复杂性

从被评估的二手车来说，汽车本身的结构就十分复杂，一辆汽车一般要由 15 000 多个零、部件组成，这些零、部件的生产制造涉及各行各业，如冶金、塑料、橡胶、轻纺、化工、机械、电子、计算机等。所以，二手车评估是一门交叉学科，与许多技术、经济部门有着密切的关系。在二手车评估中，要对其寿命、技术状况和质量进行鉴定，都要用到相关的专业知识。还有许多评估参数的确定要涉及经济学领域，如会计学内容。由于影响因素多，关系复杂，要用一个确定性的模型解决每个零、部件的技术状况及其对价值的影响几乎是不可能的，只能近似地给予定量分析。

2. 因果关系的不确定性

在影响车辆的实体性损耗和非实体性损耗及其价值的因素中，其原因与产生的结果之间存在很大的不确定性。例如，对车辆的不良使用，没有按厂家的技术规范对车辆进行保养、维护；没有及时对空气滤清器进行清洗；进行了一次超载使用等，而这一次的不良使用会给发动机带来多大的损耗？其价值损失多少？给车辆带来多大损耗？对其价值会引起多大变化？这些都难以确定。所以，这种因果关系的不确定性，会给评估的精确度产生很大影响。

3. 随机性

汽车在使用中受很多因素的影响，而这些因素很多是随机发生的，有些是不可预见的。在车辆的生产制造中，使用材料的不均匀性、加工误差的不确定性、装配间隙的随机性等，都可能会使车辆产生缺陷。处理这些问题的方法都有局限性，从而影响评估结果的准确程度，产生评估误差。

4. 市场的多变性

市场是千变万化的，供求关系瞬息万变。供求关系的变化，必将引起商品的价格变化，这种变化当然会对二手车评估结果产生影响，这种影响，评估师没有丰富的实践经验，是很难把握的。

因此，二手车评估价只能是参考底价而非定价，这在评估人员的思想中，应非常明确。特别是在拍卖时，拍卖价与评估价相差甚远的情况时有发生，并不鲜见。这是正常的，而非评估人员的评估有什么问题。

我国在国有企业的改制、并购中，在管理层收购国有企业时，就曾多次出现“公说公有理，婆说婆有理”的尴尬场面。所以，不能着迷于评估定价，要从市场的角度，从买卖双方的立场来对待评估的价值，这样，才能比较理智和现实地看待这一问题。

三、关于评估与定损

1. 问题的提出

汽车的评估、定损、维修与销售是 4 个不同的职业，但它们有一个共同点，那就是工作的客体都是机动车，主要是汽车。由于客体相同，所以要界定它们就成了问题。特别是有关职业资格培训的内容，就有相互融合的地方。尽管如此，但它们毕竟是 4 个不同的职业，有本质上的区别，不能混淆。在市场上曾出现，冠名为《二手车鉴定评估》的培训教材，但从内容上看，大部分为二手车营销；也有的二手车鉴定评估的培训内容过于偏向汽车维修的内容，过分突出汽车的结构（包括专用车结构）、故障诊断和排除，而忽视鉴定评估的方法、实际操作和评估技巧等评估方面的内容。

在二手车鉴定评估培训中，也碰到过评估与定损不清的情况，现仅就评估与定损的问题进行探讨，一孔之见，仅供参考。

2. 定损与评估的区别

就目前职业标准而言，机动车鉴定评估与定损是两种职业，其工作目的、服务对象、工作内容、工作范围及深浅程度等都有区别。

车辆发生碰撞或其他事故，由交通管理部门认定责任方后，事故责任方需对车辆受损给予赔偿，若已投保，则由保险公司先行赔付。赔偿额度则需要根据事故造成的车辆损坏程度确认，一般需到有资质的定损点进行估损。定损点大都设在车辆修理水平较高、技术力量较强、技术装备较好的修理厂。

估损是按车辆损伤程度，计算使其修复需要的全部费用，包括材料、配件、工时、津贴、管理等各项费用。估损完后，需出具报告或有效证明等具有法律效应的文件。

但估损对车辆由于受损而产生的贬值、受损后对车辆寿命的影响及以后存在的安全隐患一般不给予评估。从下面一个索赔实例，就可看出估损与评估的区别了。

2006 年 7 月，北京市发生一起交通事故，引起很多车主的关注，其原因是这起事故除向责任方索要修理费外，还额外地通过上诉法院判决，索要车辆的贬值费 8 500 元。这是国内首例因交通事故索赔车辆贬值费的案例。

由于目前对索赔车辆贬值费没有相关的法规可以参考，法院只能以有关部门认定的、有资质的鉴定评估机构所进行的车辆贬值评估结果，作为法院判决索赔贬值额的依据。

此后，又一起事故，因同样的索赔也上诉到法院，这次索赔金额达 2.5 万元。看来，今后的交通事故责任方对车辆被撞后造成的贬值赔付，将成为一项重要的赔付内容。从今以后，汽车交通事故开始有了车辆贬值赔付，这也给评估师增加了一项新的评估内容。

因职业划分精细，定损师、评估师职业标准界定明确，估损由定损师进行，而车辆因事故造成的贬值，则由评估师认定。

定损和评估都是一种中介服务。

3. 评估与定损能否融合

评估工作无论从工作内容的广度和深度似乎都要比定损广而深。由上述案例看，从今后发展的角度出发，这两种职业是否能融合值得考虑。职业划分过于精细，会增加管理成本，提升管理费用，从而引起人力、物力、财力的浪费。在客观管理上有时从粗线条考虑反而更为有利。但评估与定损能否融合，这需要国家主管部门来决断。

§9—4　二手车鉴定评估实训

一、实训的目的

了解和掌握二手车鉴定评估三要点的内容，熟悉鉴定评估的操作步骤。

二、实训的内容

1. 有效凭证的查验

二手车鉴定评估时，必须查验有效证件和税费缴讫凭证。对车辆及其凭证核实查验的主要内容有以下几方面：

(1) 核实车辆的产权。查验委托方证明或居民身份证、购车的原始发票或其复印件、机动车行驶证等，据此核实车辆的产权和来历。

(2) 验车。查看车牌号、发动机号、车架号和车辆识别代号编码（即 VIN），看是否与行驶证上的一致。

(3) 验检。凡是到二手车市场来评估的车辆，应查验车辆行驶证副页检验栏目中，是否盖有检验专用章，填注的日期是否在有效期内。要坚持先检验后交易的原则。检验栏目中，主要是安全检测和排放检测的内容。

(4) 验税。查验需要评估的二手车，看其是否有购置附加税缴证凭证，查验是否缴纳了当年的车船税等。

(5) 验费。查验要评估的二手车是否交纳了交强险费。若为客、货运输车辆，应有交纳客、货运附加费的缴讫凭证等。在查验各种规费时，决不能马虎从事，也不能只听车主的口头承诺，必须一一过目，且要注意其有效期。

在进行上述检查时，要注意不得有遗漏。此外，还需注意凭证的真伪，若有疑问，必须认真查验清楚，或请专门机构帮助核实，确实无误后，方可放行。

2. 技术鉴定

(1) 静态检查

1) 认伪检查。认伪检查可从以下几个方面进行：

看外观：看汽车外观是否有重新喷过漆的痕迹，线条是否流畅，大面是否有凹凸不平。用手触摸，是否有不平整的感觉；车门或发动机盖与车身结合部，缝隙是否均匀，是否间隙的大小不一。

看内饰：看内饰的装饰材料表面而是否干净、平整。特别是内饰压条边沿是否有明显的手指印迹，或其他工具碾压过后留下的痕迹。

检查发动机：仔细查看线路、管路布置是井井有条，还是杂乱无章；发动机和其他零、部件是否有重新拆卸、安装过的痕迹。

2) 车身检查。车身检查的首要目的是看“伤”，即看有没有严重碰撞过的痕迹。装饰件是否脱落，或新旧不一；钣金件有无烧焊的痕迹。

检查车身锈蚀情况：主要查底板、防护板、窗框、水槽等。特别是底板边框往往锈蚀严重。

检查车身油漆脱落情况：首先检查风窗玻璃四周边缘油漆是否平整、有无皱折，有皱折，则说明该车已做过漆或翻新过。其次，要注意车身和车门等表面局部补灰情况，局部补灰的地方，表面光洁度有差别，反光不一样，或有明显的橘皮状。

检查车门：车门是否关闭严密、窗框是否变形、翘曲；门缝是否均匀、整齐；密封条是否老化、脱落；开关车门是否有不正常的响声，门锁开关是否有效等。

3) 发动机检查。打开发动机盖，若发动机表面灰头土脸，说明维护保养欠佳。检查机油油面，若油面过低，需查明原因，有可能机油窜入燃烧室烧掉了，说明缸套磨损过甚，引起气缸上油。起动发动机，若排气管有蓝烟冒出，表明此车需大修了。

结合机油检查，进一步查看气缸盖外有无漏油痕迹，若有大量油迹，则表明气缸垫损坏。

检查水箱，仔细查看水箱有无撞过的迹象，散热片是否焊过，若有烧焊，说明水箱被碰撞挤压过。水箱支架是否校正、更换过或有烧焊的痕迹，若有，说明汽车曾发生过碰撞事故。

4) 车辆底部检查。车辆底部检查要借助于地沟或举升机构进行。检查的主要内容有以下几方面：

检查三漏。看是否有漏油、漏水、漏气现象。检查底盘地板的锈蚀情况，看是否有焊接痕迹。

检查车架是否有弯扭变形以及断裂、锈蚀等损伤；螺栓、铆钉是否松动等。

检查前、后桥中的前、后车轴是否有变形、裂纹。

检查转向机构中的转向节臂、横直拉杆及球头销有无裂纹和损伤，球头销是否松旷，连接是否牢固可靠。

5）车厢内部和附属装置的检查。检查仪表盘是否是原装件，底部有无更换过的痕迹。抄录下行驶里程表数作为评估的参考参数。

查看顶棚是否开裂，地板或地板胶是否有残损，揭开地板胶，看底板是否生锈或潮湿。

打开行李箱盖，看有无烧焊的痕迹，若有则说明发生过碰撞事故。看备胎、随车工具是否齐全。

6）轮胎的检查。尤其是高档乘用车或大型货车，轮胎价值较高。汽车在使用中，轮胎的磨损、破裂和割伤用目测就可发现。轮胎的胎面和胎壁上不得有长度超过 25 mm，深度足以暴露出轮胎帘布层的破裂和割伤，否则容易引起爆裂。

（2）动态检查

1）发动机无负荷工况检查

①发动机启动性能检查。启动发动机，看是否容易启动，是否工作良好。启动一般不应超过 3 次，每次不超过 10 s。

②无负荷工况检查。启动发动机，使其处于怠速运输状态，然后听其运转的声音，若有杂音，说明机件严重磨损。看是否运转平稳，怠速时，车头越静、越稳则越好。

启动后，待水温、油温正常后，检查其加速的灵敏性。从怠状态猛踩加速踏板，看发动机从低速到高速的反应灵敏性。然后猛松加速踏板，看是否会出现怠速熄火。

最后看排气烟色是否正常，若排气为蓝色，说明机油窜入气缸的燃烧室内，缸内有机油燃烧，这说明活塞、气缸套磨损过甚，配合间隙过大所致。

2）路试检查。在有条件的情况下，可进行路试检查，但一定要注意安全。一般进行 15～20 min。

①路试检查的项目：

a. 动力性检查。由原地起步，做加速行驶。如果猛踩加速踏板后，提速快，则说明加速性能好。高速行驶时，看是否能达到额定的最高时速，做爬坡试验，看爬坡是否有劲。若出现提速慢，未达到厂定的额定的最高时速，上坡无力，则说明该车动力性较差。

b. 检查制动性。起步后，加速到 50 km/h，迅速将制动踏板踩到底，看汽车能否立即减速、停车，有无跑偏、甩尾现象。制动距离是否符合标准。

c. 滑行试验。在平坦的路面上，将汽车运行到 50 km/h 时，踩下离合器踏板，并将变速器摘入空挡，让汽车滑行，根据滑行的距离，来评价汽车传动系的传动效率的高低。滑行距离越长，传动效率越高；否则，为低。

②路试后的检查。路试后应检查一下油、水温度。正常的机油温度为 95℃，水温为 80～90℃，齿轮油的温度不应高于 85℃。

3. 价值评估

在技术鉴定后，根据评估的目的，选择相应的评估方法进行评估。一般交易类业务多采用重置成本法进行评估。

三、操作步骤

现以奔驰 GL450 型轿车为例（见图 9—1）进行评估。

1. 了解情况

图 9—1　奔驰 GL450 型轿车

评估师与车主交谈，了解二手车的情况，并记录在案。

评估车型：奔驰 GL450，发动机排量 4.6 升，V8 汽油发动机。

初次登记日：2008 年 9 月。

行驶里程：31 000 km。

工作性质：家用。

工作条件：北京市，道路条件很好。

评估时间：2010 年 9 月。

新车的包牌价：160 万元。

2. 现场手续检查、核对实物

购置附加费正常缴纳并有效。

车船税缴纳至 2010 年。

保险费：全部保险到 2010 年 12 月。

车检正常、有效。

登记证和发票正规有效。

其他手续齐全有效。

核对产权、证照均与实物相符合。

3. 对车辆进行技术状况的鉴定

（1）静态检查。该车属高档轿车，使用了 2 年，行驶 31 000 km，使用强度正常，工作条件很好，车辆整体外观良好。全车油漆颜色基本正常，左前侧有轻微的划痕修复，右前侧翼子板有更换痕迹。车门开合良好。车架连接部分良好，没有碰撞修复的痕迹。发动机舱内线路正常，发动机和变速器良好，结合顺利。

（2）动态检查。车辆启动后，发动机噪声很低，运转安静，抖动不明显，怠速很稳定；自动升降底盘工作良好；全车电子设备工作正常。行驶过程中，车辆的变速器结合动力平顺，没有迟钝的感觉，油耗显示 17 L/100 km；转向精确，制动性能良好。

4. 价值评估

车主因出国而出售此车，评估该车，属交易类评估业务，所以宜采用重置成本法评估其价值。

对于奔驰 GL 系列车型，目前购买进的数量不大，而市场需求量相对较大。市场目前的主要竞争对手是路虎揽胜、保时捷卡宴等车型。所以，在估算成新率中，该车已使用 2 年，共 24 个月，规定使用年限为 15 年，共 180 个月，根据上述情况，综合调整系数确定为 0.84，则成新率计算为：

$$\gamma = \left(1-\frac{24}{180}\right) \times 0.84 \times 100\% = 72.8\%$$

根据该车的重置成本 160 万元。故该车的评估价值为：

$$P = R\gamma = 160 \times 72.8\% = 116.48\text{（万元）}$$

5. 填写好鉴定评估作业表

鉴定评估作业表按本章“二手车评估作业表”格式逐一填写，不得有遗漏。

四、实训练习

1. 现有一辆吉利美日运动版汽车，于 2008 年 10 月需进行置换。这辆白色车于 2003 年 11 月登记上牌，当时购置价为 5.2 万元。此车型号编制为数字“6”，而非“7”，虽为轿车型，但吉利给的类别号为“6”。该车已行驶 55 000 km，维护保养较好，技术状况良好。车主在购车后，认为该车的漆较薄，所以补过漆，并对发动机进行过改装，加了一根平衡杆。评估时，若市场吉利美日的新车价为 3.8 万元，试评估此车的价格?

提示：此题的重点不在于评估的结果，而在于全面地考虑影响评估价值的各种因素，使学员得到实际的锻炼。

2. 一辆家用轿车，购于 1997 年 10 月，其原始成本为 15 万元，2002 年 10 月对其进行评估。2002 年该车的市场售价为 12 万元。用重置成本法进行评估，若综合调整系数取为 0.9。

（1）按原规定使用年限为 10 年计算，其评估值为：

$$P_1 = 12 \times \left(1-\frac{5}{10}\right) \times 0.9 = 5.4\text{（万元）}$$

（2）2000 年“汽车报废标准”调整后，其规定使用年限为 15 年了，所以其评估值就变为：

$$P_2 = 12 \times \left(1-\frac{5}{15}\right) \times 0.9 = 7.2\text{（万元）}$$

（3）“汽车报废标准”调整前、后，该车的评估价值相差：

$$P_2 - P_1 = 7.2 - 5.4 = 1.8\text{（万元）}$$

（4）由于市场行情没有太大变化，但《汽车报废标准》调整前后的评估值差别较大。为了解决评估值相差较大的问题，就考虑了一个市场波动因素的系数，从而使调整前后的评估值不变。这个市场波动因素系数取 0.75。从而对评估值 P_2 修正为：

$$P=P_2\times0.75=7.2\times0.75=5.4\text{（万元）}$$

修正后的评估值 P 与调整前的 P_1 一样，从而反映了该车真实的市场价值。

试问：

(1) 从纯计算的角度分析，上述 P_1、P_2、P 的计算有无问题？

(2) 这样进行的评估是“对”还是“错”？为什么？

提示：本题是取自高级评估师培训资料“鉴定评估理论与实务”中的一个评估实例。重点是回答第二问的内容。

第十章　二手车交易市场

作为二手车鉴定评估人员，不仅需要掌握二手车鉴定评估的基本理论、方法和评估的技巧，还需要对二手车市场的发展状况及其特点有一个全面的了解。只有充分了解了我国二手车市场的发展情况，才能把二手车鉴定评估工作做好。因为二手车市场行情的变化，会直接影响对二手车评估的结果，二手车价值评估的准确度，很大成分取决于评估师对二手车市场变化的把握程度。

§10—1　二手车市场的形成与发展

一、从“旧车折价”说起

美国最大的汽车工业公司——通用汽车公司的第八任总裁阿尔弗雷德·斯隆，被认为是通用汽车公司历史上贡献最大的总裁，在1924年出任公司总裁后不久，就提出了著名的“销售四原则”。即“分期付款、旧车折价、年年换代、密封车身”四条销售原则。根据这四条原则，通用公司迅速拉开了产品的档次，以适应不同顾客的需求，从而从根本上挽救了濒临绝境的通用汽车公司，并使之走上健康发展的道路。从1928年至今，通用公司一直是美国和世界上最大的汽车工业公司。

销售四原则中的“旧车折价”就是所谓的置换和二手车收购。这条原则不仅减轻了顾客买新车时经济上的负担，而且延伸了产业链条，扩展了汽车产业的下游产业链条，扩大了下游产业的利润空间，开辟了汽车产业新的服务系统，使汽车产业增加了金融服务、二手车服务的内容。

斯隆前瞻性地洞察到了当时汽车产业的发展方向。到1926年，当时世界汽车的保有量达2 000万辆，大部分汽车在美国本土，这些汽车新旧杂陈，然而最后都免不了转手出卖。为此，二手车便夺去了被福特公司统治了近20年之久的廉价汽车市场，并使后来任何廉价的汽车制造商无法与二手车的价格竞争。此外，这时人们开始认识到汽车不仅是一种交通工具，而且还是财富和地位的象征，也是健康文明生活不可缺少的一种基本日常需求。

随着美国公众所拥有的汽车数量日益增多，以旧换新的交易自然兴旺起来。置换来的二手车除少数已达到使用寿命期，需报废外，大多只要稍加维护保养或修理、换件，仍可继续使用。为此，汽车经销商可从收旧卖新的经销过程中，获得更大的利润。经销商乐此不疲，从而使二手车市场迅速发展起来。与此同时，以旧换新的竞争也越来越激烈。竞争的结果使二手车的消费者得到更多的实惠。最终，二手车的销售和新车销售一样，消费者可享受到售后服务、配件供应、质量保证等优惠服务。

斯隆这四条销售原则的实施，开辟了二手车销售的先河。从此二手车市场就迅猛发展起来。目前，在发达国家，二手车的销售量和利润额均成倍地超过新车的销售量和利润额。

二、二手车市场的需求

早在 20 世纪 20 年代，斯隆就已看出二手车的市场机会，提出“旧车折价”的销售原则，以便以旧换新，从而开创了二手车市场的先河。市场经济就是这样，凡是消费者未能满足的需求，就是市场机会，寻找市场机会，首先就要分析市场，准确地把握住市场机会，积极进入该市场，从而获得丰厚的利润。

目前世界汽车保有量超过 7 亿多辆，在西方发达国家，汽车的保有量多则上亿辆，少则千万辆。美国汽车保有量就达 2.4 亿多辆，所产生的二手车数量也是很大的。在这样的一些国家，一般中产阶级以下的消费者大都以购买二手车为主。二手车的价格通常不足新车价格的 1/2，而且这类车还能可靠地使用 3～4 年之久。使用后的贬值率要比新车小得多，若再转手卖掉，还可卖到新车价格的 20%左右。这样再转手卖掉的二手车，大多流向收入很低或者没有收入的人群。在美国和日本，主流二手车的价格大概折合人民币约 2 万元左右，比新车要便宜得多。正因为二手车很便宜，在日本可看到很多五六成新的车，作报废处理。因此，二手车是学生或年轻的驾车新手的理想选择。在美国和德国，有时会碰到车主把自己用过的车，白送给人，不要一分钱，但过户手续需要收车的人自己去办理。在国外办理过户手续是件很方便的事情。

在工业发达国家，二手车年交易量是新车的 2～3 倍。交易量极大，需求一直很旺盛。

我国是个人口大国，我国的机动车保有量已达 1.24 亿辆，据公安部交通管理局统计，至 2009 年底，我国汽车保有量达 7 619.31 万辆。目前我国汽车的保有量已超过8 000万辆。随着汽车保有量的增加，二手车市场的需求也是逐年增加，特别是像北京、广州这样的大型城市，二手车市场的发展很快。2009 年北京二手车的年销售量已达到新车年销量的2/3，而且发展势头不减。2010 年北京的汽车保有量接近 500 万辆（实际约为 480 万辆），但在 2011 年，北京机动车年增量实施总量控制，一年汽车的发牌号数，控制在 24 万辆左右。这有可能影响二手车进入市场的数量，二手车的增量将受到一定影响。北京市民购买二手车的热情将会下降，据有关媒体报道，机动车总量控制对高档二手车的影响很小。2011 年春节过后，尤其是进入 2 月中下旬，北京花乡二手车市场的人气开始提升，外省市中间商大量进入二手车市场，其中有新车经销商、二手车经纪公司以及相关的商业团队，他们了解到北京汽车实施总量控制后，二手车出现价格变化，其中有相当大的“利差”可以获得，因此蜂拥至北京。其中山东、河北、东北三省、内蒙古、山西客户居多，西北、华南地区客户也逐渐增多。

此外，外省市的个体消费者，也纷纷来京，他们都认为北京的二手车市场规范、二手车质量比较好，因此都借此机会直接到北京来购买二手车。

其实在实行总量控制之前，北京的二手车也有相当一部分销售到周边各省的中、小城市和乡村。据查，辽宁和河南有些地区就有专门的二手车采购团体，常驻北京二手车市场，成批采购二手车到相关地区去销售，从而获得不菲的利润。上海也一样，远郊区和周边城市是二手车销售的热点地区。杭州就有采购团常驻上海，成批采购不带牌照的二手车到浙江各地去销售，在销售地重新上牌，投入使用，也有不少二手车销往江苏北部，安徽省的中、小城市和乡镇。

从上述情况可知，我国公民消费水平有很大的地域性差异，这是符合我国目前经济发展的实际情况的。我国目前还存在城乡之间，大城市与中、小城市之间，东、西部之间的区域性经济发展差异，居民的收入水平和消费水平也存在同样的梯度性差异。我国居民对汽车的需求是极旺盛的，需求是多层次的。二手车降低了居民的消费门槛，能满足城乡和地域不同居民的多档次、多品种、低价位的消费需求。

从总体上来看，我国居民收入水平还不高，汽车更新的周期还比较长。《汽车报废标准》规定居民生活用车可使用15年。因此，二手车周转期较长，购买二手车的机会就多。另一方面，由于我国汽车总的保有量还不多，造成二手车车源有限，从总体上来说，二手车还处于供不应求的状态，结果导致二手车市场价格比发达国家高出许多，但二手车的交易价格有逐年下降的趋势，这是正常的。

目前，全国二手车的销售量还仅为新车销售量的1/4～1/3，仅北京和上海两地已超过1/2。但可预测，在不久的将来，全国二手车的销售量可望达到新车销售量的1/2。

三、国外二手车市场的特点

二手车交易业务是汽车产业链最重要的组成部分之一，同时二手车交易也是一个可持续发展的产业，同样能创造大量的就业机会。二手车交易市场的繁荣程度是一个国家汽车流通领域是否发达成熟的重要标志。汽车市场越发达的国家和地区，二手车交易也越活跃，二手车交易量均超过新车销售量。一般来说，一个国家二手车交易市场的成熟程度与这个国家经济体制、经济发展水平、汽车工业的发展水平和汽车的保有量、交通管理政策、社会文化背景都有很大关系。

纵观美国、日本、德国、法国和韩国等汽车生产大国二手车交易市场的情况，可以看出这些国家由于汽车工业高度发达，汽车保有量很大，因而二手车交易量也很大，二手车市场的发育也很成熟，相关政策健全、完善，如拥有健全的中介组织、完善的税收政策、方便的转籍过户、科学的鉴定评估等。而二手车交易利润高、数量大、价格低，发展潜力大，经营方式灵活多样，售后服务规范，政府管理，行业自律等也即成为其主要特点。

1. 二手车交易量大，价格低廉

美国号称是装在轮子上的国家，是汽车生产销售大国。美国总人口超过3亿，汽车保有量达2.4亿辆，2010年，由于受金融危机的影响，汽车交易量接近3 500万辆，其中新车销售量约为900万辆，二手车销售量约为2 600万辆，两者之比约为1：2.9。

日本每年销售新车约600万辆，二手车销售量也超过新车销售量。每年还向海外输出

36 万辆二手车，其中 10 万辆销往新西兰、俄罗斯等国。

德国、英国和法国的情况也基本类似，二手车的交易量均超过新车交易量的一倍多。英国二手车销售量占新、旧汽车总交易量的 70%。瑞士日内瓦年新车销售量约 28 万辆，而二手车交易量则达 56 万辆。

西方工业发达国家，二手车价格普遍低廉，但利润却远远超过新车。一般来说，二手车利润在 10%～15%，而新车利润则只有 5%～10%。发达国家二手车交易之所以活跃，交易量大，利润较高，主要还是因其价格低廉。在新西兰一辆使用 3～4 年、行驶里程 10 万公里的日产高级轿车，其价格不足人民币 2 万元，过户和印花税也分别只相当于 25 元人民币和车价的 4%。在德国出售一辆高档配置的使用不到两年半的帕萨特二手车，其价格为新车的一半。在英国买二手车是很普通的事情，二手车价一般在 300～5 000 英镑不等。而适合一个普通家庭的二手车，其价格则在 2 000 英镑左右。

在工业发达国家，汽车更新周期短，换车频率高，二手车供应量大，一般均大于需求量，这便是二手车售价低的一个重要原因。另外，这些国家的大部分人卖车并不是因为养不起车，在普遍比较殷实富足的情况下，要卖的车相对于收入或其他资产来说不算特别贵重，人们并不十分在意以相当低的价格委托给经销商，这就是经销商获得较高利润，而二手车的价格比较低的又一重要原因。此外，在出手的二手车使用时间均不太长，技术状态均比较好，且路况好，保养规范，没有假冒伪劣的配件，法定安全标准有保障的情况下，物美价廉的二手车自然就大行其道了。

2. 经营方式多样，购车方便

为了降低经营成本，增加交易量，尽可能减少交易的中间环节，以方便顾客，满足消费者的需求，二手车的经营方式多种多样，灵活方便。其经营方式有品牌专卖、连锁经营、旧车专营、拍卖、二手车超市等多种形式。其交易方式有直接销售、收购、代销、拍卖、置换等，交易手段灵活方便，每个国家均有自己的特色。

(1) 日本的二手车经营方式

在日本，多数二手车是通过经销商完成销售的，一时尚未出手的二手车，经销商会通过拍卖的方式或直接交易的方式，将其转手给其他地区的经销商，从而加快了二手车在市场上的流通，有利于资金的周转，降低了经营的风险。

(2) 韩国的二手车经营方式

与日本的二手车经营方式相比，韩国二手车市场最大不同之处是新车销售和旧车买卖分开，新、旧车辆买卖互不相干。韩国二手车交易以“拍卖市场”为主。信誉极高的二手车拍卖市场，为消费者购买二手车提供了多种方便的服务。正规的二手车拍卖市场建立了一整套完整的二手车鉴定评估系统，使顾客在购车时，对二手车的情况有所了解，做到心中有数。在拍卖市场中购买二手车，手续简便，不必耗费大量的时间和精力与车主或经销商讨价还价，顾客购车后，拍卖市场还会为其提供一定时间的免费维修服务。车主在此处卖车也很方便，只要给拍卖市场打一个电话，拍卖市场就会派专人来把车开走，车主只要在规定的时间内到拍卖市场去直接参与拍卖即可。如果还觉得参加拍卖太麻烦，车主可通过拍卖市场与经销商协商，将车卖给拍卖市场。

拍卖时，拍卖市场会将拍卖车的各种信息通过大屏幕介绍给顾客，顾客可通过与计算机相连的投标机参与投标。现代和起亚汽车的拍卖市场，设施更加完善齐全，顾客能够现场见到二手车，也可观看录像，了解汽车的品质、性能和行驶状况等。

(3) 美国的二手车经营方式

美国二手车的销售有多种渠道，价格也不一样。总括起来不外乎有：

1）大的经销商。这些经销商都有良好的仪器设备和训练有素的维修保养技师，能对二手车进行检测、维修。且它们都有大众认可的企业形象，诚信度高，但二手车价格也较高。

2）二手车连锁店。其出售的二手车也经过一些最基本的维修，价格稍低一些，也能提供一段时间的维修服务。

3）二手车销售点。销售点比连锁店小，在这儿买车可以试车，也可以进行检测，但成交后不提供任何保证，所以价格比前两种销售形式要更便宜。

4）刊登卖车广告。这种方式能吸引更多的买主，所以往往能卖个好价钱。但买车的风险较大，顾客应具有一定的专业知识。因为什么样的车都有，看不出车辆存在的隐患，就容易上当受骗，买车风险较大。

5）报废汽车厂销售。美国的汽车报废厂也可翻新一些车况较好的二手车来销售，这在我国是绝对不允许的。这样的车相当便宜，几百美元就可买一辆，当然也没有任何的售后服务和保证。刚到美国的留学生，多半购买这样的车，以解决交通的问题，这不是主流二手车的流通方式。

(4) 澳大利亚的二手车经营方式

澳大利亚二手车交易很发达，二手车价格便宜。从市场拿一张免费报纸，光私人转让的二手车广告就有好几版。价格从500澳元到20 000澳元的都有。一般来说，澳大利亚二手车市场分三大块：

1）品牌专卖店同时经营自己品牌的二手车。这些二手车大多还很新，车况较好，行驶10万公里以下，买后可以享受类似新车的质量保证。

2）专门的二手车经销商。二手车经销商大都有自己的经营场所，二手车就停放在场内，场地无围墙，24小时供顾客看车。在每辆车的前窗玻璃上，都贴有价格，销售人员会热情打招呼，向买主作介绍。在这里，二手车就像普通商品一样，买后可享受一定的质量保证，一般可保修1～3年。当然价格要比从私人手里买的贵许多。

3）私人销售二手车。这是澳大利亚真正的最大二手车车源。所有车主都可以直接销售自己的二手车。个人可在专门的二手车报纸、网站和相应媒体上发布广告信息，感兴趣的买主，可直接与卖家联系看车、试车，可以讲价，也可通过官方车管机构调查一下该车是否有不良历史。卖主根据法律要求，必须提供车辆的检测证明。该证明可以由具备资格的修理行提供，修理行的检验员很敬业。检测项目通常包括制动、轮胎、尾气、安全带、灯光、雨刷等，不合格的项目不签字。如果买主使用后出现问题去投诉，检验员就要被吊销执照，店主也要受重罚，所以，他们绝对不敢弄虚作假，欺骗买主。

有了检验证明，填好过户表格，双方就可以去车管所办手续了。交易费是交易价格的4%。一般卖方都会同意把申报的交易价格填低一点，可为买方省点“银子”。但胆子也不会太大，写的太低了，怕有麻烦，怕吃官司。从卖主手中出售的二手车大都一次性交易，没有额外的质量保证。但只要买车时仔细验车，就不会有太大问题。一般可以非常低廉的价格买到一辆物美价廉的二手车。

3. 市场规范有序

为了保护消费者的权益，避免消费者在二手车交易中上当受骗，带来损失，各国政府都制定了有关二手车的交易法规。

日本有《旧货经营法》来规范旧货交易，二手车交易属于旧货交易，需遵循这一法律。按照《旧货经营法》的规定，经营二手车业务，必须得到当地公安部门的许可，并要求在经营场所张榜标识，对交易活动必须做出记录，以便查询，且要存档保留 3 年。经营管理人员需有 3 年以上的工作经验，能够辨识非法车辆，且能核实二手车的来源。若发现二手车来历有问题，要及时向有关部门报告。在经营二手车的过程中，一旦发现有顾客上当受骗的事情，就会张榜公布，并对二手车经营者给予严厉处罚。2001 年 4 月日本又开始实施《消费者合同法》，该法规定，若二手车经营者有不当行为，就要承担相应的法律责任。例如，消费者购买到一辆事故车，在购买时不知情，年检时才发现，消费者就可要求经营者赔偿。

澳大利亚对二手车的经营管理有极严格的规定。二手车经营企业的资质由政府管理和审批，并且每年还要进行年审。特别对进口的二手车有严格的质量标准和修复行驶的标准，并有一套具体的检测措施。二手车由政府指定的车行进行检测，否则不准出售。

澳大利亚汽车行业的中介组织十分发达，皇家汽车俱乐部是全国最有权威、影响最大的中介组织，已有 75 年的历史，向会员提供全方位的服务，例如汽车检测、二手车质量和价格的评估、法律咨询、保险和道路救援等，并可帮助会员向政府游说，按会员的要求来调整相关政策，同时还可受理客户的投诉。

关于二手车的鉴定评估，发达国家二手车交易市场具有完善的检测、维修设备和配件供应，普遍采用计算机管理和科学定价的方法，其鉴定评估已进入网络化、信息化、产业化阶段。欧美国家大都有专门的二手车鉴定评估部门，根据汽车的行情，结合车况，向社会定期公布各类车型的市场价格、技术状况、行驶里程、维修经历等信息，给消费者一个科学鉴定评估的标准，从而提高消费者对二手车的信任度，达到活跃二手车流通、繁荣二手车市场的目的。在澳大利亚设有专门的鉴定评估部门，在大学里，还设置了二手车鉴定评估课程，开展这方面的培训。

4. 售后服务完善

国外一般通过制定法规或通过行业协会和品牌汽车制造商来管理、规范经营行为，保证出售二手车的质量，并制定有关的服务标准，使消费者在一定期限内，享受到与新车基本相同的售后服务。

在美国已普及网上销售二手车，凡在网上销售的二手车都已进行过综合检测，消费者只要登录有关网站查询，对二手车的技术状况、性能等情况就一目了然，购买后，可享受一定的质量保证期。消费者还可自己选定取车地点，在发出订购指令后，48小时内到指定经销商处试车。若消费者对已购二手车感到不满意，那么在确认车辆未遭损坏且行驶不足500 km或购车不满3天的情况下，可全额退款。

英国二手车交易售后服务保障体系十分健全，二手车和新车一样，车行都要为出售的二手车提供质量担保，承诺在一定时间或行驶一定英里数内对车免费保修。新车保修期一般为3年，二手车根据品牌不同有所区别，一般可保修1～2年。免费保修期满后，仍可办理继续保修，但要支付保修费用。保修费可高可低，由车主自行选择，但保修的项目和内容不同。车行将会对该车进行检测，作出评估，然后根据车主的意愿，收取不同的保修费，根据保修时间的长短，提供保养“菜单”。例如，车主交100英镑保修一年，在办理保修后的一年内，该车免费在该车行维修、保养。但若要更换不在规定内的零、部件则需另行付费。双方完全自愿，明明白白消费，消费者少了后顾之忧。

在日本，每辆二手车均可享受1年或2.5万公里的售后服务。如果购车人买后感到不满意，也可在10天内，或行驶里程不超过500 km时退货。

新西兰规定，各经销商出售二手车，要给客户500 km的质量保证，在质量担保期内，出现故障，可免费维修或退货。在维修期间，还可提供代用车辆，以免耽误车主的工作。

5. 采取各种办法处理和预防违规行为

不管上述介绍的如何规范有序，由于市场经济的固有特性，出售者受利益的驱动，也存在着违规交易现象。二手车的交易中，主要有以下违规行为：

(1) 买卖双方信息不对称

经销商为了获得更高的利润，往往向消费者提供虚假信息。这其中有故意向消费者隐瞒二手车存在的问题，如隐瞒车辆曾经发生过事故或经修理过，从而蒙骗消费者。也有的经销商自己也未弄清楚，也没有经过仔细检查和检测，就信口开河，误导消费者。这样的情况，也时有发生。应该说，二手车原车主对车况是最清楚的，应在出售时，有责任如实反映和填写出车辆的技术状态和使用维修情况，不应有任何隐瞒和欺诈行为。但实际情况是车主也想卖个好价钱。

所以，现在二手车市场一般均有购销合同，在合同条款中，规定车主应如实地把车的状况填写清楚。若在成交后，发现有不实之处，应负相关责任，以保证购销双方对车辆的信息对称，这也是公平市场交易中的起码原则。

(2) 改动行驶里程表的里程数

在二手车交易中，国外也有私下调小里程表中的行驶里程数，以隐瞒车况，提高售价，从中牟利的情况。由于改动里程表的里程数较隐蔽，在实际交易中，真正被查出的较少，这是因为要取得证据非常困难。所以，二手车经销商和车主将其作为一种获利方式，往往心照不宜。在日本的二手车消费投诉中，改动里程表计数的投诉约占 1/3。

为了防止里程表计数被改动，日本也出台过一些管理办法，经多次修改后，于 2004 年 1 月日本交通省决定，利用机动车年检的机会，要把里程表的计数在车检证上进行登记。这样就从根本上阻止了改动表的不法行为，收效较显著。

在德国偷改汽车里程表计数的不法行为也屡见不鲜。据统计，有 10%～30%的二手车里程表的计数被做过手脚。德国目前主要是通过立法手段来制止这种不法行为。2005 年 4 月，德国联邦政府的交通部和法律部，向联邦政府提出修改道路交通法的动议，要求给改汽车里程表计数的人，最长判刑一年或罚款。如果维修厂受人委托改动里程表计数，则将受到更严厉的处罚。这种处罚仅指改动里程表的计数，若为此而非法获利，则还要另行处罚。

如何从根本上来遏止偷改汽车里程表计数的不法行为，从技术层面上来说，可采取技术保全措施。德国西门子公司下属的汽车仪器仪表公司就提出，汽车行驶里程在存入里程表的同时，也将数据秘密地存储到汽车其他电控系统中，如 ABS 系统中。从这些系统中读取行驶里程数时，必须使用专门设备，对不同的车型，行驶里程隐含的地方各异，这就使偷改里程计数更加困难。双管齐下，就有可能有效遏止这种不法行为。

四、国内二手车市场

随着改革开放的不断深入，我国人民群众的收入水平不断提高，汽车消费的主体阶层——中产阶层不断壮大，汽车销量逐年攀升，汽车保有量迅速增加。我国逐步进入频繁换车阶段。二手车交易日趋活跃，二手车市场也将从北京、上海、广州这样的大城市，向中、小城市稳步推进。

但我国汽车保有量还远未达到饱和状态，汽车进入家庭的时间还不长，大多数家庭还是刚刚购买了第一辆车，绝大多数还未到换车的时候，二手车市场出现井喷式增长尚需时日。然而，二手车市场仍然蕴涵着巨大的增长潜力，我国二手车市场将会在未来几年内进入高速增长阶段。2010 年我国的新车销售量达 1 300 万辆，汽车的产、销量已跃居世界第一，成为世界汽车生产销售大国，但还不是汽车强国。这一年二手车的销售量也创新高，达到 430 多万辆，新、旧汽车的销量比例约为 3∶1。显然，与国外经济发达的国家相比，还有巨大的差距，但今后的发展潜力很大。北京在 2009 年，新车与二手车销量比约为 3∶2，远高于全国平均水平。但到 2010 年，由于受拉动内需的利好政策鼓励，新车销售量呈井喷式发展，年销售量近 100 万辆。相比之下，二手车的销量虽有增长，但增速不如新车大。所以，新车与二手车销量比略有下降。据统计，我国二手车销售量排前 10 名的省、自治区、直辖市为：北京、上海、广东、浙江、山东、河南、辽宁、福建、云南、新疆。可以看出，由于二手车价格较新车低廉，一些经济欠发达的中、西部地区，二手车销量也很看好，二手车很适合中低收入的消费群体。

我国二手车市场新的竞争态势逐渐形成，交易形式由集中交易模式向多元化主体经营模式转变，新老经营主体通过各种途径不断提升服务质量，以适应不断变化的市场需求。国家有关部委一系列有利于二手车市场规范发展的政策相继出台，二手车行业组织日渐成熟，都昭示我国二手车市场迈入了新的发展阶段，二手车市场要比新车更具拓展空间。

尽管如此，我国二手车交易还不很完善。由于技术性较强，业务构成较复杂，涉及的部门较多，从整体上看，我国二手车交易市场还存在发展水平偏低，交易量不大，价格偏高，交易功能单一，不够灵活，鉴定评估水平较低，缺乏整体的评估体系，流通领域缺乏健全的法规和科学的管理体系等问题。

1. 交易量较小，价格偏高

我国经济发展水平还不很高，远没有达到 3～5 年就换一次车的水平。规定的汽车报废年限较长。种种原因导致进入二手车市场的汽车总量有限。相反，市场需求却较旺盛。特别是年轻人，对拥有一辆自驾车有着强烈的愿望。全国目前尚有 1 000 多万持有驾照而无车开的人，其中绝大多数是青年人。若干年后，也许汽车会像目前的手机一样普及。由于需求旺盛，二手车价格自然就会偏高。

二手车价偏高，利润空间就较大，利润较丰厚。目前经营新车的利润一般在 10%以下(其中还包括汽车制造商返还的部分钱款)，低的只有 3%～5%。而二手车一般的经营利润均在 10%以上，有的达 20%，甚至更多。

2. 经营模式开始转变，但交易功能单一，且不够灵活

近来，国家有关部委发布了一系列有利于规范二手车市场的政策法规，从而打破了过去经营主体单一的模式，而向经营主体多元化格局转变。一批新车制造商、新车销售商，纷纷下海试水二手车经营业务，并且在注重品牌效应、连锁经营、售后服务等更高层面上开始了规模化经营的尝试。新车经销商直接在二手车市场摆摊设点，或与二手车交易市场、经纪公司联手参与二手车经营活动。各地拍卖企业也纷纷尝试进行二手车实地拍卖和网络拍卖，都取得了满意的效果。国际知名二手车交易企业也跃跃欲试进入我国二手车市场。一个以二手车交易市场、二手车经纪公司为传统力量，二手车经营、二手车拍卖、二手车置换等众多新兴主体参与的多元化二手车经营格局已初步形成，实现了经营主体由单一模式向多元化经营格局的转换。

尽管二手车经营格局发生了变化，但经营范围较窄，功能单一，经营方式也不够灵活的情况，尚无大的变化。多数二手车交易市场仅局限于提供场地，办理手续，粗略地评估，收取评估费和交易费，功能过于单一。缺乏现代经营手段，二手车交易市场的功能作用远未挖掘和发挥。各地的二手车交易仍以代理为主，而收购、寄售、代销、租赁、拍卖等多种经营方式尚未普遍开展。至于跨地区的流通网络更是严重滞后，信息不畅。今后必须努力拓宽服务领域，延伸服务产业链，变单一功能为多环节的一条龙服务。给企业找到新的利润增长点，为二手车交易市场在新的形势下，实现可持续发展，提供新的思路和支撑点。

3. 评估质量不高，缺乏市场认可的评估体系

为了使二手车鉴定评估更加公开、透明，维护交易双方权益，根据有关文件，各地相继成立了一批专业的鉴定评估机构，对评估师也进行了专业培训。但是，评估师的执业水平参差不齐，甚至良莠不分，差别很大。有的甚至还是“拍脑子”评估，评估结果缺乏科学依

据，也与现实的市场情况相背，难以为公平的市场交易提供价值尺度。评估师培训内容，也变化不大，缺乏与时俱进的精神，没有很好地去总结经验，跟踪市场，研究深化鉴定评估的理论、方法和技巧。

4. 需要尽快建立健全二手车流通的相关法律法规

2005 年我国相继出台了《汽车贸易政策》和《二手车流通管理办法》等相关法规，对规范二手车市场，将起重要作用。但也应看到，我国二手车市场在流通管理上相对滞后，与二手车市场高速发展之间的矛盾仍很突出。虽然管理办法已出台，制定了二手车交易专用发票，从宏观上解决了放开经营，搞活市场的问题。但是企业在具体操作过程中，还会遇到各种各样的问题。建立一个顺畅高效的二手车流通体系，健全二手车流通管理法规体系，进行科学管理，营造出一个健康有序的市场环境，恐怕还尚需时日。

5. 我国二手车市场发展的五大瓶颈

目前，二手车行业的发展，还存在五大瓶颈问题，需要逐步给予解决。一是二手车行业的一些法律、法规滞后，使得二手车行业投资热度不够；二是二手车行业所需人才缺乏，高水平的经营管理人才、高水平的评估人才缺口较大；三是大部分汽车企业或公司仍然把二手车的经营业务只作为新车经营业务的一个补充，即当作一个非主流业务来经营，投入严重不足，人力、物力、财力均投入不够；四是目前的二手车经纪实体规模仍然偏小，经营手段单一，难以做大做强；五是二手车税收流失严重，故意在专用发票上填写虚假的成交价格，以逃避税收，对这种违法行为缺乏有效的监管手段。

§10—2　二手车市场的功能和规范举措

一、二手车市场的内涵

二手车交易是指买主和卖主进行二手车商品交换和产权交易。由于政府对机动车辆实行严格的管理，二手车的产权只能在二手车市场中进行交易、转换。因而，为满足二手车的产权流动而建立的二手车产权交易市场，其主要业务就是接受产权交易双方委托并撮合成交，以及对二手车交易及产权转换的合法性进行审查。

二、二手车交易市场的功能

二手车交易市场是机动车商品二次流动的场所，它具有中介服务商和商品经营者的双重属性。具体而言，二手车交易市场的功能有：二手车鉴定评估、收购、销售、寄售、代购代销、租赁、置换、拍卖、检测维修、配件供应、美容装饰、售后服务，以及为客户提供过户、转籍、上牌、保险等服务。此外，二手车交易市场还应严格按国家有关法律、法规审查二手车交易的合法性，坚决杜绝盗抢车、走私车、非法拼装车和证照与规费凭证不全的车辆上市交易。

三、二手车交易市场的形式

随着二手车交易市场的发展，目前在我国已有多种二手车交易市场形式，常见的有二手车交易市场、二手车经营公司、二手车置换公司、二手车经纪公司和经纪人等。但二手车经纪公司和经纪人只能在二手车市场中进行二手车的撮合成交。

随着二手车市场的发展和壮大，二手车超市和二手车园区也在逐渐形成和发展。其主要功能是在一般二手车市场的基础上，引入了汽车文化、科技、科普教育、展示、旅游、娱乐等多项功能。

总之，随着我国机动车保有量的不断增加，二手车市场的发展前景将是一片光明，二手车产品的流通，逐渐成为一种朝阳产业，已成不争的事实。

四、规范二手车市场的举措

任何一个行业市场都有着自身的行业规则，没有行业规则，就不能保证公平的商业竞争，消费者的权益也就不可能得到有效的保护，只有行业市场更规范才能更好地形成经济效益。

虽然国家在2005年先后出台了《汽车贸易政策》（见附录三）《二手车流通管理办法》（见附录四），但在实施细则，执行监督力度等方面仍有不足，从而影响了二手车市场的健康成长。

建议规范二手车举措从以下几方面进一步加强：

1. 建立健全车辆维修保养的历史档案

购买新车后，在质保期内，车主会到4S店维修，这都会有记录。但质保期一过，车主就会随意找修理厂维修，一般都没有维修记录，引起车辆维修档案缺失。一般使用3年行驶超过6万公里的车辆，很少有完整的维修保养记录。这样的车辆进入二手车市场后，没有历史档案可查询了。在进行二手车交易之后，可能会有很多常规的故障和隐患仍会存在，特别是事故车的隐患，对消费者会造成严重的利益损害。

2. 制定更改行驶里程数的处罚条例

消费者很关心二手车的行驶里程数，因为车辆的行驶里程数，能比较真实地反映车辆使用和磨损的情况。但是由于没有记录档案可查，车主在出售之前，为了卖个好价钱，会把里程表的数字调小；另一方面某些二手车中间商受利益的驱使，也会调小行驶里程数，欺诈消费者。所以，必须制定一个处罚条例，就像西方发达国家一样，对行程数做手脚的不法行为，不仅有较大的金额处罚，情节严重的还要受到3～36个月不等的监禁。这样大的力度，从而遏制了里程数的造假行为，维护了二手车市场的秩序。

3. 加大“二手车买卖合同”的执行力度

国家工商行政管理总局于2007年发布155号令，公布了《二手车买卖合同》的规范文本（见附录六），内容比较翔实，是规范二手车市场的一个很好的举措。规范合同的使用执行力，根据北京市二手车交易市场统计，因该市场采用强化方式针对商户进行管理，规范合同使用率超过80%，但很多个人之间交易仍旧“马虎了事”，由此引起交易后很多纠纷。甚至很多从事二手车服务的4S店，也还是采用各自的合同，对消费者缺少相应的保障内容，所以，必须加强监管和执行力度。

4. 规范经营者，把“游商”变为“坐商”

我国二手车市场从1985年成立第一个二手车市场至今也有26年了，二手车任何形态的交易模式和服务模式，不能按照发展初期的“个人游击队”方式，依靠低成本、低服务质量的方式。而应提高从业者的从业水准，不能是几张纸，租个地方就依靠开发票赚钱，要提升入行门槛。再有就是数量较多的中间商，对其必须要求有固定的经营场所和管辖市场，不能让他们采取流动方式，打一枪换个地方，要把“游商”变成“坐商”，发现欺诈行为，“跑得了和尚，跑不了庙”，才能从根本上改变其诚信基础。

总之，二手车市场越规范，越能吸引更多的投资者和消费者，才能更好地提高二手车市场的交易水平。二手车市场规范好了，人们才愿意踏踏实实地买个实惠的二手车。

5. 逐步建立全国的二手车流通网络

现在要建立全国性的二手车交易网络还不现实，还有很大困难。但还是要向西方经济发达国家那样，向形成全国范围内的二手车交易网络的方向努力。但建立区域性的二手车交易网络是可能的。例如，北京、上海、广州等大城市周边建立二手车交易网络是有条件的，随着我国物流服务业的发展，使二手车流动起来，异地购买，是可以逐步实现的。现在是游商从北京、上海把二手车倒卖到周边地区，这样成本高，规模小，消费者得不到实惠，也无质量保障。建立全国的二手车流通网络工作应该着手开展了，以逐步带动二手车全国化流通，真正做到汽车产业下游顺畅，只有下游顺畅才能保证上游的发展，使我国汽车产业做大做强。

§10—3 二手车交易类型

一、二手车交易类型

二手车市场是产权交易的场所，实现二手车所有权从卖方转移到买方的过程，二手车必须完成所有权转移登记才算是合法、完整的交易。从目前二手车市场交易的实际情况和发展的眼光看，二手车的交易类型有以下几种：

1. 收购与销售

二手车经营公司大多采用这种交易类型。车主将二手车经评估后，与经营公司商洽，以可接受的价格卖给经营公司。经营公司经检测、保养、维修后再出售给新的买主，从中获取一定的利润。但这种收购和销售行为必须要按《二手车交易规范》第二章中的条款要求进行（见附录五）。

2. 经纪交易

二手车买卖双方通过中介，也就是经纪公司或经纪人的帮助而实现交易。经纪公司或经纪人在撮合成交后，收取一定的佣金。中介方的经纪行为，必须要按照《二手车交易规范》中的第三章内的条款要求进行（见附录五）。

3. 拍卖

二手车拍卖通常由拍卖公司进行。拍卖公司将欲出售的二手车经鉴定评估后，与卖主商定一个起拍的底价，并在拍卖前展示拍卖的车辆，并应于拍卖前7日发布公告。告示拍卖的时间、地点、拍卖的车型及数量，参加拍卖会需办理的竞买手续等有关事项。

拍卖公司拍卖车辆，不仅要按照《拍卖法》及《拍卖管理办法》的规定进行，还要遵循《二手车交易规范》第四章中有关条款的规定。

拍卖是一种很受欢迎的交易行为，这种交易是完全公开、公正、公平的。北京二手车市场早已开展了即时拍的拍卖活动，很受买卖双方的青睐。北京奥运会几百辆活动用车，全部经拍卖出售，获得好评，这是一种很有发展前途的二手车交易形式。

4. 直接交易

二手车直接交易是指买卖双方，不通过经纪公司、经纪人、拍卖公司，而将车辆出售给买方。交易可在二手车市场内进行，也可在场外进行，但必须经二手车市场开具二手车销售的统一发票，从而进行转籍过户。其交易行为必须遵循《二手车交易规范》第五章的要求。

5. 置换

二手车置换就是以旧换新。消费者把原有的二手车经鉴定评估后，按评估价或商定的价格卖给汽车销售商，同时向其购买新车，将二车手的价款冲销部分新车的价款，消费者只需付给经销商差价款，即可开走新车。

目前，北京很多4S店均已开展这项业务。但置换的过程中，还有很多问题需要解决。首先是对二手车鉴定评估的问题，鉴定评估均由4S店的评估师进行评估，每个4S店均有自己的评估师，评估出的价格存在不够客观公允的问题，很难获得车主的认可。最好的办法是鉴定评估由第三方来进行，以确保客观、公正的原则。

其次，置换时，只能置换同品牌的车辆，不能进行不同品牌车辆的置换，这是目前4S店开展二手车置换的一个突出问题。但该问题正在探讨解决的办法，已有少数4S店正在尝试解决这方面有关的问题，估计不久有望解决。

6. 二手车寄售

车主在二手车进行鉴定后，将二手车送入二手车市场，并与市场签订相关的寄卖协议。市场发布交易信息，在规定的时间内成交后，市场收取一定的服务费。这种形式现在很普遍。

7. 二手车租赁与翻新

在一些中小城市的汽车租赁公司，收购一些技术状况较好的二手车，作为公司的租赁车辆，这样可降低运营成本。大城市中，也有一些租赁公司，也收购一些二手车作为租赁车辆。

二手车经营公司或二手车市场、4S店等，将收购或置换来的二手车进行整修、装饰、提高二手车的价值后，再进入流通领域，进行销售。进行翻修的二手车一般均为中、高档车辆，这类车辆整修后，增值空间较大。

二、二手车交易流程

二手车交易是汽车贸易的一个重要组成部分，是汽车流通领域一个必不可少的环节。二手车交易满足了城乡居民多档次、多品种、低价位的需求，消费者具有较大的选择空间，从而使二手车交易充满了活力，起到了繁荣汽车市场的作用。

对车主要出手的二手车，在进入交易前，首先要进行手续检查、技术鉴定和价值评估，然后才能进入销售环节。车主可选择前述的二手车交易类型中任何一种进行交易。二手车销售的程序与新车销售略有不同，二手车交易流程如图 10—1 所示。

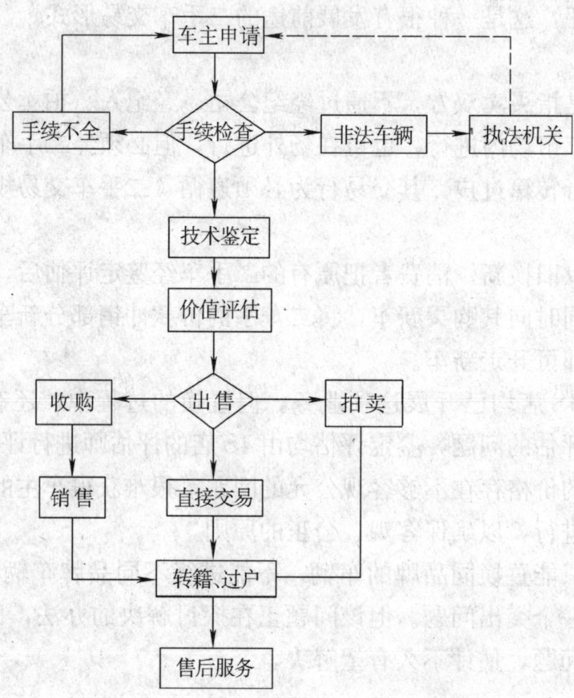

图 10—1　二手车交易流程示意图

§ 10—4　二手车交易咨询

二手车交易涉及的部门多，有车辆管理、交通管理、环境管理、国有资产管理、社会治安管理、市场行为管理等方方面面。机动车辆交易属严管商品交易，政策性强、手续复杂、技术性强、价格影响因素多。在二手车的鉴定评估中，消费者不可避免地要向评估人员提出这样或那样的问题。要回答这些问题就要求二手车市场的有关工作人员，特别是鉴定评估人员要有较广的知识面。这就要求评估人员在实际工作中，注意不断地学习和收集积累有关数据资料。如二手车市场有关的法律法规、机动车有关的技术资料以及有关的金融资料，特别是机动车市场价格资料及价格变动情况、价格走向。二手车市场及二手车鉴定评估咨询的内容，大致可分为法律与法规咨询、技术咨询与价格咨询三个方面。

一、政策法规咨询

在二手车交易中，要正确而严格地执行国家有关的政策法规。在众多的法规条款中，最为人们所关注的是有关法规规定的某些严禁进入流通领域，不得进行交易的车辆。《二手车流通管理办法》第三章第二十三条所列严禁交易的车辆，现归纳如下：

(1) 进入二手车市场并进行交易的二手车，必须先检验合格，并在其行驶证副页上签注检验合格记录，且在有效期内，方可进行交易，以确保行驶安全，减轻对环境的排放污染；

(2) 对于不足一年时间即将报废或是延期报废的车辆，一律不得办理过户、转籍手续；

(3) 手续不全，证件不齐，各种税、费没有交清，无有效凭证的车辆，不能进行交易；

(4) 凡属国有和集体资产的车辆，必须经有关资产管理部门批准、立项后，方可进行鉴定评估，从而才能进入交易市场交易；

(5) 军队转交地方的退役车辆，不满两年的，不能交易；

(6) 华侨、港澳同胞捐赠免税进口的汽车，只限接受单位自用，不准转让或转卖；

(7) 对依法没收的走私汽车、摩托车经批准可办理注册登记，但其初次注册登记日的年份，一律按车辆的出厂年份登记；

(8) 2000 年 9 月 1 日以后，在我国境内的右置方向盘的汽车不得上路行驶；

(9) 凡是未上“机动车交通事故责任强制保险”的车辆，一律不得上路行驶；

(10) 对走私、盗抢和非法拼装车辆，一经发现，一律扣留审查。机动车的发动机号、车架号证物不符或有改动、凿痕、锉迹、重新打刻和垫支金属板块的，一律暂扣，进行审查。

此外，公安部发布的 102 号令规定，二手车过户交易必须更换牌照，从源头上杜绝了倒卖牌照的行为，整顿了汽车牌照管理，对有一些“吉利”的号牌不再是“钱权象征”。新政策下，二手车交易过户流程比原有的流程增加了一些项目，如拆装牌照、申请牌照、选择号牌等。102 号令实施后，“吉利”的车牌号，如带“88、66”等的号牌就没有任何商业价值了，从而使炒作牌照不再可行了。

二、技术咨询

在二手车的鉴定评估中，对二手车技术状态方面存在的问题或缺陷，应实事求是地向客户进行技术方面的问题解答，让消费者自己理性地作出决断。

进行鉴定评估的二手车，评估人员应清楚掌握其目前的技术状态、主要的性能指标，特别是汽车的动力性、经济性、制动性、操纵稳定性和通过性能的现实情况、存在问题，以及这些问题对今后使用会产生什么样的影响，若要消除这些存在的技术问题，需要进行维护和修理，大概需花费的费用。这部分费用在评估中，是如何考虑的。评估价值中是否扣减了这部分费用。使消费者心中有数，做到明明白白消费。评估人员不得隐瞒，蒙骗消费者。

对事故车，评估人员必须高度重视。要向消费者讲清楚事故车存在的安全隐患、性能缺陷。有关事故车的检查判断和评估在第四章第六节中已阐述。

用户在购买出售的二手车时，只要在《二手车买卖合同》中写明相关的技术状况信息就能作为凭证，出现问题时，可以享受先行赔付等保障。

此外，在二手车的技术咨询中，还需特别注意的是，对评估价格不构成影响的瑕疵，不应过度渲染，不应吹毛求疵，以免误导消费者，影响二手车市场的正常交易。这点在鉴定评估的培训中，负责培训的教师也应特别注意。引导学员把注意力集中在影响汽车性能的缺陷上，对于一些细小的瑕疵，对二手车价格根本不构成影响的，就不要过多去宣讲。

一般来说，车身影响最大的不是外观的喷漆、小的剐蹭，而是车辆打开车门、发动机舱门看到的车架，车身骨架，它决定了车辆的基础安全性，车身骨架好不算是明显的事故车。

底盘系统主要是观察断裂、弯曲情况，如果仅仅是刹车盘、片、管线小幅磨损不属于事故而是属于维修范畴。

发动机和变速箱主要是工作状况的稳定，发动机和变速箱有轻微渗漏不是主要影响因素，但是发动机和变速箱内部有故障，对价值就有较明显的影响。

要做好上述咨询工作，首先就要求评估人员熟练掌握和了解汽车的结构原理，各组成部件的结构、功用、基本工作原理，汽车的主要性能指标。其次还应掌握一般的维护保养、维修常识，以提高评估的准确度。

相对而言，车辆状况的评估和保障制度已经逐渐完善，只要是正规签订《二手车买卖合同》，就能有基本的权益保障，不会轻易上当受骗。

三、价格咨询

从现阶段看，二手车价格构成主要可分为三个部分：

1. 车辆的品牌、型号价值

品牌就是价值，每一品牌的每一款车，其保值率是不同的，知名品牌的成熟车型相对来讲，其保值率较高，因为其市场占有率较高，并形成了良好的市场循环氛围。例如，捷达、宝来、帕萨特、富康等车型就是这样。虽然新品牌、新产品有比较好的市场吸引力，但最终市场占有率和知名度对于二手车最终出售价格有着明显影响。出售二手车的时候相对情况近似的车辆，大品牌、成熟产品、市场保有量较大的车型出售价格要高一些，出手也会快一些。

2. 车辆的技术状况

二手车的技术状况好，说明车辆的使用性能良好，价格相对来说就要高些。如果是事故车，存在安全隐患，价格显然就十分的低，甚至不好出售。这部分的价格构成，在前述各种评估方法中，得到了很好的体现，此处不再赘述。

3. 车辆的手续价值

车辆的手续价值在第四章第一节中已述及。二手车的手续价值被很多车主或用户忽视。车辆的登记证、行驶证以及各种税费凭证都要齐全。如果缺失上述任何一项都会有一定的价值损失。例如，有保险的二手车出售与没有保险的车辆出售，价格是不相同的。没有保险的二手车出售时，必须从价格中扣除保险的价值，甚至扣除的部分要高于缺失的保险价值。再如，要出手的二手车没有购置附加费的证明，那么车辆价格至少比正常价格要低12%～20%。

总之要给二手车评估出一个合理的价格，还要了解汽车市场情况，掌握影响二手车价格的有关资料。特别是汽车市场现行的新、旧车辆的交易价格，及其价格走向、配件的价格。

另外，二手车在交易市场交易，二手车成交后应支付的交易服务费，过户、转籍、上牌等的管理费用开支，都必须向客户一一解答清楚。

§10—5 二手车的买与卖

一、如何买卖二手车

在二手车的交易中，由于车主或消费者，缺乏对交易的了解，造成后续的麻烦。一般来说买卖二手车要遵循“三要三不要”的原则。

1. 要找正规的市场或公司，不要找路边的游商或私人

此处所指的二手车买与卖主要指的是私家自用车辆，而非政府部门、企事业单位的公务用车，所以，二手车交易属于自有财产自由交易，法律上允许个人之间直接交易，不必经过中介公司。因此，有些游商或个体经营者，在二手车市场周边马路上，路边招手拦车，形成所谓的占路市场。但在清理整顿中没有法律依据不允许个人之间交易，因此在二手车市场周边总是有一些私人交易行为。

正因为有用户与游商或个体进行交易，造成二手车市场鱼龙混杂，但从保护车主和消费者的权益考虑，建议买卖二手车要选择正规的二手车公司，不要与路边的私人进行交易。

正规的二手车市场，会有很多正规的经营公司、经纪公司、经纪人等。北京二手车市场中，就有近500家正规公司，这些公司都要受到二手车市的管束，不允许违规经营。所有商户交易二手车，都必须签订《二手车买卖合同》（见附录六）。合同中有“车辆信息表”即“车辆状况说明书”，必须认真填写。其中，对车架安全状况、里程表的真实情况必须标准、真实，车辆的手续必须齐全有效，否则，出现任何问题都由出售公司负责。有的公司还会提供售后质量担保，使消费者的权益有保障。

如果交易之后出现问题，一旦取证确凿，二手车商场将实行先行赔付机制，将消费者的损失先行赔付，然后由二手车市场与有关公司进行协商或用法律解决，避免消费者的损失，或避免给消费者带来不必要的麻烦和烦心事。

2. 要保留好交易手续文件，不要着急马虎

无论是买车还是卖车，在同公司进行交易的过程中，相应的手续原件和复印件都应一一保留好，不要遗失遗忘。这些交易文件主要有二手车交易的专用发票，车辆预付款、定金收据，车辆交易合同，售后服务合同等的原件或复印件。此外，还有购置附加费、保险等证明也要保留好。

在交易中，有不少买卖车的车主着急兴奋，办事就马马虎虎。例如出售车辆时对签订的协议不好好过目，对车辆的过户时间没有限定，在未过户之前这段时间责任没有划分清楚，这就有可能造成交易中的“危险区间”。在此期间，若公司使用该车去办事，而发生事故，就会生出许多预想不到的麻烦事。在购买二手车时候，买主都很兴奋，感到买到了一辆称心如意的车辆，从而忽略了仔细看看合同中的有关内容，特别是原车主的缴纳税情况，还有车辆的使用情况，车辆的来源，生产日期和登记日期等，有可能最终造成后续的烦心事，也可能会带来价格损失。

3. 要合理询价，不要偏离市场

不论是买车还是卖车的用户，都应了解市场，遵循市场价值规律，不能偏离市场价格太多。许多卖车的用户听信中介的“忽悠”，往往心理价位一下子就调动起来，对一些正规公司出具的评估报告不相信，期盼着高价位，最终那些高价位使卖车用户错过了看好的商业时机，价格反而比正常的还要低。

购买二手车也是一样的道理，二手车的销售价格，一般包括交易的各项费用，消费者购买之后，往往只需要上保险就可以直接开车上路了。但是，有不少购买二手车的消费者，硬要和新车的最低价比较。一方面新车销售价格有一定的水分，而二手车的价格也还有砍价余地。消费者应针对新车正常完税价格与二手车作比较。例如，售价在 50 万元以上的新车，往往税费在几万元甚至十几万元。所以，消费者应了解市场行情，就不会盲目去比较了。

此外，车辆的配置和状况也不同，价格当然不一样，有的只使用了一年的车，就可能要比新车便宜 20%，这类二手车只要来源合法，保障良好，对于消费者来说是非常不错的选择。

选好了二手车后，看准了就要抓紧时机出手，有些性价比较好的车辆出售速度比较快，犹豫之后，很可能就已经出售了，该出手时，就出手。

二、二手车如何卖个好价钱

越来越多的用户开始进入到换车的阶段，对于出售二手车，很多用户没有经验，往往会出现吃亏上当的情况。如何把二手车卖个好价钱，已成为车主们必修的一门学问。就此介绍卖车的三个方面的意见。

1. 选择好卖车的途径

本章第三节介绍了二手车交易的类型，所述类型均可选择，但要根据当地的实际情况来考虑。在北京地区，选择较多的交易类型有四种。一是二手车市场中的经纪公司或经纪人，他们从中撮合成交，不少车主通过这种途径进行二手车的买卖。因为交易是在二手车市场中进行，安全还是有保障的。二是参加各类拍卖会，目前二手车拍卖已形成一定规模，车主只需把车开到市场进行展示，就可参加拍卖。有时真能拍出车主预想不到的好价钱。三是卖给二手车经销商（经营公司），这也是目前北京地区出售二手车的主要方式之一，成交情况比较多。这些经营公司有经营场地，出了问题可以找到这些商家，另外价格相对符合市场价位。由于存在中间利润，因此车主往往卖不到“理想价位”，但是手续和交易安全是完全有保障的。四是个人之间的交易。这种方式比较简单，如果买方是可靠的熟人或朋友，签订简单的协议后，就可拿到现金，没有大的风险。

2. 怎么卖二手车最划算

怎么通过上述途径把二手车卖个好价钱呢？在本章第四节中已述及构成二手车价格的三个方面的因素。这儿就要具体地述及影响二手车定价的条件。

首先要明确2～3年车龄的二手车最好卖，因为使用2～3年的二手车，车辆使用时间不长，一般不会有太大的故障出现，车辆也没有严重的损伤。因此，这样的车辆会相对更受青睐。其次车辆的整体状况比较重要，整体状况是评估车辆时最主要考虑的方面。车况良好，没有出现过大的事故，在价格上的优势就比较明显，车主也有足够的理由与经营公司"讨价还价"。此外，还要考虑品牌车型的市场保有量，一般二手车价格与该车品牌车型在市场上的保有量有直接的关联。例如，大众的捷达车型，在北京地区市场保有量较大，其保值率也较高，因此，二手车经营公司在收购时，是价格考虑的一个重要因素。另外，在确定价格时，该品牌车型新车的市场价格高低，也是确定价格时很重要的一个参考因素。

3. 合理就是好价钱

介绍了卖二手车的途径和影响价格的因素，下面就是如何根据市场行情，给欲出售二手车一个合理的价格。合理的价格就是一个"好价格"。在此建议要出售的二手车的车主，可通过一些专业的二手车评估公司，或是专业的评估机构，让评估师根据车的具体情况进行评估，可对车辆存在的问题做到心中有数，这样，车主在卖车时就不至于被买方"忽悠"了。

三、如何选购二手车

我国的消费者的消费理念逐渐成熟，理性消费逐渐被消费者所接受，购买二手车的比例越来越高。由于很多消费者购买二手车属于第一次，往往缺乏选购二手车方面的常识，吃亏上当的事情时有发生，为了事半功倍地选购到合适的二手车，有专家建议按下列步骤去选购。

1. 预算价位

目前市场上的二手车品牌、款式繁多，年份、车况均不相同，购买时很难确定目标车型。所以，消费者在购车前，一般要根据自己的经济状况，控制好预算，定一个价格范围，比如要购买6万元左右的二手车，那么价位控制在57 000～65 000元之间，不要超过预算太多。

2. 选车型范围

预算确定后就可到二手车市场选择车辆。但实际情况可能与预想的有所差别，这就需要根据实际情况进行调整。例如，原来计划用6万元买辆较好的宝来二手车，结果发现市场上最便宜的宝来也要8万元，超过预算，因此就需要根据实际情况来调整，比如锁定爱丽舍等车型。车辆年份在2006—2008年之间。

3. 选车

锁定范围后，就要挑选车辆，挑选的车辆应该在可按受的价格范围内，可选2～4台觉得较好的二手车作为备选。

4. 砍价

对上述锁定的 2～4 台车进行价格的商淡，根据自己了解的市场行情价位，上浮 10%左右作为自己的心理价位底线。有时自己锁定的车型，由于市场销售情况较好，库存车辆少，砍价余地不大。所以要准备心理价位。砍价后确定购买意向。

5. 付定金

定金一般在 1 000 元以上。交定金时订单上要列出车辆过户、交接的要求，例如，要求车辆外观要整理清洁等。还需要约定交易和付款时间等。

6. 过户

确认车辆无误后，双方按约定的时间支付车款，签订交易合同，办理车辆过户手续。此时买方要出具身份证原件（外地的消费者还要出示暂住证），交易后需要选择新的二手车牌照。特别要注意的是：车辆过户后，买方应保留车辆的登记证、行驶本，购置附加费、车船税、保险凭证，还有二手车专用发票。

7. 维护保养

购买二手车之后，针对车辆存在的一些问题进行彻底的维护保养。特别是更换机油、刹车片、空调加氟等问题。还可根据自己的爱好，对车的内饰进行一次整备。

总之，按上述流程选购二手车，既能确保交易环节不出纰漏，也能避免造成损失，可理智地选购一台最合适的二手车。

四、二手车交易中的侵权行为

对于消费者来说，购买二手车最担心的问题有两个，一是二手车相关手续的真实性和完整性；二是车况是否是真实状况。虽然在交易过程中，现已有了一些规范性文件（如附录五和六），但欺诈行为还是时有发生。消费者通常对二手车市场存在四方面的投诉：

1. 隐瞒车辆的重大事故，比如底盘、车架、发动机、变速箱等关键部件损伤不告知；

2. 隐瞒车辆手续，因为车辆价值不仅包括车辆实体的状况，还包括车辆的手续情况。例如，车辆的购置附加费、保险等缴纳情况。车辆手续作假或隐瞒已是多见的欺骗行为；

3. 车辆成交过程纠纷，由于多数消费者对二手车交易流程不甚了解，在交易过程中付款、签订合同、办理过户等中间环节出现分歧，这种情况还比较普遍；

4. 售后服务与合同条件不符，一些公司的售后服务承诺履行方面，采取“能躲就躲”的态度，损害消费者利益。

最后要提醒消费者要严防二手车网上诈骗。“丰田佳美 2.0，2 万元成交；宝马 4 万元成交，全国送货上门，包过户上牌”。如此惊人的购车广告很多人曾经在网上都见识过，一辆高档二手车卖废铁的价格，的确很诱人。实际是一个大骗局，这样的车是没有的。正如西方人说的“没有免费的午餐”，中国人说的“天上不会掉馅儿饼”。只要牢记这两句话，提醒自己就不会去上当受骗。对于骗子的行骗手段和过程，受篇幅限制，此处不再赘述。

§10—6　二手车交易过户、转籍

机动车的交易，无论新车或二手车国家都有极严格的手续规定，必须严格遵守。2001年5月31日，公安部印发了关于《机动车登记工作规范》的通知，规范了二手车交易过户、转籍登记行为。全国的车辆管理机关在执行这一法定程序时，由于各地区具体情况不一，根据实际情况执行时略有不同。二手车评估人员，应了解掌握二手车交易后的过户、转籍办理程序。

一、二手车过户

二手车只有在上述有效证件和税费缴讫凭证检查合格、齐全后方可进行交易。交易中，如果买卖双方均处于车辆的同一管辖区内，则过户需要准备和出具的单据、表格和证件有：

(1) 二手车买卖双方持有效证件和行驶证到车辆管理所领取《机动车交易申请单》，凭此单到交易市场取得二手车交易专用发票。

(2) 新车主填写《机动车变更、过户、改装、报废审批申请表》(见表10—1)。私家车需填写车主身份证号，并交一张新车主居民身份证复印件。

(3) 二手车原行驶证。

新车主持上述有关证件资料到车辆管理所办理过户登记手续，领取新的行驶证。

如果二手车买卖双方不在同一车辆管辖区内，新车主则需填写《机动车登记表》一式三份；新车主还需要凭二手车专用发票到原车主所辖交通大队提取该车原有的《机动车登记表》，并携带原有车牌号和行驶证，将购得的二手车开到新车主所在车辆管辖区办理各项手续，领取新的行驶证。

表10—1　　**机动车变更、过户、改装、报废审批申请表**

区	自检组	号代码
居民身份证		

车　主		公、私	车主签章
住　址		电话	
号牌号码		车辆类型	
出厂日期		厂牌型号	
发动机号码		车架号码	
申请内容			
监管机关　审核意见		检验结果	检验员
		登记员	

填 表 说 明

一、申请内容栏

1. 报废：车主填写报废理由，其单位上级主管部门须签注意见。

2. 改装：扼要填写改装理由、项目。

3. 变更、过户：填写变更、过户后新车主的情况，新车主须在此栏内签章。

二、检验结果栏

改装竣工，检验员签注检验结果。

二、二手车转籍

如果二手车交易后，需转入外地使用，这就涉及将二手车从本省、市转出到其他省、市去使用。所以，就有二手车转出和转入的问题。

1. 车辆转出

车辆转出是指已在本省、市注册登记的车辆，因产权变动或其他原因需转往外地时，需办理车辆档案的转出。其过程如下：

(1) 持买、卖双方的有关证件和行驶证，在车辆管理所签发《机动车辆交易单》，到二手车交易市场取得二手车交易专用发票；

(2) 凭二手车交易专用发票，到原车主所在交通大队提取该车的《机动车登记表》等有关档案；

(3) 原车主应出具有加盖公章的机动车定期检验表（行驶证副页上的有效检验即可）和其他有关表格，如《机动车档案异动卡》；

(4) 持上述资料和机动车号牌到车管所办理转出手续后，领取临时号牌并交费盖章，领取密封好的车辆转出档案。

2. 车辆转入

车辆转入是指外地登记注册的车辆办了转出手续后，持外地车辆管理所封装的车辆档案，到新车主所在地区申领车辆的号牌和行驶证。其过程如下：

(1) 出具外地转出的机动车档案；

(2) 出具二手车交易专用发票及其他相关证件；

(3) 领填《机动车登记表》一式三份；

(4) 新车主持上述资料到所在车管所办理转入手续。经审核符合要求，并签注意见后，按新车注册登记程序办理相关手续。此处不再赘述。

各地车辆管理部门本着“以人为本”的服务精神，无论新车还是二手车的注册登记和过户、转籍的手续都大大简化了，办理时间也大大缩短，有的在几十分钟内即可办完，时间长的也只要1～3个工作日就可办妥。随着二手车市场逐渐成熟，办理注册登记、过户、转籍的效率还将提高，消费者完全可享受到这种“人性化”的服务。具体的手续和经办的过程各地可能有所不同，表格内容也略有差距，但基本程序和主要内容是一样的。

§10—7 二手车售后服务

二手车的质量保证和售后服务，就是在二手车销售的同时，经销商承诺对车辆进行的有条件、有范围、有期限的质量保证和服务，并切实履行承诺的责任和义务。

二手车质量保证和售后服务，是二手车销售环节中不可或缺的重要一环，没有质量保证和售后服务，二手车的销售是不完整的。

一、质量保证和售后服务的意义

1. 有效保护消费者的权益

在二手车的交易过程中，存在着买卖双方信息不对称、信息不透明的问题，从而使消费者面临着质量欺诈、价格欺诈以及购买到非法车辆的风险。消费者在购买二手车时，最难把握的是原来车辆的使用情况和现时的技术状况，购买后，在短时间内出现各种故障。从而使消费者对二手车的质量心存疑虑，因此，普遍希望二手车经销商能提供质量保证的售后服务。为二手车提供质量担保和售后服务，也是有效保护消费者权益的具体体现，也是经销商的责任。

2. 有利行业的发展

若无质量保证，二手车交易后，经销商的责任就告结束，对此后车辆出现的各种故障全不负责，使消费者权益得不到充分的保障。消费者就不敢购买二手车了，极大地损害了二手车行业的发展。

实施质量保证和售后服务，从根本上消除了消费者的畏惧心理，从而激发了中低收入者潜在的购车能量，并净化了二手车的消费环境，提升行业的社会形象，更好地推动二手车行业的发展。

3. 有利于经营品牌的建立

二手车销售企业实行二手车质量保证，将服务延伸至售后，切实履行保护消费者权益的责任，赢得消费者的信任。有利于创立二手车经营品牌，也体现了品牌经营的优势，也成为鉴别二手车经营企业之间诚信程度、品牌优劣的重要标志。

4. 有利于拓展交易方式

随着社会车辆保有量的增加，二手车市场的交易也日趋活跃，提高市场的交易效率和增加交易量是必然的趋势。而交易量大、效率高的网上交易方式，将是有形市场和无形市场相结合的一个发展方向。网上交易有利于扩大二手车的交易范围，促使二手车这一社会资源得到更为合理的配置。实现这一交易方式的重要前提就是经营企业诚信体系的建立，提供质量保证和售后服务，只有这样，才能得到消费者的高度认同。

二、二手车的质量保证

二手车质量保证是十分重要的，根据我国目前二手车的市场交易情况，这种质量保证是有条件、有范围和有期限的。

1. 质量保证的前提

根据《二手车交易规范》（见附录五）规定，二手车经营企业向最终用户销售的二手车应提供质量保证，其前提是：使用年限在 3 年以内或行驶里程在 6 万公里以内的车辆（以先到者为准，营运车辆除外）。

2. 质量保证期限

根据《二手车交易规范》的规定，二手车经营企业向最终用户销售二手车时，应向用户提供不少于 3 个月或 5 000 公里（以先到者为准）的质量保证。

3. 质量保证的范围

根据《二手车交易规范》的规定，二手车质量保证的范围为二手车的发动机系统、转向系统、传动系统、制动系统以及悬挂系统等。

三、二手车的售后服务

质量保证是让二手车消费者买得放心，那么，售后服务就是消除消费者对二手车使用的担心。

二手车售后服务，根据《二手车交易规范》的规定有：

1. 二手车经营企业向最终用户提供售后服务时，应向其提供售后服务清单；

2. 在提供售后服务的过程中，不得擅自增加未经客户同意的服务项目；

3. 二手车经营企业应建立售后服务技术档案，售后服务技术档案保存时间不少于 3 年。

四、有关说明

有了质量保证和售后服务的承诺，再加上《二手车买卖合同》的保证，二手的真实信息将难以隐瞒，使二手车交易变得更加透明，真正成为“阳光交易”。

但要注意：质量保证是有范围的，对二手车的一些易损件不提供担保，比如轮胎、冷却系统、刹车盘、片等；二手车质量担保不等于所有服务项目都免费。售后服务包括一定的免费项目，比如工时费，但主要的材料费还需要用户自己买单；二手车交易过程中，一定要签订买卖合同，口头承诺不能作为最终的服务依据；二手车的质量稳定性与客户使用也有直接关系，因此，在质量保证期间也需要正常的保养维护。

二手车质量保证条款要和正式的买卖合同一起签订才能生效。

第十一章　汽车的结构知识

为了便于了解和掌握汽车的结构，无论什么类型的汽车，通常都将其所有的总成和部件归属于四大部分：发动机、底盘、车身和电气设备。如图 11—1 所示为轿车的总体构造透视图。

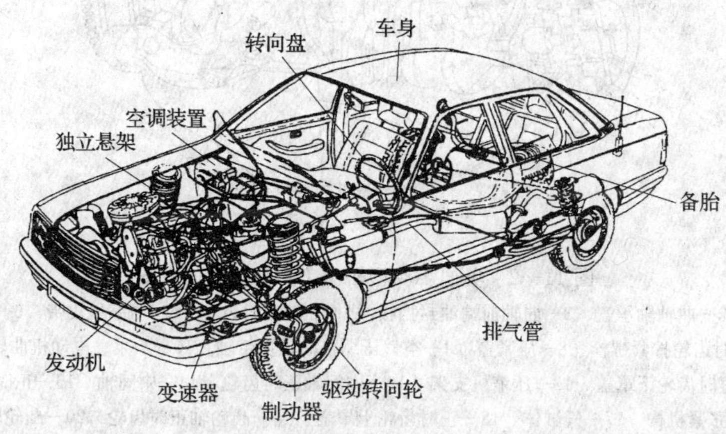

图 11—1　轿车的总体构造

§11—1　发 动 机

一、发动机总体构造

目前，汽车上广泛应用的是往复活塞式内燃发动机，主要有汽油发动机和柴油发动机，其结构基本相同。发动机一般由两大机构五大系统组成。图 11—2 所示为一汽奥迪 100 型轿车的 JW 四缸发动机构造图。

两大机构即曲柄连杆机构和配气机构。五大系统即燃料供给系、冷却系、润滑系、点火系（仅汽油机有）和起动系。

1. 曲柄连杆机构

曲柄连杆机构是发动机实现能量转换的主要机构。由于它的工作负荷大，温度高而最容易损坏，因此，了解其结构，对合理使用、正确维修、延长使用寿命、提高整个发动机的效能都具有十分重要的意义。

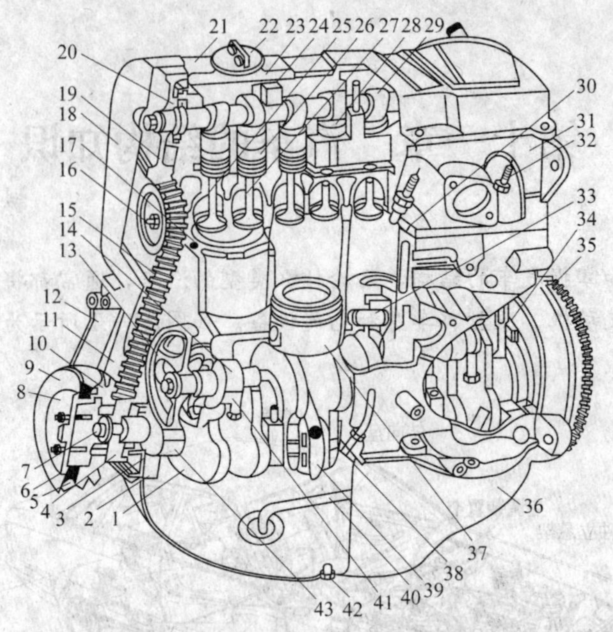

图 11—2 奥迪 100 型轿车 JW 发动机构造图

1—曲轴 2—曲轴轴承盖 3—曲轴前端油封挡板 4—曲轴正时齿轮 5—压缩机皮带 6—调整垫片 7—正时齿轮拧紧螺栓 8—压紧盖 9—空气压缩机曲轴皮带轴 10—水泵、电动机曲轴带轮 11—正时齿轮下罩盖 12—压缩机支架 13—中间轴正时齿轮 14—中间轴 15—正时皮带 16—偏心轮张紧机构 17—气缸体 18—正时齿轮上罩盖 19—凸轮轴正时齿轮 20—凸轮轴前端油封 21—凸轮轴罩盖 22—机油加油盖 23—凸轮轴机油挡油板 24—凸轮轴轴承盖 25—排气门 26—气门弹簧 27—进气门 28—液压挺杆总成 29—凸轮轴 30—气缸密封垫片 31—气缸盖 32—火花塞 33—活塞销 34—曲轴后端油封挡板 35—飞轮齿圈 36—油底壳 37—活塞 38—油标尺 39—连杆总成 40—机油集滤器 41—中间轴轴瓦 42—放油螺塞 43—曲轴主轴瓦

曲柄连杆机构按其零、部件运动特点，分为三组，即缸体曲轴箱组、活塞连杆组、曲轴飞轮组。

(1) 缸体曲轴箱组

缸体曲轴箱组是发动机的基础，它包括气缸体及上曲轴箱、油底壳（下曲轴箱）、气缸盖、气缸垫等。

1) 气缸体及上曲轴箱

气缸体及上曲轴箱是发动机的基础件，构造复杂，主要有气缸、气缸套、曲轴主轴承座孔、凸轮轴座孔、水套及其进水口、汽油泵安装孔、机油泵安装孔、润滑油道等。

气缸是燃料燃烧的场所及活塞的运动轨道，为减小活塞运动阻力和漏气，气缸加工精度和表面质量都较高。

为了延长缸体的使用寿命，常采用气缸镶套。一般均采用湿式缸套。湿式缸套的特点是散热效果好，缸体铸造方便，易于拆装和维修，但缸体强度差、易漏水。

2）气缸盖

气缸盖主要作用是密封气缸。气缸盖内有水套，盖上有水套进出水口、火花塞或喷油器安装螺孔。所有气缸盖下平面都有不同形状的燃烧室。

3）气缸垫

气缸垫装于气缸体与气缸盖接合平面之间。作用是防止气缸漏气和水套漏水。

4）下曲轴箱

下曲轴箱又叫油底壳，作用是储存机油、密封曲轴箱。

（2）活塞连杆组

活塞连杆组由活塞、活塞环、活塞销、连杆组成。

1）活塞

活塞的作用是与缸盖组成燃烧室，承受燃气压力并将此力通过活塞销和连杆传给曲轴。

活塞的工作条件极差，要在高温、高压、高速的环境中工作。因此，要求活塞具有极高的强度、刚度，还要求质量小，导热性能好，热膨胀系数小，以满足正常的工作。

2）活塞环

活塞环按照其作用不同分为气环和油环。气环的作用是密封气缸，防止漏气并将活塞头部热量传给气缸壁，帮助活塞散热。油环的作用是将缸壁上多余的机油收集在环槽内，并使其流入油底壳。

3）活塞销及连杆

活塞销的作用是连接活塞与连杆并在两者之间传递压力和推力。

连杆的作用是连接活塞与曲轴并将活塞的直线往复运动变成曲轴的旋转运动。连杆按结构分为小头、杆身和大头三部分。小头为安装活塞销的圆形孔。杆身成工字形，以减轻质量、提高刚度。大头为可分开的圆孔，以便于安装到曲轴的连杆轴颈上去。

（3）曲轴飞轮组

曲轴飞轮组的主要零件是曲轴和飞轮。在曲轴上装有驱动配气机构的正时齿轮，驱动风扇、水泵和发电机的带轮。

曲轴是发动机的主要零件。它的作用是将发动机做功冲程作用在活塞上的压力，通过连杆变成转矩带动发动机各辅助机件运动并向汽车输出动力。

为了使发动机工作平稳，应使各缸做功间隔相等和连续做功的两缸尽可能相距远一些，并使各个曲拐的离心力相互平衡。为此，四缸发动机曲轴的四个连杆轴颈分成两组，如1—4和2—3，彼此互成180°，如图11—3所示。其点火顺序一般为1—2—4—3。

飞轮是由铸铁铸成的一个具有较大质量的圆盘，外圈镶有钢制的起动齿圈。它的作用是将做功冲程曲轴所得到的部分能量储存起来，带动曲柄连杆机构完成其余辅助冲程，保证发动机工作的平稳性；便于汽车平稳起步和发动机起动。

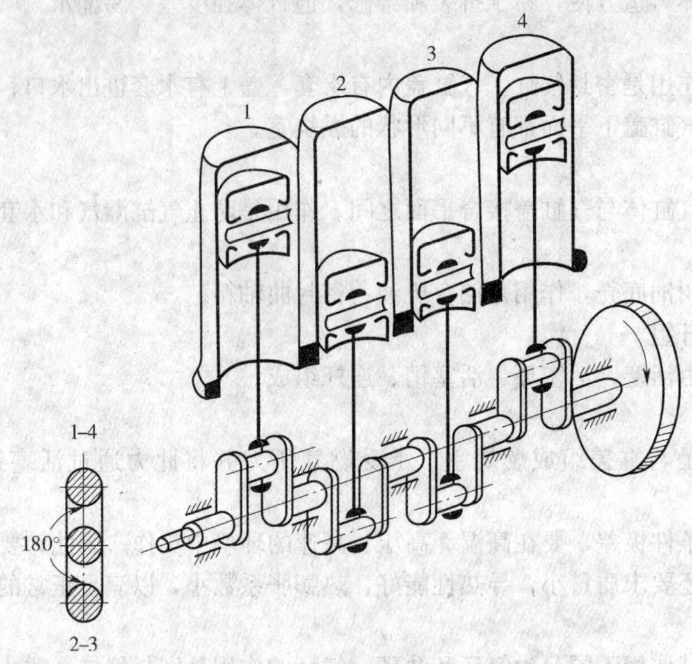

图 11—3　四缸发动机的曲拐布置

2. 配气机构

配气机构的作用是按照发动机的工作循环和做功顺序，定时开启和关闭进、排气通道，使可燃混合气和空气（柴油机）进入气缸，燃烧后将废气排出气缸。

配气机构的形式分顶置式和侧置式，侧置式由于热量损失较大，压缩比难以提高，充气系数较小，因此日益被顶置式代替。顶置式配气机构由凸轮轴及正时齿轮、挺柱、推杆、摇臂、摇臂轴和气门组等组成，如图 11—4 所示。

一般气门式配气机构的内燃机，都采用每个气缸两个气门，即一个进气门和一个排气门。随着电子控制燃油喷射和增压技术在汽车上的应用，两气门不足以保证发动机拥有良好的换气质量，以提高功率和获得较好的燃油经济性。现在汽车发动机普遍使用多气门技术，常在一个气缸内装用四个气门，即两个进气门和两个排气门；也有一个气缸装五个气门的，即三个进气门和两个排气门。某些大型内燃机有用六个气门或更多的气门。

3. 燃料供给系

（1）汽油发动机的燃料供给系

汽油发动机的燃料供给系的作用是根据发动机不同工况需要，提供不同成分的可燃混合气，并分送至各气缸；将燃烧后的废气集中导出气缸，排入大气。

燃料供给系一般由油箱、油管、燃油泵、汽油滤清器、油压调节器、空气滤清器、空气

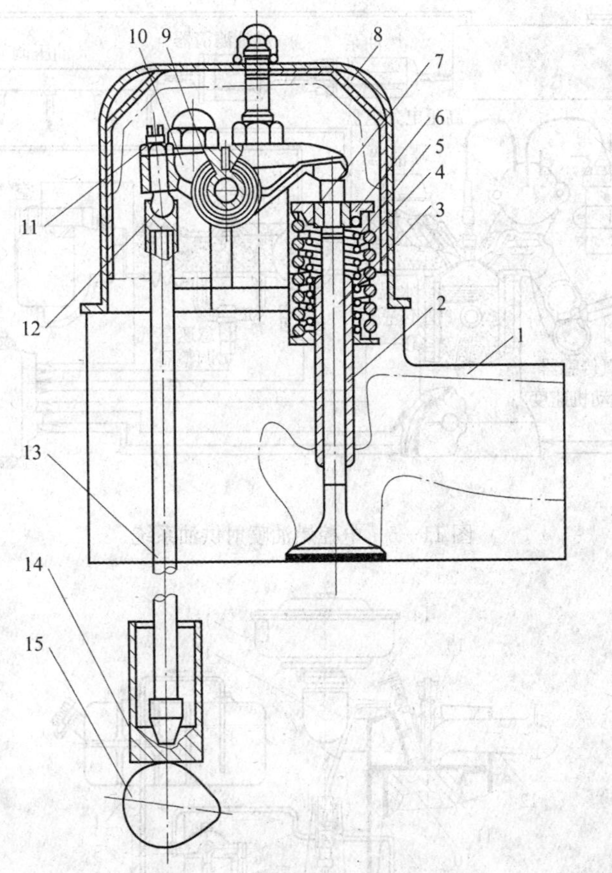

图 11—4 顶置式配气机构

1—气缸盖 2—气门导管 3—气门 4—气门主弹簧 5—气门副弹簧 6—气门弹簧座 7—锁片 8—气门室罩 9—摇臂轴 10—摇臂 11—锁紧螺母 12—调整螺钉 13—推杆 14—挺柱 15—凸轮轴

流量计、各类传感器、喷油器、电子控制器以及进排气歧管、消声器等组成。图 11—5 为电控燃油喷射供油系统示意图。

现代的汽油发动机广泛采用电控燃油喷射系统，化油器最终将被电控燃油喷射系统所取代。

(2) 柴油机的燃料供给系

柴油机的燃料供给系的作用是根据柴油机的工作要求，定时、定量、定压地将柴油按一定的喷油规律喷入气缸内，并使其达到良好的雾化质量，从而使其与空气迅速而良好地混合和燃烧。

柴油机的燃料供给系通常由油箱、柴油粗滤器、输油泵、柴油细滤器以及喷油泵、喷油器和燃烧室组成，如图 11—6 所示。

4. 汽油发动机点火系

汽油发动机可燃混合气是依靠高压电火花点燃的。

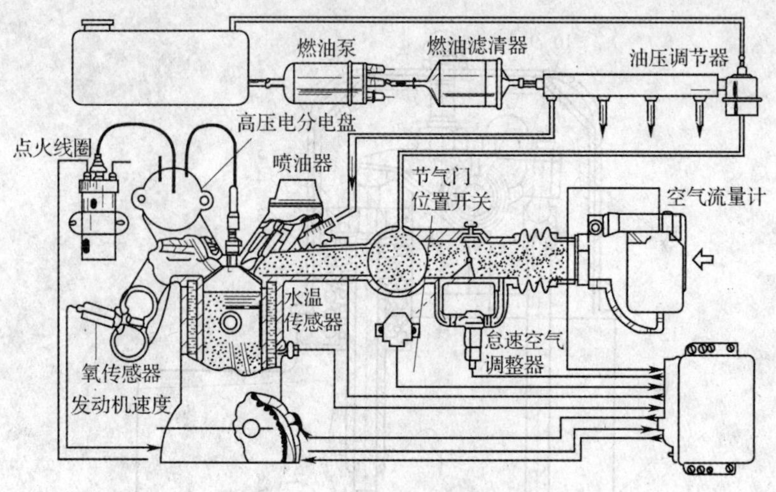

图 11—5 电控燃油喷射供油系统

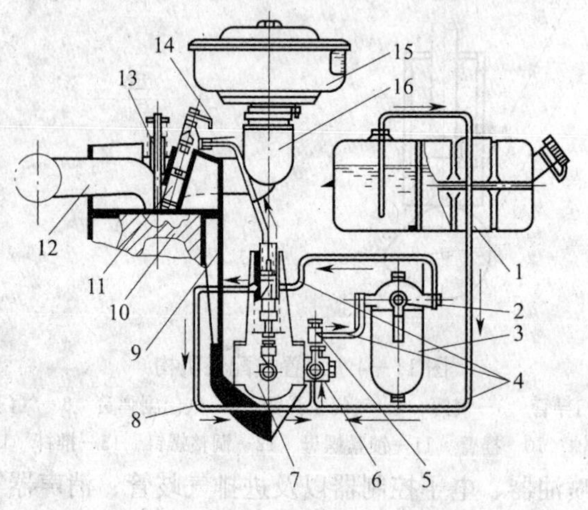

图 11—6 柴油机燃料供给系示意图

1—柴油箱 2—溢油阀 3—柴油滤清器 4—低压油管 5—手动输油泵 6—输油泵 7—喷油泵 8—回油管 9—高压油管 10—燃烧室 11—喷油器 12—排气管 13—排气门 14—排油管 15—空气滤清器 16—进气管

点火系的作用是将电源提供的低压电变为点火所需的高压电，然后按发动机点火顺序分配给各缸火花塞产生火花点燃混合气。这种电火花点火方式具有火花形成迅速、点火时间准确、调节容易及混合气点燃可靠等优点。

汽油发动机点火系按其组成和产生高压电的方式不同可分为蓄电池点火系、磁电机点火系和晶体管点火系。

磁电机点火系由磁电机本身直接产生高压电，不需要另设低压电源。但在发动机低转速时，产生电压较低，不利于发动机起动。因此，磁电机点火系多用于高速满负荷下工作的竞赛汽车发动机，以及某些不带蓄电池的摩托车发动机和拖拉机的起动汽油机上。

汽车上的汽油发动机，多采用蓄电池点火系和晶体管点火系。

(1) 蓄电池点火系（见图 11—7）

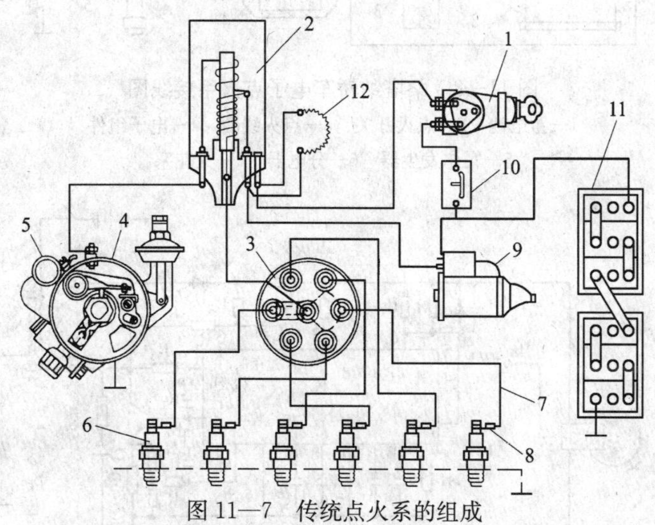

图 11—7　传统点火系的组成

1—点火开关　2—点火线圈　3—分电器　4—断电器　5—容电器　6—火花塞
7—高压导线　8—阻尼电阻　9—附加电阻短路开关　10—电流表　11—蓄电池　12—附加电阻

蓄电池点火系是由蓄电池或发电机供给 12 V 的低压直流电，借点火线圈和断电器将低压电转变为高压电，再通过配电器分配到各缸火花塞，使其产生电火花，点燃混合气。由于蓄电池点火系结构简单、工作可靠，长期以来在汽车上得到广泛使用，所以又称其为传统式点火系。

(2) 晶体管点火系

由于传统点火系已不能适应现代发动机向高转速、高压缩比发展的需要。尤其是近年来，为了减少空气污染，改善混合气的燃烧情况，以及为了节省燃油而用稀混合气时，都要求提高点火电压和点火能量，但是传统点火系已无法满足这些要求。因此，从 20 世纪 70 年代以来，就产生了各种新型的电子点火系统。

晶体管点火系又称半导体点火系，以晶体管取代断电器触点，使低压电流不经过触点。利用半导体器件（如三极管、晶闸管）作为开关，接通与断开初级电流点火系统。图 11—8 为桑塔纳轿车电子点火系接线图。图 11—9 为其霍尔电子点火系原理电路图。

目前，电子点火系全面取代传统的蓄电池点火系统。电子点火系的应用，对提高发动机的动力性、经济性、减少空气污染都是非常有益的。

5. 发动机起动系

汽车发动机是靠外力起动的，通常把汽车发动机曲轴在外力作用下，从开始转动到急速

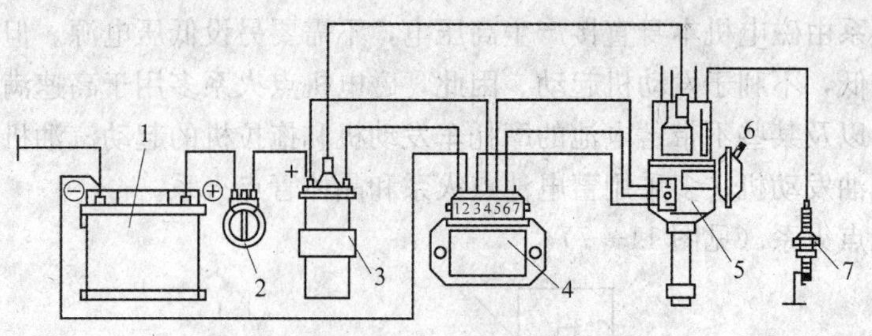

图 11—8　桑塔纳轿车电子点火系接线图

1—蓄电池　2—点火开关　3—点火线圈　4—电子组件

5—霍尔发生器　6—分电器　7—火花塞

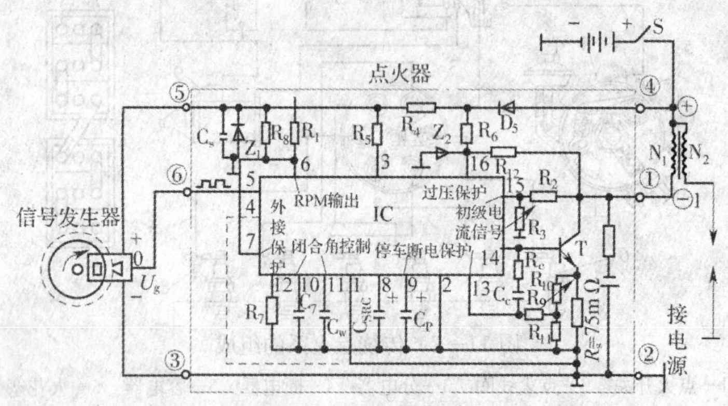

图 11—9　霍尔电子点火系原理电路图

运转的全过程，称为发动机起动。

用来使发动机起动的所有装置称为发动机的起动系统。发动机起动装置是由起动电动机、操纵机构和离合器三大部分组成。

目前，汽车发动机广泛采用自激式直流电动机作起动电动机。图 11—10 为起动电动机线路连接图，图 11—11 为起动机电磁操纵机构工作原理图。

6. 发动机润滑系

发动机工作时，所有运动件的表面因相互运动会发生摩擦，摩擦还将产生高温，如不加以润滑，零件将很快被磨损和烧坏。润滑系的作用就是利用润滑油的油膜减小摩擦零件表面的磨损，降低零件因摩擦产生的热量，并带走摩擦面上磨下的金属微粒，使相对运动的零件运动阻力减小，减缓磨损，延长其使用寿命。故润滑油有润滑、冷却、密封和清洁摩擦表面的功能。

润滑系的组成机件有：机油集滤器、机油泵、限压阀、机油粗滤器、机油细滤器等。润滑油在机油泵的驱动下，通过油管和缸体、曲轴、摇臂轴内的油道进入各运动机件的摩擦表面或者飞溅到气缸壁和活塞销等零件进行润滑。图 11—12 为 EQ6100-1 型发动机润滑系示意图。

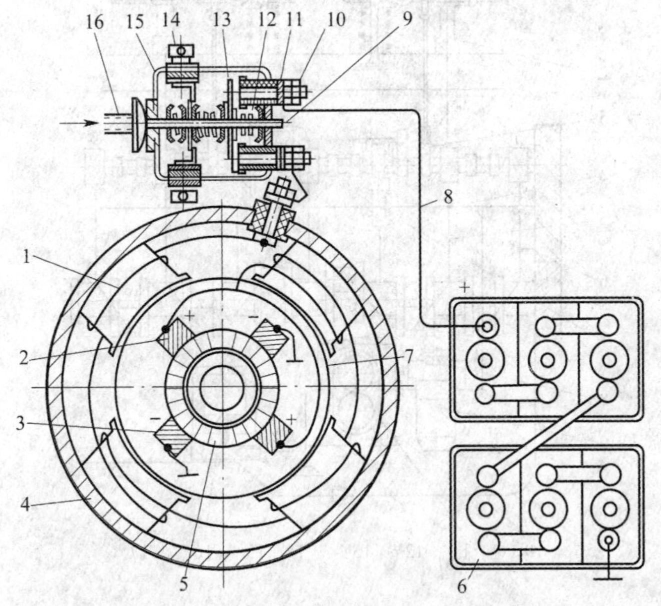

图 11—10　起动电动机线路连接示意图

1—励磁绕组　2—正极电刷　3—负极电刷　4—壳体　5—换向器　6—蓄电池
7—电枢绕组　8—导线　9—起动机开关滑轴　10—电源接线柱　11—绝缘体
12—接触盘回位弹簧　13—起动机开关接触盘　14—点火线圈附加电阻接线柱
15—起动机开关外壳　16—螺钉

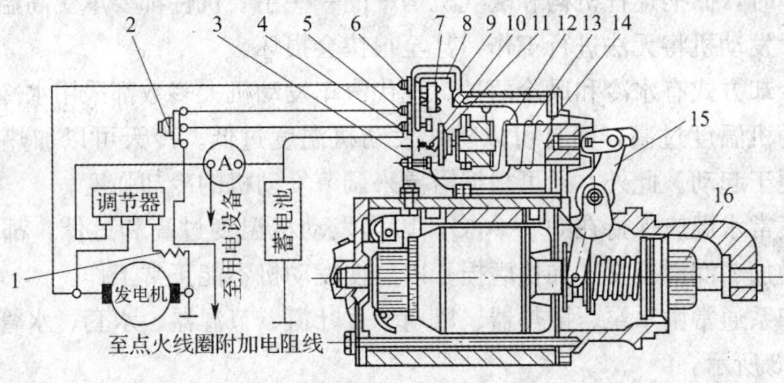

图 11—11　起动机电磁操纵机构工作原理图

1—励磁绕组　2—开关　3、4、5、6—接线柱　7—吸铁线圈　8—活动触点
9—固定触点　10—铜片　11—回位弹簧　12—吸引线圈（粗线圈）
13—保持线圈（细线圈）　14—活动铁心　15—拨叉　16—起动齿轮

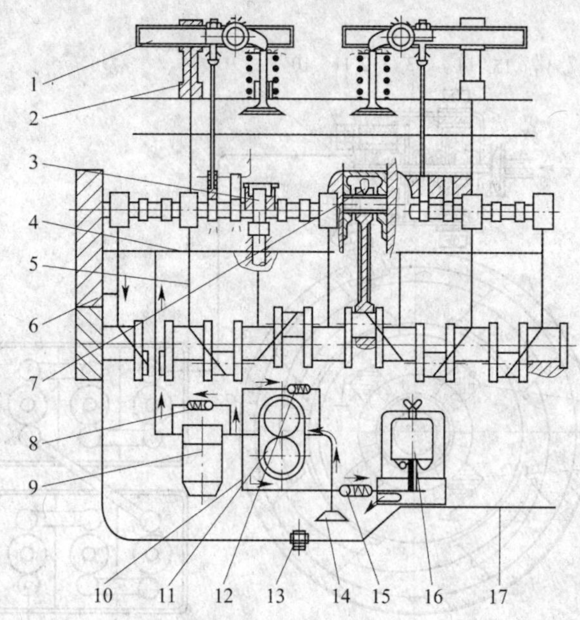

图 11—12 EQ6100-1 型发动机润滑系

1—摇臂轴 2—上油道 3—机油泵传动轴 4—主油道 5—横向油道 6—喷油嘴 7—连杆小头油道 8—机油粗滤器旁通阀 9—机油粗滤器 10—油管 11—机油泵 12—限压阀 13—磁性放油螺塞 14—固定式集滤器 15—机油细滤器进油限压阀 16—机油细滤器 17—油底壳

7. 发动机冷却系

发动机工作时，曲柄连杆机构和配气机构中的一些主要机件都要承受高温，如不进行及时有效的冷却，发动机将无法进行工作，甚至很快会损坏。

发动机的冷却方式有水冷和风冷两种。现代汽车发动机大多数都采用水冷。因为水冷不仅可以防止发动机温度过高，而且可以防止发动机温度过低。冷天可以加热水给发动机预热，使发动机便于起动。此外，还可根据需要来调节发动机的冷却强度。

发动机的正常水温应保持在 80～90℃，因为发动机温度过高和过低，都会使发动机功率下降、油耗增加、润滑不良、加快磨损，以致使发动机不能正常工作。

发动机冷却系通常由水泵、散热器、风扇、百叶窗、节温器、水套、水管和水温表等组成，如图 11—13 所示。

发动机工作时，曲轴通过带轮和皮带，带动水泵运转，水泵将水从散热器经水管吸入，然后又将水压入分水管中，从管上的水孔进入水套，再经装有节温器的出水口和水管流回散热器，从而组成一个闭式的水循环系统。

在循环过程中，水在发动机水套内吸收气缸和燃烧室传给的热量，从而使水温升高，高温水在流经散热器时，热量不断地散失到大气中，水温降低。如能保持冷却水在水套内吸收

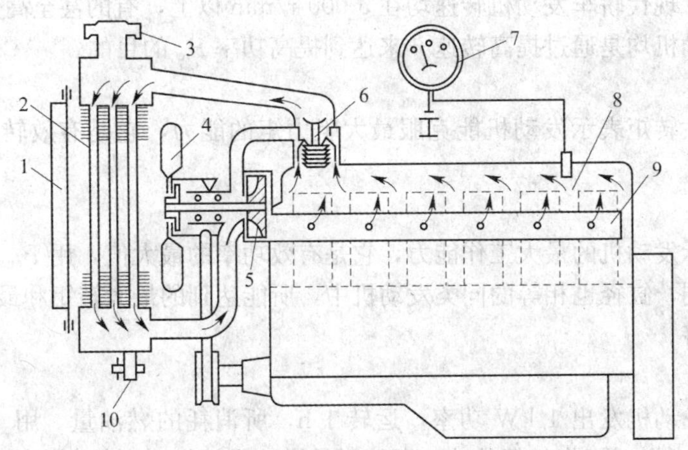

图 11—13　强制循环式水冷却系示意图

1—百叶窗　2—散热器　3—散热器盖　4—风扇　5—水泵　6—节温器

7—水温表　8—水套　9—分水管　10—散热器放水开关

的热量与在散热器中放掉的热量相等，发动机就将保持在稳定的温度下正常工作。

二、主要性能指标

发动机的主要性能指标有：有效转矩、有效功率、最大转矩、最大功率和耗油率。

1. 有效转矩

有效转矩是指发动机通过飞轮对外输出的转矩，用 T_e 表示，单位为 N·m。它表示发动机所能带动的工作机械阻力矩大小。

2. 有效功率

有效功率是指发动机通过飞轮输出的功率，用 P_e 表示，单位为 kW。它表示发动机在单位时间内所做的功。

有效功率 P_e 与有效转矩 T_e、发动机转速 n（r/min）之间有如下关系：

$$P_e = \frac{T_e\ n}{9\ 550}$$

由上式可知，两台发动机若转速（n）相等，则 T_e 大者 P_e 大；若 T_e 相等，则 n 大者 P_e 也大。

应当指出的是，现代汽车的速度越来越高，功率也越来越大。从上式可以看出，要想提高发动机的功率，途径有两个：一是提高发动机转矩 T_e；另一个是提高发动机的转速 n。但提高发动机的转矩 T_e 来提高其功率 P_e，会使发动机各机件受力加大，这就要求发动机各机件加粗，从而使发动机的质量、尺寸、体积均增加，进而使传动系各机件的尺寸、质量也随之增大，这是不可取的。相反，若通过提高转速 n 来提高发动机功率 P_e，则效果较显著。转速提高了，为了降低发动机各机件的转动惯量，就要求降低其质量，从而可获得较小的尺寸和体积。所以，现代轿车发动机转速均在 5 000 r/min 以上，有的甚至高达 10 000 r/min。实际上，现代发动机均是通过提高转速 n 来达到提高功率 P_e 的目的。

3. 最大转矩

发动机的最大转矩表示发动机能克服最大阻力矩的能力，它是有效转矩的最大值，用 T_{emax} 表示。

4. 最大功率

最大功率表示发动机的最大工作能力，它是有效功率的最大值，用 P_{emax} 表示。

在气缸数相同，缸径也相等的同类发动机中，所能达到的最大转矩和最大功率越大，则发动机的性能越好。

5. 耗油率

耗油率是指发动机发出 1 kW 功率，运转 1 h，所消耗的燃油量，用 g_e 表示，单位为 g/（kW·h）。两台发动机作相等的功，所消耗的燃油量越少，则其经济性越好。

三、汽油发动机与柴油发动机的比较

现代汽车广泛应用汽油发动机和柴油发动机作为动力装置。对轿车而言，使用最多的是汽油发动机。近年来，由于柴油发动机技术水平不断提高，使用也越来越多，特别是欧共体国家，轿车使用柴油发动机已比较普遍，在有些国家，柴油发动机与汽油发动机已平分秋色，并且柴油发动机还有更强劲的发展趋势。汽油发动机与柴油发动机的主要区别有：

1. 压缩比不同

汽油发动机与柴油发动机都是四行程发动机，工作原理基本相同。但由于汽油与柴油性质不同，引起它们之间的一些差别。汽油发动机为点燃式发动机，而柴油发动机为压燃式发动机。柴油发动机的压缩比要高于汽油发动机。现代汽油发动机压缩比一般在 8～11，而柴油发动机则高达 16～22。

柴油黏度大，不易挥发，而汽油则极易挥发，且能很好地与空气混合。所以，柴油要用高压油泵和喷油器将其强行喷入气缸并与空气混合，它不能像汽油那样在进气过程中与空气混合。此外，柴油比汽油容易自燃，柴油的自燃温度为 300℃左右，而汽油的自燃温度则为 500℃左右，远高于柴油的自燃温度。

柴油发动机在压缩行程终点气缸中的温度可达 500～700℃，远高于柴油的自燃温度。所以，柴油发动机无需外界点火，就可自燃。汽油发动机压缩行程终点气缸中的温度只有 300℃左右，远比汽油的自燃温度低，所以汽油发动机必须通过外给火源（点火）才能燃烧。

2. 燃油经济性不同

由于柴油发动机压缩比高，热效率可达 44％左右，而汽油发动机的热效率只有 20％～30％。所以，柴油发动机每 kW·h 的耗油量要比汽油发动机少，显然柴油发动机的经济性比汽油发动机好。

此外，柴油炼制工艺比汽油要简单一些，柴油比汽油的成本要低，市场价在一般情况下也要比汽油低一些。

3. 转速、质量的比较

由于柴油发动机压缩比高，机件受力大，强度要求高，所以，柴油发动机零件的尺寸较大，质量也大，比较笨重。因此，机件的运动惯量大，转速就自然较低。早先的柴油发动机的最高转速通常在 2 000 r/min，现代技术也可使其转速接近 5 000 r/min。

汽油发动机因压缩比较小，受力也较小，其零件的尺寸、质量均较小，其转速要比柴油发动机高出许多，其最高转速目前一般都在 5 000 r/min 以上，有的可接近 10 000 r/min。

4. 适应性比较

柴油发动机的转矩随转速的变化范围小，因此，作为汽车发动机在道路阻力变化很大的情况下，就需要进行频繁地换挡来调节发动机的输出转矩，以适应外界阻力的变化，否则，发动机工作就不稳定。所以，柴油发动机适应外界阻力变化的能力差，也就是所谓的适应性差。

相反，汽油发动机的转矩随其转速变化范围比较大，适应外界阻力变化的能力比较强，工作比较稳定，汽车行驶中换挡的频率要比柴油发动机低，驾驶员操纵就较简便轻松一些。

5. 结构上的比较

（1）汽油发动机进入气缸的是燃油和空气的混合气即可燃混合气。而柴油发动机进入气缸的是纯空气，要到压缩行程快结束时，才将柴油喷入燃烧室与空气在燃烧室中混合。所以，汽油发动机的加速踏板控制的是节气门开度，进而通过它控制气缸中的可燃混合气的量及其浓度。柴油发动机的加速踏板控制的是加油齿杆的位置，从而控制喷入气缸中的喷油量。

（2）燃烧室的结构不同。柴油发动机燃烧室比汽油发动机的要复杂，对其要求也较高，缸盖多采用一机多盖，而汽油发动机一般采用一机一盖。柴油发动机的活塞结构也要比汽油发动机的活塞结构复杂。

（3）汽油发动机采用高压电火花点燃气缸中的可燃混合气，有一套较复杂的电火花点火系统，而柴油发动机没有点火系，它完全靠压缩终了的气缸内温度使柴油在气缸中自燃。

6. 振动与噪声不同

柴油发动机由于压缩比高，压力大，机件尺寸、质量、运动惯量均大，所以运动起来振动和噪声就自然比汽油机要大。

7. 制造成本比较

汽油发动机较柴油发动机结构简单、造价较低，维修简便，所以，制造成本比柴油发动机低。柴油发动机制造成本高，主要体现在供油系统各机件的制造工艺、制造精度要求高，如喷油器、高压油泵、出油阀等制造精度要求高，维修费用也高。

综上所述，虽然柴油发动机在较多方面不如汽油机好，但由于它具有经济性好、耗油率低的主要优点，故其在汽车上的应用已越来越被人们所接受。

§11—2 底　盘

汽车底盘接受发动机动力，使汽车产生运动，并确保汽车按照驾驶员的操纵正常行驶。

汽车底盘由传动系、行驶系、转向系和制动系四部分组成，也是汽车的基础部分。

一、传动系

现代汽车仍然广泛采用机械传动系。自动换挡的汽车，在传动系中多了一个液力变矩器，故又称液力机械传动系。

传动系的主要功用是降低发动机转速，提高其转矩，改变汽车的行驶速度，实现倒车行驶，必要时切断动力的传递，保证汽车正常转向。

被汽车广泛采用的机械传动系主要由离合器、变速器、万向传动装置（包括万向节、传动轴、中间支架）、驱动桥（包括主减速器、差速器、半轴）等组成。

对于汽车上被广泛采用 4×2 驱动型式的机械传动，有如图 11—14、图 11—15 和图 11—16 所示的三种类型。但其传动系组成基本相同。

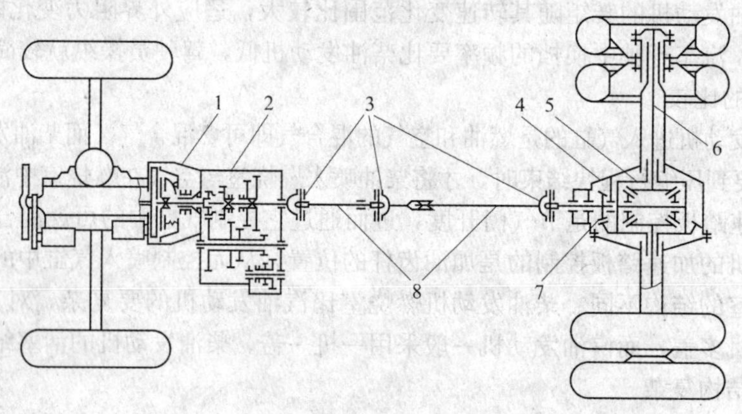

图 11—14　FR 型传动系

1—离合器　2—变速器　3—万向节　4—驱动桥　5—差速器
6—半轴　7—主减速器　8—传动轴

1. 离合器

现代汽车多采用摩擦式离合器来接合传递或分离切断动力。其作用是使汽车起步平稳、变速器换挡方便、防止发动机和传动系过载。

离合器通常由主动部分、从动部分、压紧机构、分离机构和操纵机构等组成。目前，汽车上广泛使用膜片弹簧离合器（见图 11—17）。膜片弹簧离合器不仅在轿车上广泛使用，中型货车，甚至重型货车也采用。

膜片弹簧离合器较圆柱弹簧离合器有许多优点：首先，膜片弹簧本身不仅具有压紧弹簧的作用，还起分离杠杆作用，因而使零件数目减少，质量轻、尺寸小，结构大为简化。其次，由于膜片弹簧与压盘在整个圆周上接触，压力分布均匀，接触良好，磨损均匀。另外，膜片弹簧具有非线性的特性，当摩擦片磨损后，其压紧力几乎不变；分离离合器时，且可减轻踏板力，使操纵轻便。此外，膜片弹簧对离合器轴的中心线来说是对称的，其压紧力不受

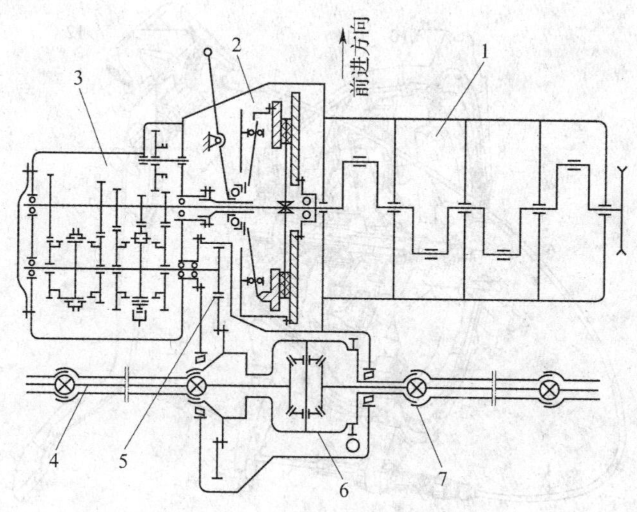

图 11—15　发动机横置的 FF 型传动系

1—发动机　2—离合器　3—变速器　4—半轴　5—主减速器
6—差速器　7—万向节

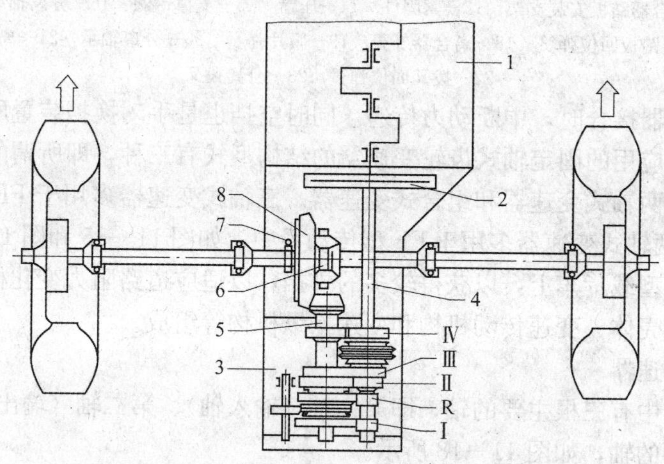

图 11—16　发动机纵置的 FF 型传动系

1—发动机　2—离合器　3—变速器　4—输入轴　5—输出轴
6—差速器　7—车速表驱动齿轮　8—主减速器从动齿轮

离心力的影响。特别是对目前的高速发动机来说，消除离心力对弹簧的影响是极为重要的。

2. 变速器

变速器主要用来改变发动机与驱动轮之间的传动比，以便在较大范围内改变汽车驱动轮上的转矩和行驶速度。此外，变速器还设有倒挡和空挡，以便汽车能倒车行驶，空挡能在发

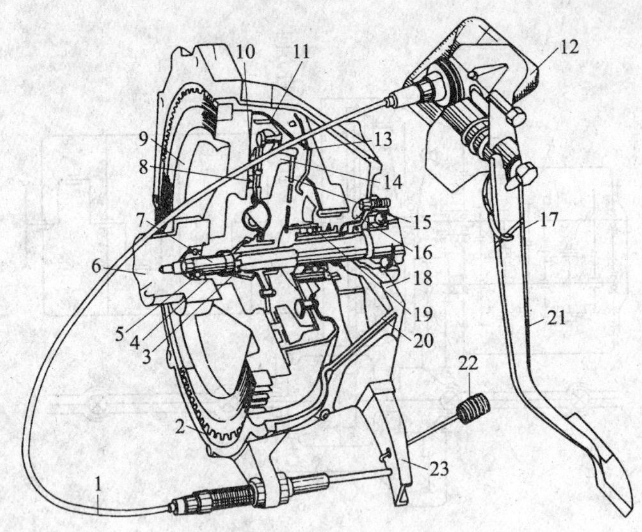

图 11—17 膜片弹簧离合器

1—离合器柔性绳索 2—起动电动机齿圈 3—花键 4—轴承固定圈 5—导向轴承 6—曲轴 7—变速器输入轴 8—离合器从动盘 9—飞轮 10—摩擦衬片 11—离合器盖 12—离合器踏板安装支架 13—紧固件 14—压盘 15—支撑钢圈 16—分离轴承导杆 17—离合器踏板回位弹簧 18—离合器外壳 19—膜片弹簧 20—分离轴承 21—离合器踏板 22—拨叉回位弹簧 23—分离拨叉

动机不熄火，离合器接合时，中断动力传递。同时空挡也是手动换挡装置所必需的挡位。

在汽车上广泛应用的固定轴式齿轮变速器的结构型式有三种，即所谓的三轴式（也叫中间轴式）变速器、两轴式变速器和组合式变速器。三轴式变速器多用于 FR 型传动系中，如图 11—14 所示。两轴式变速器多用于 FF 型传动系中，如图 11—15 和图 11—16 所示。组合式变速器多用于重型载货车上，以获得较多的排挡，以适应道路阻力变化极大的需要。

变速器主要由壳体、变速传动机构和变速操纵机构等组成。

（1）三轴式变速器

三轴式变速器中有三根主要的轴，即第一轴（输入轴）、第二轴（输出轴）、中间轴。而把倒挡轴作为次要的轴，如图 11—18 所示。

三轴式变速器特点是：变速器的第一轴和第二轴的轴线在同一直线上，通过换挡机构将两轴连接起来，就可以得到传动比为 1 的直接挡，此时变速器传动效率最高，磨损小，噪声也较小。驾驶员只要条件允许应尽可能使用直接挡，以提高传动效率。其他前进挡均需经过两对齿轮啮合，使传动效率降低。

（2）两轴式变速器

两轴式变速器在 FF 型传动系上被广泛应用，如图 11—15 和图 11—16 所示。图 11—19 为奥迪 100 轿车的两轴式变速器。

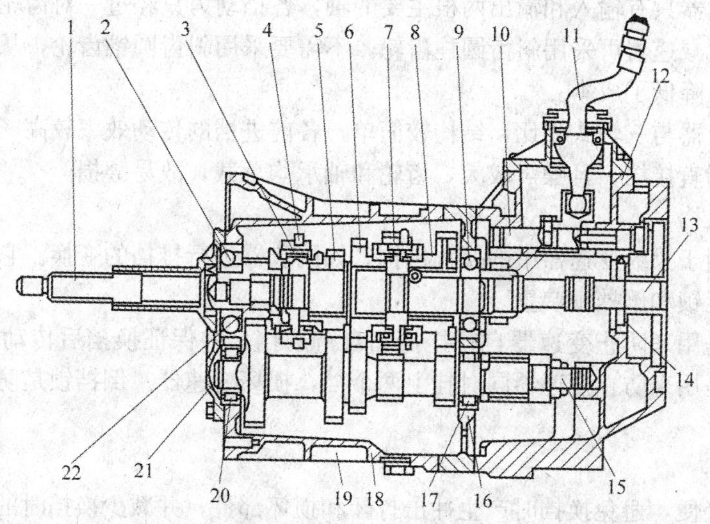

图 11—18 切诺基 BJ2021 型汽车变速器

1—第一轴 2—单列向心球轴承 3—三、四挡同步器 4—三、四挡拨叉
5—第二轴三挡齿轮 6—第二轴二挡齿轮 7—一、二挡同步器 8—第二轴一挡齿轮
9—单列向心球轴承 10—换挡拨叉轴 11—变速杆 12—副箱体 13—第二轴
14—油封 15—中间轴 16—中间支撑板 17—滚子轴承 18—前壳体
19—加强筋 20—滚子轴承 21—轴承盖 22—滚针轴承

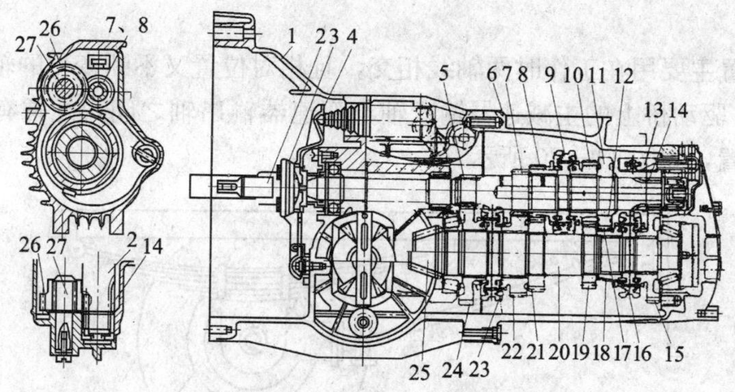

图 11—19 奥迪 100 型轿车变速器

1—变速器前壳体 2—输入轴 3—离合器分离轴承 4—离合器分离叉 5—输入轴一挡齿轮
6—变速器后壳体 7—输入轴二挡齿轮 8—输入轴三挡齿轮 9—三、四挡接合套
10—输入轴四挡齿轮 11—隔离套 12—输入轴五挡齿轮 13—集油器 14—输入轴倒挡齿轮
15—输出轴倒挡齿轮 16—五、倒挡接合套 17—输出轴五挡齿轮 18—隔离套 19—输出轴四挡齿轮
20—输出轴 21—输出轴三挡齿轮 22—输出轴二挡齿轮 23—一、二挡接合套 24—输出轴一挡齿轮
25—主减速器主动锥齿轮 26—倒挡中间齿轮 27—倒挡轴

两轴式变速器只有输入和输出两根主要的轴，各挡动力只经过一对齿轮啮合传递。若发动机横置，则主减速器可采用斜齿圆柱齿轮，不需要采用斜齿圆锥齿轮，从而简化了加工工艺和装配工艺，降低了成本。

两轴式变速器与三轴式相比，结构较简单，各前进挡的传动效率较高。但两轴式变速器无传动效率高的直接挡，且噪声较大，齿轮和轴承均承载，故易磨损。

（3）操纵机构

操纵机构用于操纵变速器中的换挡机构，如同步器进行排挡的变换。它具有三个锁止装置，即自锁、互锁和倒挡锁装置。

自锁装置是用来防止变速器自行挂挡和自行脱挡，并保证换挡后传动齿轮进入全齿啮合。互锁装置是用来防止变速器同时挂上两个挡，损坏变速器。倒挡锁是防止驾驶员误挂倒挡损坏变速器。

（4）同步器

为使换挡轻便，避免换挡时产生冲击打牙和损坏部件，并减少换挡时的噪声，在现代汽车上广泛使用同步器换挡。

同步器有常压式、惯性式和自增力式三种。广泛使用的是惯性式同步器。由于结构不同，惯性式同步器又分为锁环式和锁销式惯性同步器。轻型以下的汽车广泛采用锁环式惯性同步器，由于它的转矩容量比锁销式同步器小，所以，中型以上的汽车多采用锁销式惯性同步器。

3. 万向传动装置

万向传动装置一般由万向节和传动轴组成。有时因传动轴较长，将其分为两段，并设置有中间支承。

万向传动装置主要用在工作时两轴线相交，且相对位置又不断变化的轴间传递动力。在FR型传动系中，驱动桥上的主减速器输入轴与变速器输出轴之间，经常有相对运动，普遍采用万向传动装置，如图11—20所示。

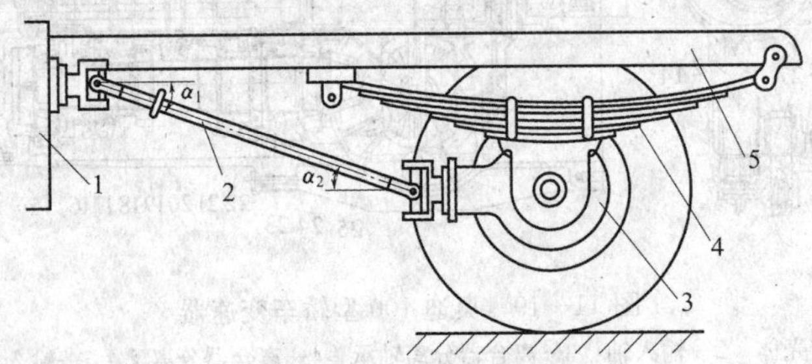

图11—20　万向传动装置

1—变速器　2—万向传动装置　3—驱动桥　4—后悬架　5—车架

车用万向节有刚性万向节和挠性万向节。刚性万向节又分为十字轴刚性万向节和等速万向节。

（1）十字轴刚性万向节

单个十字轴刚性万向节是不等速万向节，单个万向节在汽车上很少采用。一般都成对使用，才能达到等速的要求。且只能实现两轴交角为15°～20°的传动。

用一对十字轴刚性万向节来实现等速传动必须满足两个充分必要条件（见图11—20）：

1）第一万向节两轴交角 α_1 与第二万向节两轴交角 α_2 要相等；

2）传动轴两端的万向节叉的叉平面应在同一个平面内。

（2）等速万向节

目前使用较多的等速万向节为球笼式等速万向节，如图11—21所示，广泛用于FF型传动系中。它能实现两轴交角达42°的传动。

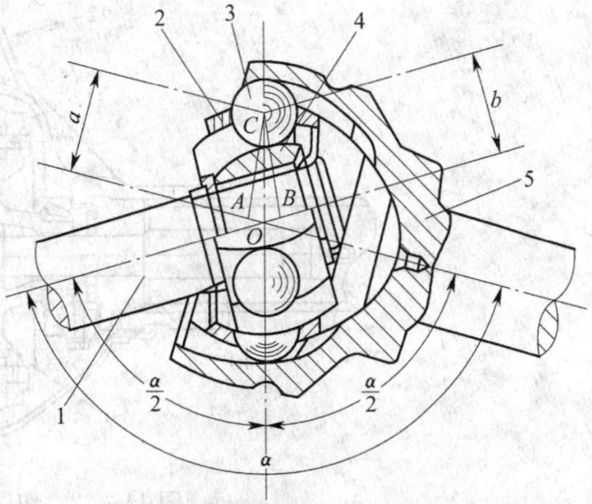

图11—21　球笼式等速万向节

1—主动轴　2—保持架　3—钢球　4—星形套　5—球形壳

4. 驱动桥

驱动桥将万向传动装置传来的发动机转矩增大并改变传递的方向后，传递给驱动轮。并允许左右驱动轮可以以不同的转速旋转。

驱动桥一般由主减速器、差速器、半轴和桥壳组成。

（1）主减速器

主减速器将传动轴传来的转速降低，转矩增大，并改变转动方向后，将动力经差速器传给左右半轴。一般主减速器由一对传动比很大的锥齿轮组成，如图11—22所示。

主减速器的设置，可减小其前面的传动部件如变速器等所传递的转矩，从而使其尺寸和质量减小，操纵也轻便。

（2）差速器

汽车在转弯时，内侧与外侧车轮，在同一时间内所滚过的路程是不相等的，且外侧车轮滚过的路程要比内侧车轮长。若采用一根整体式车轴，会使驱动轮产生滑移或滑转，使轮胎过早磨损，而且会增加功率与燃料消耗。为了消除这种弊病，汽车的左右驱动轮之间就装有轮间差速器。

驱动桥中一般采用行星锥齿轮差速器。

（3）半轴与桥壳

半轴的作用是将转矩由差速器的半轴齿轮传给驱动轮。由于驱动轮外端轴承装置的结构不同，半轴又分为半浮式和全浮式半轴。半浮式半轴多用于质量较小，使用条件较好的轿车和轻型载货汽车上。全浮式半轴要采用较复杂的轮毂，但全浮式半轴拆装比较方便，故广泛用于轻型以上的各种载货汽车。

桥壳是主减速器、差速器、半轴、车轮和悬架的安装基础，因此，桥壳应有足够的强度和刚度。

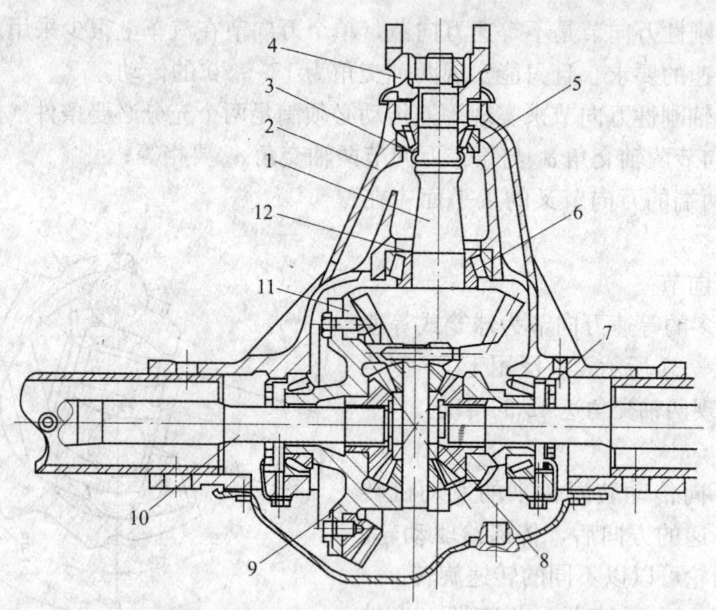

图 11—22　切诺基汽车主减速器

1—主动齿轮及轴　2—减速器壳　3—弹性垫圈　4—万向节叉　5、6—圆锥滚子轴承　7—调整螺母　8—半轴卡圈　9—差速器壳　10—半轴　11—从动锥齿轮　12—调整垫

二、行驶系

汽车行驶系的作用是：承受汽车各机件的重力和转矩，传递汽车与地面间的各种力和转矩，缓和不平地面的冲击，吸收振动能量并衰减汽车振动，保证汽车行驶的平顺性。通常，行驶系由车架、车桥、悬架和车轮等部分组成，如图 11—23 所示。

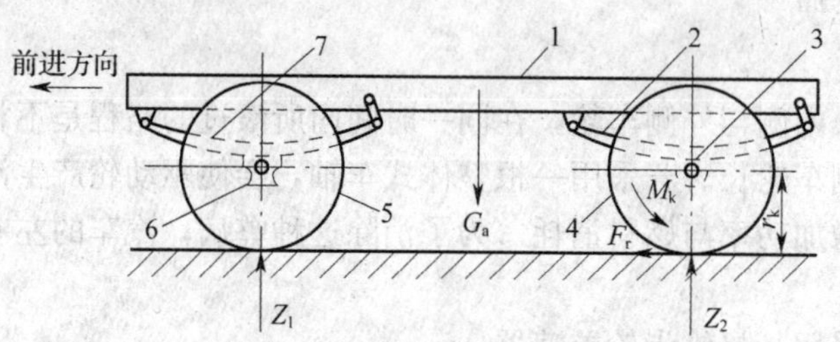

图 11—23　行驶系组成及受力情况

1—车架　2—后悬架　3—驱动桥　4—驱动轮　5—转向轮　6—转向桥　7—前悬架

1. 车架

车架是整个汽车的装配基体，绝大多数部件和总成都通过车架来固定。汽车上有两种不同的车架和车身结构，即有车架的非承载式车身结构和无车架的承载式车身结构。

货车通常都采用承载式车架，而轿车大都采用无车架的承载式车身结构。但有的高级轿车或防弹车等则采用刚度、强度很高的车架，但其质量较大。

2. 车桥

车桥是左右车轮之间的横梁。根据其作用不同，分为驱动桥、转向桥、转向驱动桥和支持桥。驱动桥前已述及，支持桥除不能转向外，其他功能和转向桥相同。故只介绍转向桥。

转向桥一般为汽车的前桥，它由前梁、转向节、主销和轮毂等组成，如图 11—24 所示。

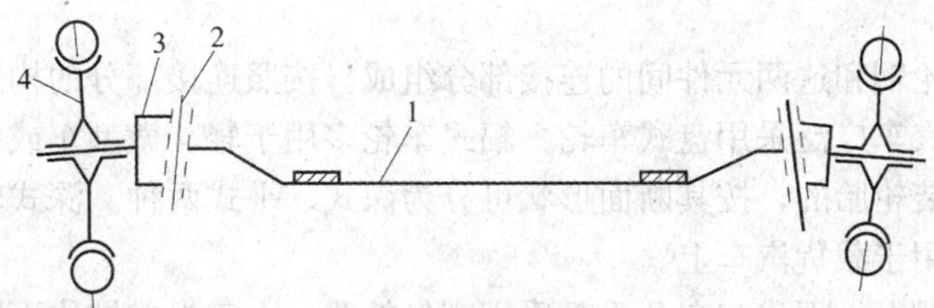

图 11—24　转向桥示意图

1—前梁　2—主销　3—转向节　4—车轮

为使汽车具有稳定的直线行驶和自动回正功能，并保持转向轻便性以及减小行驶过程中轮胎和转向机构的磨损，转向轮、转向节和前轴三者与车架的安装必须保持一定的相对位置。这种具有一定相对位置的安装关系，称为前轮定位。前轮定位包括四个参数：主销后倾、主销内倾、前轮外倾和前轮前束。

主销后倾是指主销安装后其上端略向后倾斜。主销后倾角一般不大于 3°，其作用是提高汽车行驶稳定性和自动回正的能力。

主销内倾是指主销安装后其上端略向内倾斜。主销内倾角一般不大于 8°，其作用是提高汽车行驶的稳定性，并使转向操纵轻便。

前轮外倾是指安装前轮时，前轮上端略向外倾斜。前轮外倾角一般为 1°左右。其作用主要是防止车辆在满载时，前轮产生内倾，加速轮胎磨损和轮毂外轴承的损伤。

前轮前束是安装前轮时，两侧车轮前端向内收束的现象。车辆处在直线行驶时，两前轮后端的距离 A 减去前端距离 B 的值即为前轮前束值，一般前轮前束值为 8～12 mm，如图 11—25 所示。前轮前束作用是消除前轮外倾所产生的滚锥效应，减小前轮在地面上的滑拖，减小车轮的磨损。

后轮也有两个定位参数，即后轮外倾和后轮前束。

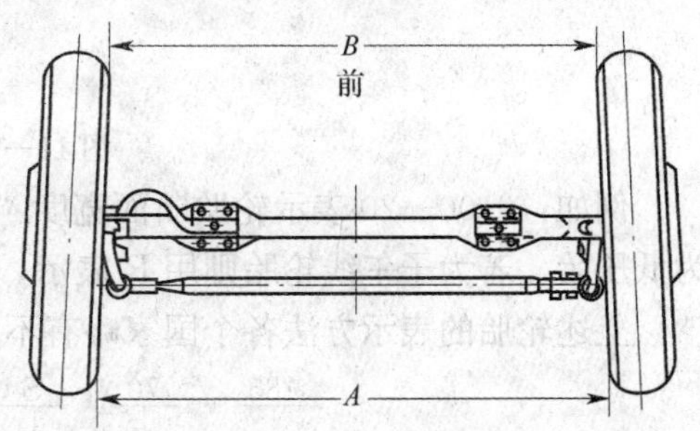

图 11—25　前轮前束

3. 悬架

悬架是连接车架和车桥的弹性传力装置。悬架主要作用是缓冲、导向和减振。悬架由弹性元件、导向装置和减振器组成。

弹性元件的作用是缓冲。汽车上使用的弹性元件主要有钢板弹簧、螺旋弹簧、扭杆弹簧、空气弹簧和油气弹簧等。钢板弹簧由于结构简单，使用可靠，维修方便，且能将缓冲、导向和减振的作用集于一身，所以应用广泛。但采用独立悬架结构时，则不用钢板弹簧。

减振器的作用是衰减车辆的振动，提高汽车行驶的平顺性，使乘坐舒适。使用较多的为液压筒式双向减振器。

4. 车轮与轮胎

车轮由轮毂、轮辋和这两元件间的连接部分组成。按照连接部分的构造，车轮分为盘式和辐式两种。现代汽车广泛采用盘式车轮，辐式车轮多用于轻、微型车或摩托车上。

轮辋是用来安装轮胎的，按其断面形状可分为深式、平式两种。深式轮辋多用于小轿车上，平式轮辋则多用于载货汽车上。

轮胎安装在轮辋上。现代汽车几乎都采用充气轮胎。由于组成结构不同，充气轮胎分为有内胎式和无内胎式两种。无内胎轮胎为密封起见，在轮胎内壁上涂有一层橡胶密封层。

轮胎的尺寸代号用“*B*—*d*”表示，“*B*”代表轮胎断面宽度；“*d*”表示轮辋直径，“—”表示低压胎，如图 11—26 所示。

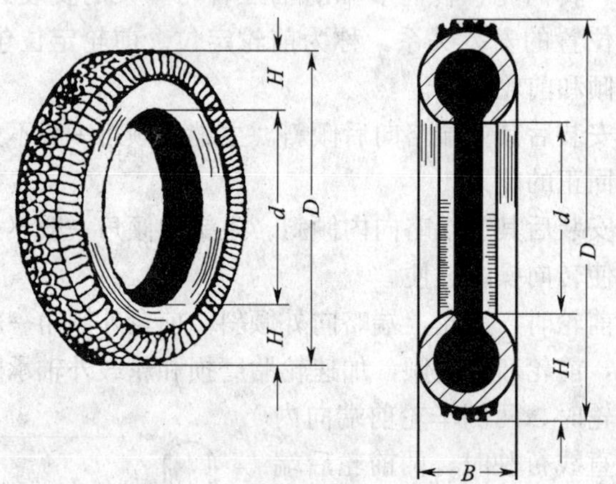

图 11—26　轮胎尺寸代号

例如：9.00—20 表示轮胎断面宽度“*B*”为 9 in，轮辋直径“*d*”为 20 in。“—”表示为低压胎。若为子午线轮胎则用 R 表示，如 9.0 R 20。

上述轮胎的表示方法各个国家略有不同，例如上海桑塔纳轿车轮胎为：

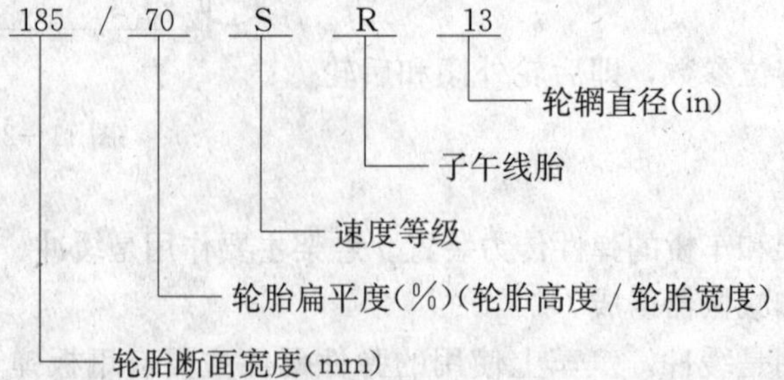

轮胎的速度等级有 H、S、P 三级。H 表示超高速（<210 km/h）；S 表示高速（<180 km/h）；P 表示普通级（<150 km/h）。

三、转向系

转向系的作用是遵循驾驶员的操纵指令改变汽车行驶方向。转向系由转向操纵机构、转向器、转向传动机构等组成，如图 11—27 所示。

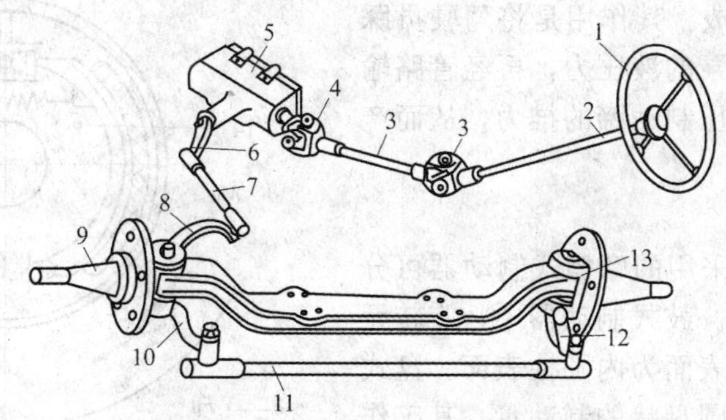

图 11—27　汽车转向系构造图

1—转向盘　2—转向轴　3—传动轴　4—转向万向节　5—转向器　6—摇臂　7—主拉杆　8—转向节臂　9—左转向节　10、12—梯形臂　11—横拉杆　13—右转向节

1. 转向操纵机构

转向操纵机构主要有转向盘、转向轴、转向万向节等。转向盘的自由转动量需检查调整，自由转动量向左、向右一般均为 10°～15°为宜。

2. 转向器

转向器是转向系中的减速装置，按其传动副的结构形式不同，有循环球式、齿轮齿条式、螺杆曲柄销式等。用得较多的是循环球式和齿轮齿条式转向器。齿轮齿条式转向器通常用在前桥为独立悬架的轻型、微型轿车上，如奥迪、桑塔纳、夏利、高尔夫、标致、奥拓、雪铁龙、依维柯等。

3. 转向传动机构

转向传动机构将转向器输出的动力和运动传到转向桥两侧的转向节上，进而使其两侧转向轮发生偏转。转向传动机构因悬架的类型不同而异，分为与独立悬架配用及与非独立悬架配用的传动机构。

四、制动系

制动系用于强制行驶中的汽车减速或停车，以及防止停放的汽车发生滑移。所以，一般汽车制动系包括两套独立的装置，即行车制动装置和驻车制动装置。制动系主要由制动器和制动传动机构组成。

在汽车上使用较多的有液压、气压和机械式制动系。机械式制动系多用于驻车制动。

图 11—28 为液压式行车制动系的工作原理图。该液压制动系由车轮制动器和液压传动

机构组成。

车轮制动器是产生制动力使车轮停止转动的装置。它由制动底板、制动蹄、回位弹簧、制动鼓等组成。

液压传动机构主要由制动总泵（主缸）、分泵（轮缸）和油管组成。其作用是将驾驶员踩制动踏板的力变为总泵的液压力，再经管路输送到轮缸后，变为推压制动蹄的推力，从而产生制动作用。

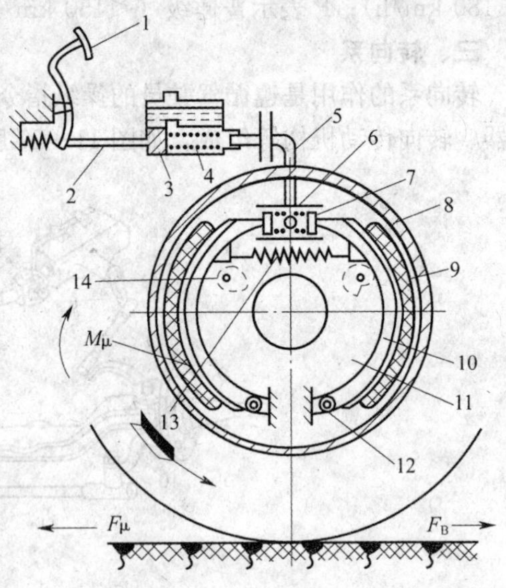

图 11—28　液压制动系工作原理示意图

1—制动踏板　2—推杆　3—主缸活塞　4—制动主缸　5—油管　6—制动轮缸　7—轮缸活塞　8—制动鼓　9—摩擦片　10—制动蹄　11—制动底板　12—支承销　13—制动蹄回位弹簧　14—调整凸轮

1. 制动器

目前，汽车上所采用的摩擦式制动器可分为鼓式和盘式两大类。鼓式制动器中，旋转元件是制动鼓，其工作表面为内圆柱表面。盘式制动器的旋转元件是圆盘状的制动盘，其工作表面为端面。鼓式制动器又叫蹄鼓式制动器。

鼓式制动器在汽车上广泛应用，不仅作为行车制动器，还用作驻车制动器。若驻车制动器安装在变速器输出轴上时，则又叫中央制动器。

盘式制动器按制动元件不同，又可分为钳盘式制动器和全盘式制动器。钳盘式制动器又有定钳盘式和浮钳盘式两种，现代汽车上浮钳盘式制动器用得较多。

盘式制动器与鼓式制动器比较，有以下优点：

（1）盘式制动器制动效能较稳定，制动时也较平稳；

（2）摩擦副中有水浸入后，效能降低较少，只需 1～2 次制动，即可恢复正常；

（3）因制动使温度升高时，制动盘沿厚度方向上的热膨胀极小，制动器间隙变化极小；

（4）在输出制动力矩相同时，尺寸和质量较小。

盘式制动器的缺点有：

（1）制动效能较低，一般要加装一套伺服制动系；

（2）若要兼作驻车制动时，结构比较复杂，成本较高。轿车上常采用前盘后鼓式的制动模式与此有关。但一些高级轿车也采用前、后均为盘式制动器的模式。

2. 制动传动机构

制动传动机构是将驾驶员或其他动力源的制动作用力传到制动器，用以控制其工作，并产生所需的制动力矩的装置。

在轿车或轻型以下的货车上，采用液压制动系的较多。液压制动系和机械制动系一样，都属于人力制动系。人力制动系所需的制动能源完全由驾驶员体力提供。所以，为了减轻驾驶员的劳动强度，在制动传动机构中，采用了真空增压助力器，也有的采用真空式助力器。

§11—3 车身与电气设备

一、车身

车身是汽车的基本骨架，也是最大的部件，它决定了汽车的基本形状、大小和用途。汽车车身除满足一般的机械工程学的共同要求外，还应考虑一些特殊的要求，即还应满足人体工程学和流体力学方面的要求，因为汽车是由人驾驶的，所以必须保证安全性和舒适性。首先应确保乘员的活动空间，保证乘员乘坐舒适，驾驶方便，并尽量扩大驾驶员的视野。此外，还应考虑上下车的方便，减少振动和噪声，防止雨水和尘土侵入，保证通风和气温调节。车身外形还应充分考虑美观，高速行驶时，空气阻力应尽可能小。

按受力情况的不同，车身可分为非承载式、半承载式和承载式三种。

1. 非承载式车身

这种车身有完整的车架，车身通过弹性元件与车架作柔性连接。安装在车架上的车身除承受本身的重力外，还承受所装载的人和货物的重力，及其在汽车行驶时所引起的惯性力和空气阻力。货车的车身，即驾驶室和货厢多属于此类车身。

2. 半承载式车身

车身和底架用螺栓连接、铆接或焊接，因而车身对底架有一定的加固作用，分担底架的部分载荷。

3. 承载式车身

采用此种结构的汽车没有车架，车身承受汽车的全部载荷。车身作为发动机和底盘各总成的安装基础。

为了减小汽车的整体质量，大多数微型、普通级、中级轿车和部分客车车身常采用承载式结构。货车驾驶室只占汽车长度的一小部分，不可能采用承载式结构。

在轿车、货车和客车中，轿车车身是最为复杂，技术含量最高，制造难度大，成本高，占整车的价值比重最大的一个复杂部件。所以，在此只介绍轿车车身的结构情况。

图 11—29 所示为典型的四门轿车车身壳体结构示意图。轿车车身通常由车前、车底、侧围、顶盖、后围等部分组成。

轿车车身的车前部分是由前翼子板 13、挡泥板 11、散热器固定框 14 和发动机盖等组成(见图 11—30)。对于承载式车身，其前部的零件除发动机盖和散热器固定框外，都和前纵梁 12、前围 1 焊接成一体，以安装前悬架，因而车前部分刚度较大。车前非承力件一般均用 0.6～0.8 mm 厚的钢板冲压而成，挡泥板等承力件通常采用 1～1.2 mm 厚的钢板冲压而成。

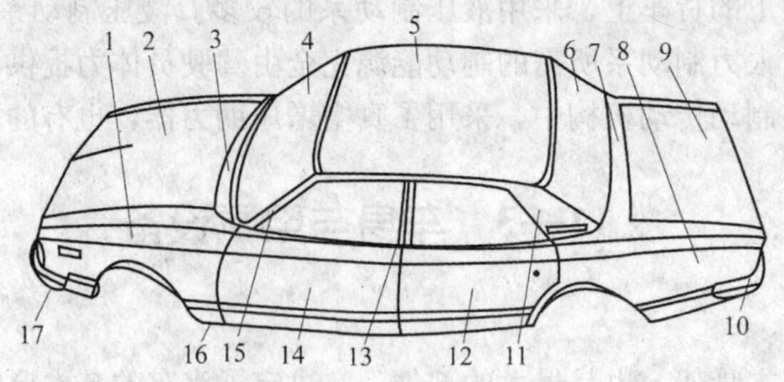

图 11—29　轿车车身壳体结构

1—前翼子板　2—发动机盖　3—前围　4—前风挡　5—顶盖　6—后风挡　7—后围
8—后翼子板　9—行李箱盖　10—后保险杠　11—后立柱　12—后车门
13—中立柱　14—前车门　15—前立柱　16—车底　17—前保险杠

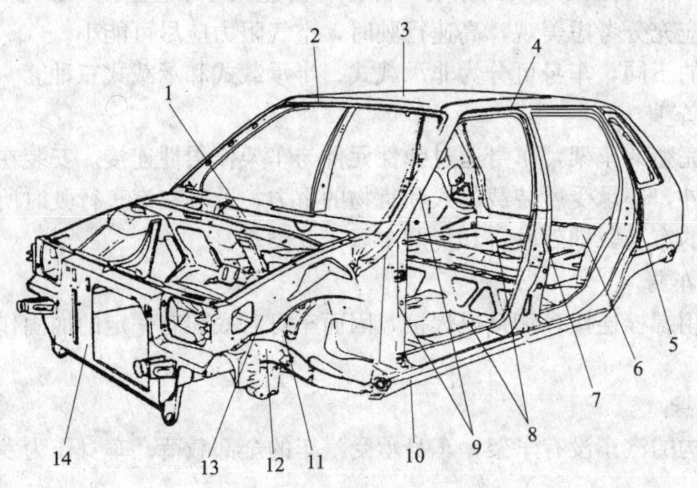

图 11—30　轿车车身结构

1—前围　2—前风窗框上横梁　3—顶盖　4—顶盖侧梁　5—侧门框总成
6—后围板　7—中立柱　8—地板　9—前立柱　10—地板边框　11—挡泥板
12—前纵梁　13—前翼子板　14—散热器固定框

前围、侧围、后围和顶盖等部分是车身乘坐厢体的主要组成部分，关系到乘员的视野、舒适和安全，因此是车身的重要部位。前围 1 指的是前风挡下部的那部分金属构件，它是乘坐厢体的前壁，用来连接地板和左、右侧围，左、右前立柱。前围隔开了前置发动机对乘员的影响，并保护前排乘员免受意外伤害，也是安装各种仪表和操纵机构的部位。侧围由前立柱 9、中立柱 7、侧门框总成 5、顶盖侧梁 4、地板边框 10 等构件组成，用来安装车门，支撑顶盖并连接后围板 6。后围板 6 是后风窗下的钣金件，这部分钣金件加强了乘坐厢后的刚度。由于该车的乘坐厢与行李箱相通，后围已不存在，因此，用加强后侧门框总成，以增强乘坐厢的刚度。顶盖 3 由一块整板做成，前后左右均焊在横梁 2 和侧梁 4 上，中部的下面通常有拱形梁支撑以增强其刚度。

非承载式车身的车底部分结构较简单，一般由前、后两块地板组成，且与边梁焊接为一体。承载式车身的车底除地板外，还有用来加强的横梁和纵梁，以提高车身的刚度。加强梁是焊接上去的，不能拆卸，需要采取充分的防水、防锈措施。通常，地板用 1～1.2 mm 厚的钢板冲压焊接制成，而加强梁常用 1.2～1.6 mm 厚的钢板做成厢形或凸形断面式。

现代轿车几乎都采用承载式车身。承载式车身和非承载式车身的差别仅是在车前和车底部分的结构不同，其余部分基本相同。由于承载式车身省去了车架，所以，车身质量较小，并可适当降低车身地板所处的高度。随着机器人焊接工艺自动化的实现，大批量生产价廉、质量高、焊接误差小的车身已成为可能。

但是，承载式车身由于取消了车架，发动机、传动系和悬架的振动噪声直接传入具有共鸣箱作用的乘坐厢，增大了车内的噪声。为了遮蔽噪声，需使用很多降噪声材料。钢板制的车身覆盖件振动后容易传播噪声，必须采取措施吸收噪声。可在地板下面贴上柔软的石棉垫或毡垫等隔音材料或吸音材料，减少透过车身传到车内的噪声和振动。

二、电气设备

随着半导体技术的迅速发展，电子技术在汽车上的应用日益广泛。汽车电子装置的新产品不断涌现，特别是微型计算机的应用，极大地推动了汽车工业的发展。汽车用电设备的数量和功率都在增加，产品的质量、性能不断提高，并且向着更加轻量化、小型化、自动化方向发展，使用寿命也进一步提高，所起的作用也越来越重要。

汽车上电气设备主要由电源和耗电装置两部分组成。现代汽车上的电气设备数量很多，但其具有四大特点，就其作用可归纳为八大系统。

1. 四大特点

(1) 双电源

汽车上的电源有蓄电池、发电机及其调节器。其作用是向全车用电设备提供低压电源。蓄电池主要供起动用电；发电机主要是在汽车正常行驶时，向用电设备供电，同时还可向蓄电池充电。

(2) 低压直流

汽车上用的电压，对汽油发动机多为 12 V，而对柴油发动机多为 24 V。由于蓄电池充放电的电流为直流电，所以汽车上的用电均为直流电。

(3) 并联单线

汽车上的用电设备很多，但都是并联的。汽车上的发动机、底盘等金属机体为各种电器的并联支路，称为搭铁。而另一边是用电设备到电源的一条导线，故称为并联单线制。

(4) 负极搭铁

根据《汽车电气设备基本技术条件》规定，汽车电气系统采用单线制时必须统一，电源为负极搭铁。我国早期的汽车电气系统采用正极搭铁，但在发动机点火工作中，会产生无线电干扰，为克服这一缺陷，后改为负极搭铁。

2. 八大系统

(1) 电源系统

现在汽车上多用铅蓄电池，它能把电能转变成化学能储存起来，使用时再把化学能转变成电能释放出来，转换的过程是可逆的。

发电机是交流发电机，它具有体积小、质量轻、结构简单、维护方便、使用寿命长等优点，此外，其低速充电性能好，配用的调节器结构简单，对无线电干扰小。

蓄电池和发电机是并联安装的，在使用中，蓄电池和发电机不一定同时供电。

(2) 起动系统

起动系统由起动机及继电器组成，其作用是起动发动机，起动时蓄电池应向起动机供应很大的电流（可达 600 A）。

(3) 点火系统

点火系统主要包括点火线圈、分电器总成、火花塞等，其作用是将蓄电池的低压电转变成高压电，产生电火花，点燃可燃混合气。

(4) 照明系统

照明系统是指车内、外照明装置，其作用是确保车内、外一定范围内合适的照明度。

(5) 信号系统

它包括音响信号和灯光信号两类，其作用是引起行人、车辆注意，确保行车和停车的安全性、可靠性。

(6) 仪表系统

其主要是指各种仪表。汽车仪表已实现数字化、屏幕化。其作用是显示发动机、制动系及行车的状态，以便对汽车运行参数进行监控。

(7) 舒乐系统

该系统主要包括暖风装置、空调装置、音响视听设备等。其任务是给驾驶员和乘客提供良好的工作条件和乘坐的舒适安乐的环境。

(8) 微机控制系统

该系统主要包括发动机控制中心（EEC）、车辆行驶中心（VEC）、驾驶员信息中心（DIC）三大类。目前已广泛应用的电子控制装置有：电子控制燃油喷射系统（EFI）、电子控制自动变速装置（EAT）、电子防抱死制动系统（ABS）、电控安全气囊等。

§11—4 汽车的型式

汽车的型式是指汽车的轴数、驱动型式、发动机在汽车上的安装位置、传动系的类型以及车身或驾驶室的类型。汽车的选型是极为重要的，汽车的型式对汽车的使用性能、质量、外形尺寸、制造成本等的影响很大，应对其有基本的了解。

一、汽车的轴数与驱动型式

汽车分为双轴、三轴和四轴汽车。汽车的总轴数量是根据汽车的总质量、使用条件和用途及轮胎负荷能力来确定的。

驱动型式常见的有 4×2 型、4×4 型，此外还有 6×6 型、6×4 型、6×2 型和 8×8 型、8×4 型等。因 4×2 型汽车结构简单，自重较轻，成本低、油耗小，所以轿车和总重量小于 190 kN 的公路车辆，广泛采用这种型式。为了尽可能提高汽车的装载重量和运输能力，双轴汽车的最大总重量一般都接近公路法规限制的上限。总重量在 190～260 kN 的公路车辆通常采用 6×4 或 6×2 型，总重量为 280～320 kN 的公路用车一般采用 8×4 型。

矿山用重型自卸车对其机动性要求较高，大多数采用轴距较短的 4×2 驱动型式。少数在恶劣条件下使用的重型汽车采用4×4型。一般汽车的轴数不宜多于 4 根，否则会降低汽车的机动性并增加轮胎磨损。若采用 4 根车轴还不能满足装载重量要求，则可采用大型多轴式拖车。

军用越野车由于对机动性要求较高，一般均采用全轮驱动型式。轻型越野车大多采用 4×4 的型式，装载重量在 50 kN 以上的越野车，普遍采用6×6 型。装载重量在 80～100 kN 的越野车，则大多采用 8×8 型，其越野性能比 4×4、6×6 型好得多，但传动系和转向系比较复杂，传动效率也较低，油耗量大。

二、汽车的布置型式

汽车的布置型式是指发动机、驱动轴和车身的相互位置关系和布置特点。不同用途的汽车采用不同布置方式后，所产生的优缺点或带来的问题也不同。

1. 轿车的布置型式

轿车用得最多的布置型式有以下三种：

(1) 前置—后驱动

发动机前置—后轮驱动，即 FR 式，如图 11—31a 所示。这是广泛应用于各型轿车中的传统布置型式。其主要优点是前、后轴负荷分配较合理，对操纵稳定性、行驶平顺性和延长轮胎寿命比较有利；操纵机构简单；行李箱容积较大；发动机散热条件较好。其缺点是传动轴较长并需要通过车身中部，使车厢地板中部有凸起的形状，以便让传动轴通过。因此，既影响车厢地板的平整性和乘坐舒适性，也影响车厢地板高度的降低。这种布置型式使轴距较长，汽车自重也较大。

(2) 后置—后驱动

发动机后置—后轮驱动，即 RR 型，如图 11—31b 所示。这种布置型式，发动机在后轴之后，与 FR 型相比，轴距可缩短，车身也就可缩短，这是因为变速器在后座的下部，驾驶操纵踏板可向前伸至两前轮之间，而且发动机在车身后部，排气污染，噪声对乘员的影响较 FR 型小。车厢地板也可布置得较低、较平。结构较紧凑，汽车自重也较轻。车身前部较软，撞车时安全性较好。这种布置型式在轻型和微型汽车上用得较多。在中型轿车上也有采用。但在使用中，被证明具有下列缺点：

1）满载时，后轴负荷较大，而前轴附着载荷较小，容易发生过多转向，使高速行驶时，操纵稳定性变坏；

2）由于发动机在车身后部，气流不畅，散热不好；

3）驾驶员在车前部，操纵机构较复杂；

4）行李箱在两前轮之间，前轮转向占的空间较大，故行李箱有效容积较小；

5）变形成轿车型货车较困难。

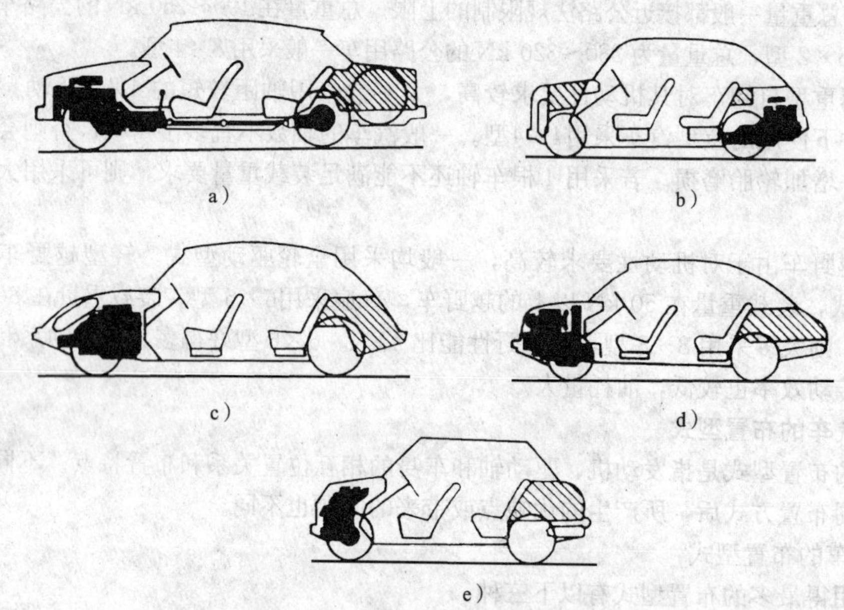

图 11—31　轿车的布置型式

a）前置—后驱动　b）后置—后驱动　c）前置—前驱动，发动机位于前轴之后
d）前置—前驱动，发动机位于前轴之前　e）前置—前驱动，发动机横置

由于上述原因，目前采用 RR 型这种布置型式的逐渐减少。

（3）前置—前驱动

发动机前置—前轮驱动，即 FF 型，如图 11—31c、d、e 所示。FF 型和 RR 型一样，发动机和传动系紧联成一体，省去了传动轴，车身地板变得平坦且可降低高度，机构也较紧凑。此外，还具有如下优点：

1）因前轴负荷较大，因而具有较明显的不足转向性能，有利于安全行驶；

2）前轮既是转向轮又是驱动轮，汽车的转向力矩依靠驱动力产生，而不是依靠转向轮的侧向附着力产生，因而减少了汽车侧滑的可能性；

3）易于变形为轿车型货车。

近来，前置—前驱动型式在微型和轻型轿车上得到了极广泛的应用，在大、中型轿车上采用的也日渐增多。前置前轮驱动的缺点是：

1）前轴负荷较大，前轮磨损严重，轮胎寿命短；

2）上坡时，前轮的附着载荷减小，影响驱动力，有可能发生滑转；

3）前轮驱动兼转向，需采用可靠性较高的等角度万向节，结构较复杂，制造成本有所增加。

在前置前轮驱动的三种布置型式中，最紧凑的是发动机横置于前轴之前（见图 11—31e)。此时，由于车身前围板和乘坐室前移较多，故汽车轴距缩短较多，汽车总长度最短，汽车自重也较轻。当发动机横置时，主减速器的变速齿轮可采用圆柱齿轮，生产简便，制齿工艺简单。但这种布置型式变速器无效率较高的直接挡。此外，因汽车的总宽度不能过大，这种布置型式只适用于长度较短的小排量发动机。

发动机置于前轴之后时（见图 11—31c)，车身长度和轴距都较长，结构不够紧凑。为此，可将发动机置于前轴之前（见图 11—31d）或采用发动机横置（见图 11—31e)，以缩短车身和轴距，但只适用于较小排量的发动机，否则车身前悬过长。

2. 大客车的布置型式

大客车的产量一般都不大，早期在我国大都用标准货车底盘改装，或用货车的主要部件，如车架、悬架装置来配用专门设计的车身。大客车的布置型式常有以下几种：

(1）前置—后驱动

早期的大客车多用货车发动机和底盘改装而成。因此，多用货车上常用的发动机前置—后轮驱动的布置型式，如图 11—32a 和 b 所示。若这种大客车直接利用长头货车底盘改装，因受货车底盘限制存在不少缺点，如车厢地板较高，上下车不方便，行驶稳定性也较差；车体加重，发动机功率不足，前轴和前轮超载，使转向沉重，制动性能也较差。此外，轴距较短，影响载客量。

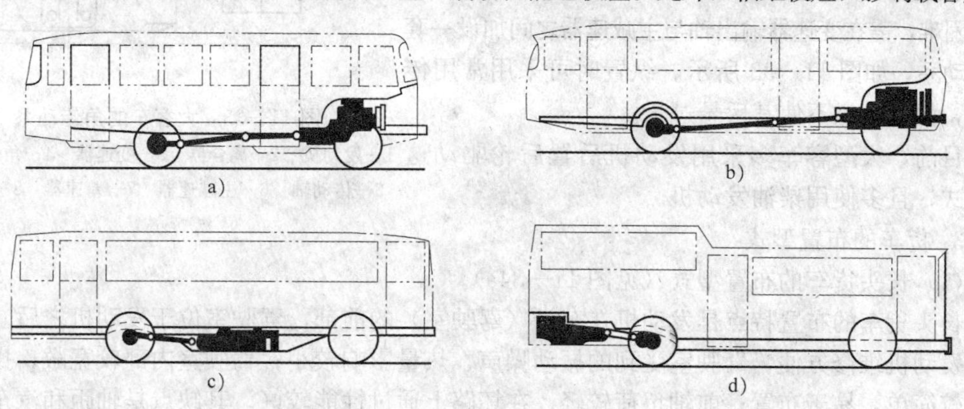

图 11—32 大客车的布置型式

a)、b）前置—后驱动 c）中置—后驱动 d）后置—后驱动（纵置）

发动机前置的优点是散热条件好，维修保养方便，操纵机构简单。但缺点是车厢内噪声大，发动机尾气容易进入车厢内，影响乘坐的舒适性；前悬部分不易布置车门；传动轴较长，易产生共振，临界转速低。

(2) 中置—后轮驱动

发动机中置—后轮驱动，如图 11—32c 所示。这种驱动型式的发动机置于车身中部地板下方，因而使车厢内面积利用最充分；车内噪声较小；传动轴较短；前悬部分可开设车门，适合单人管理。但是，因发动机处于地板之下，为使地板不至于过高，必须采用对置式发动机，发动机冷却及维修保养较困难。这种布置型式较适合于公路条件和气候条件较佳的场合，同时要求发动机的工作更为可靠，在少数国家的一些大城市的客车上有所采用。

(3) 后置—后轮驱动

发动机后置—后轮驱动，如图 11—32d 所示。这种布置型式的大客车后悬部分较长，可以把发动机、离合器、变速器置于后轴之后，因而车厢地板下方无传动轴，地板位置可以降至很低，有利于稳定地行驶。车厢内面积利用程度较高，振动噪声较小，轴荷分配也较合理，发动机维修可在车外进行，地板下还可形成很大的行李箱。缺点是发动机和传动系远离司机座，因而需远距离操纵，驾驶员听不到发动机声音，发动机故障不易判断；水箱布置较困难，冷却条件较差。

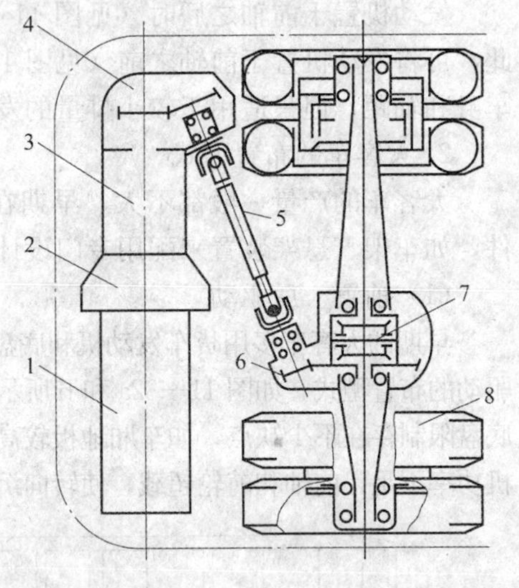

图 11—33 大客车的角传动系

1—发动机 2—离合器 3—变速器 4—角传动器 5—传动轴 6—主减速器 7—差速器 8—车轮

后置发动机可横置也可纵置，但横置时传动系布置较困难，需在变速器输出轴与主减速器之间加设一套角传动系，如图 11—33 所示。纵置时可采用常用传动系，但要注意不使其后悬过长。

目前，大型客车多采用发动机后置后轮驱动这种型式，且多使用柴油发动机。

3. 货车的布置型式

(1) 长头货车的布置型式（见图 11—34a）。

长头货车的布置特点是发动机在车身（驾驶室）的前部，驾驶室位于发动机之后。其优点是发动机维修方便，驾驶室受到的振动噪声、热量影响较小；驾驶室内部较宽敞；操纵机构也较简单，易于布置；前轴负荷较轻。在坏路上通过性能较好。其缺点是轴距和汽车总长度较大，面积利用率（车厢面积与汽车面积之比）较低；轴距长，导致最小转弯半径较大；长头车还会妨碍司机的视线，视野性差。因此，该种布置型式在轻型货车上用得较少，而大、中型货车仍有采用长头车的布置型式。

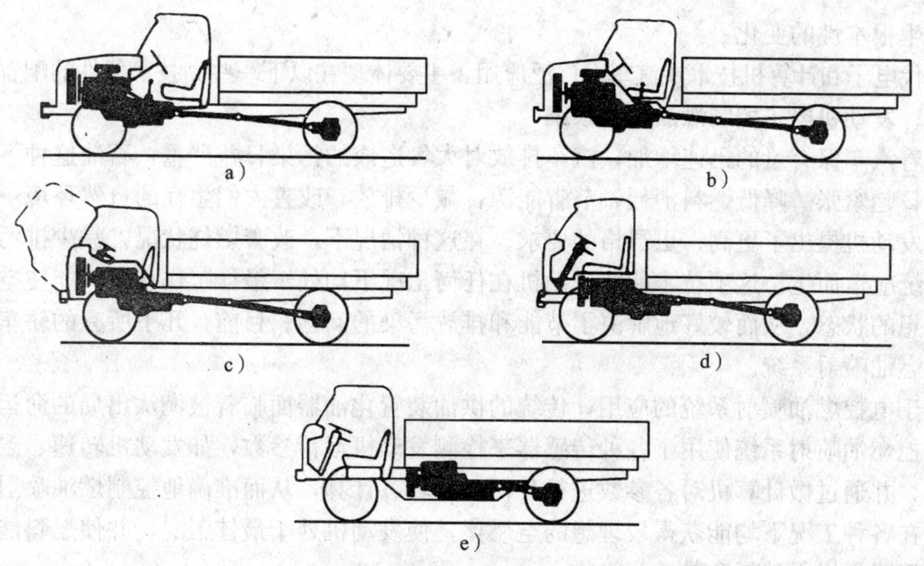

图 11—34　货车的布置型式

a）长头车　b）短头车　c）平头车

d）发动机位于驾驶室下的平头车　e）发动机中置的平头车

（2）短头车的布置型式（见图 11—34b）

为了不增加汽车的总长度，而增大货厢面积或缩短轴距，可把驾驶室向前移，将发动机的一小部分伸入到驾驶室内。短头车的布置型式会使驾驶室内部较拥挤，只可在发动机两侧布置两个座位，发动机的维修也就不很方便，其振动噪声对驾驶室影响也较大，故采用此种布置型式的货车不多。

（3）平头货车的布置型式

为了进一步缩短汽车的总长度和轴距，可将驾驶室布置在发动机之上，形成平头车，如图 11—34c 所示。平头车的轴距和总长比较短，自重也较轻，机动性好，视野开阔，面积利用率高。所以采用平头车布置型式的货车较多。但平头车的驾驶室内同样较拥挤、闷热，受振动和噪声影响同样大，发动机维修保养也不方便；汽车高度较大。为了便于维修保养发动机，中型以上的货车，大都采用可倾翻式驾驶室。为了解决驾驶室的拥挤现象，一些较小的平头车采用高度较低的发动机，并布置在其座位下面，如图 11—34d 所示。一些更小型或微型货车则往往采用如图 11—34e 所示的中置型式，发动机置于货厢之下，在货厢地板前部，有一可开启的盖板，以方便维修发动机。

§11—5　汽车现代配置

随着电子技术的发展，汽车的结构不断更新，新技术不断在汽车上应用，汽车的使用性能不断完善，现代汽车的概念正在发生巨大的变化，现代汽车的产品设计、制造思想与方法正在发生根本性的变化。

现代电子和计算机技术在汽车上广泛应用，主要体现在以下一些高技术部件的配置方面。

一、发动机电子控制燃油喷射系统

随着汽车保有量的迅速增加，汽车排放对大气造成的污染日益严重，石油这种不可再生的资源日趋紧张。降低燃料消耗，节省能源，减少排放，改善人们生存的自然环境——人们对汽车发动机提出了更高、更严格的要求。在这种情况下，改善燃烧状况，减少排污的汽油喷射系统应运而生。这项技术能使发动机在任何工况下均处于最佳工作状态，能使空燃比达到较理想的状态，从而较好地解决了节能和排放污染的问题。目前，几乎所有的轿车均装用了电控燃油喷射系统。

由于电控燃油喷射系统的应用，传统的供油装置化油器面临着被淘汰出局的命运。

电控燃油喷射系统使用了各种传感器来检测发动机运行参数，如发动机转速、温度、进气量等，并通过微计算机对各参数进行分析、比较、计算，从而准确地控制燃油喷射量，使发动机在各种工况下均能获得较理想的空燃比，使发动机处于最佳工况，并使燃料能完全燃烧，进而降低燃料消耗和排放污染物。

1. 现代电控燃油喷射系统的类型

现代电控燃油喷射系统是在机电混合式燃油喷射技术的基础上，应用了微计算机技术发展而成，且已逐渐成熟和完善。目前多采用较先进的多点分别供油式、间歇脉冲喷射式、次序喷射式和电子控制式等。

先进的电控燃油喷射系统，按其测量进气方式不同又可分为L型和D型两种。

(1) L型

L型又称进气流量型，以进气流量为主要的控制参数。即发动机所吸入的空气量，由装在进气管内的空气流量传感器直接测得。电子控制系统根据进入发动机的实际空气量确定喷油量。由于采用流量计直接测量进入发动机的空气量，计量较准确。电子控制器则可根据准确的进气量信息，确定合适的喷油量，从而得到较合理的空燃比，如图11—35所示。

(2) D型

D型又称进气压力型，以进气管压力为主要控制参数。即主要根据发动机进气管内的压力传感器测得的进气压力计算进气量，从而来确定喷油量，如图11—36所示。

(3) D型与L型的比较

由于D型电控燃油喷射系统以进气压力作为控制喷油量的主要因素，它在汽车突然制动或下坡节气门关闭时，以及天气状态有较大变化时，存在迅速反应效果不良的缺点，此外，空气流量与压力不成一定的比例关系，所以，控制精度较差。

L型采用吸入空气的流量作为主要控制喷油量因素，计量较准确。所以L型成为现在广泛采用的结构型式。

2. 电控燃油喷射系统的组成及工作过程

电控燃油喷射系统主要由燃油供给系统、空气供给系统及控制系统电路三大部分组成。

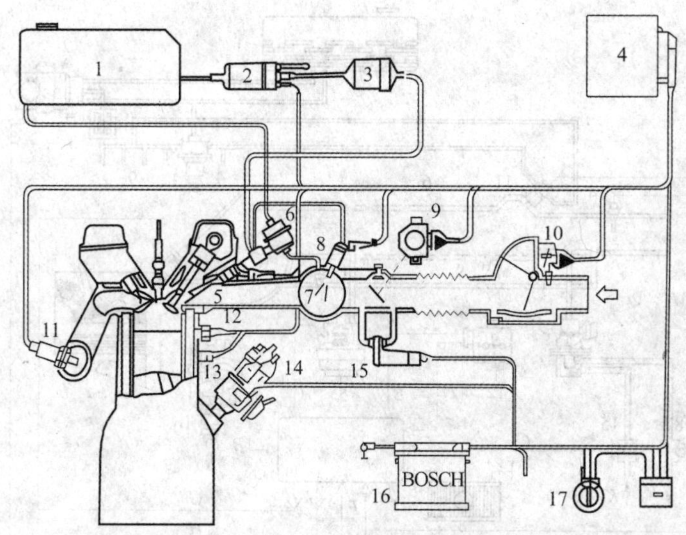

图 11—35　L 型电控燃油喷射系统

1—燃油箱　2—汽油泵　3—滤清器　4—控制单元　5—喷油器　6—分配管与压力调节器
7—进气总管　8—冷起动阀　9—节气门开关　10—空气流量计　11—氧传感器　12—温度时间开关
13—温度传感器　14—分电器　15—辅助空气调节阀　16—蓄电池　17—点火起动开关

(1) 燃油供给系统

燃油供给系统主要由汽油箱、汽油泵、汽油滤清器、压力调节器、压力缓冲器、冷起动阀、输油管、主喷油器等组成。其工作过程是：电动汽油泵将油压至滤清器，再经压力缓冲器输入油管，并将燃油分配到装在进气歧管上的各缸喷油器中。在输油管上，装有燃油压力调节器，能自动调节燃油压力，使其保持在 0.3 MPa 左右，多余的燃油流回油箱。当喷油器得到电控单元的喷油指令时，燃油便喷至进气门的上方。在进气门打开时，燃油与空气混合，同时被吸入气缸。在发动机冷起动时，因温度低，温度开关触点闭合，冷起动喷嘴通电，燃油喷入进气歧管，混合气加浓，使冷起动容易。可参见图 11—35 和图 11—36。

(2) 空气供给系统

空气供给系统由空气滤清器、节气门、节气门位置传感器、怠速控制阀、进气控制阀、进气温度传感器（D 型还有真空传感器）等组成。其工作过程是：空气经过滤后，经空气流量传感器计量，沿节气门通道进入进气歧管，再分配到各个气缸中。在正常行驶时，空气流量是由驾驶员通过加速踏板操纵节气门的开度来控制的。在冷起动时，由于水温低，辅助空气调节阀开启，空气通过旁路管道补充一部分，可以保证发动机容易起动。随着温度上升，辅助空气调节阀逐渐关闭。

(3) 电控单元（ECU）

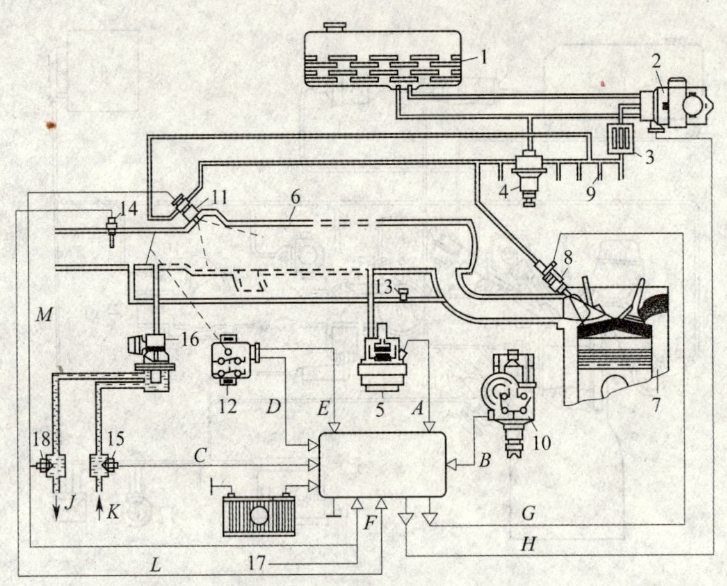

图 11—36　D 型电控燃油喷射系统

1—燃油箱　2—汽油泵　3—滤清器　4—压力调节器　5—进气压力传感器　6—进气管　7—气缸　8—喷油器　9—喷油管　10—分电器　11—冷起动阀　12—节气门开关　13—怠速调整螺钉　14—温度传感器　15—水温传感器 16—辅助空气调节器　17—起动蓄电池　18—温度开关

电控单元（ECU）的功能是：接受表征发动机工况的所有输入信号，包括发动机转速信号、吸入的空气量信号、起动信号、节气门位置信号、水温信号等，输入计算机控制器后，经过综合判断和计算，确定喷油器开启时间的长短，按最佳空燃比发出指令给喷油器，从而控制喷油器的喷油量，以保证发动机正常运转。ECU 还能控制点火时间，还有自动校正和故障自诊断的功能。

二、电控防抱死制动装置（ABS）

1. 防抱死制动基本原理

电控防抱死制动装置是利用电子电路，通过对车辆制动力矩的自动调节来保持车轮与地面之间最大摩擦系数。这种制动装置可以充分发挥制动器的效能，提高制动减速度，缩短制动距离，并能有效地提高车辆制动时的稳定性，防止车轮侧滑和甩尾，是提高汽车行驶安全性的有效措施之一。

从理论和实践两个方面均证明，汽车的最佳制动状态是在车轮既滚动又有一些滑动，且滑移率在 15%～25%的状态时，可同时获得大的纵向和侧向附着系数，这是普通制动系所无法做到的。电子控制防抱死装置可以控制车轮制动的滑移率在最佳范围之内。滑移率计算公式如下：

$$滑移率=\frac{车身瞬间速度-车轮瞬间速度}{车身瞬间速度}\times 100\%$$

2. 电控防抱死制动装置的组成及工作过程

电子防抱死制动装置主要由车轮速度传感器、电子控制器（ECU）和制动压力调节器三部分组成。

（1）车轮速度传感器

常用的车轮速度传感器为电磁感应式。其作用是把车轮的运动状态转变为电信号，送入控制器。传感器安装在制动鼓内，由定子总成和转子（齿圈）组成。定子固定在制动底板上，转子压入轮毂，与车轮一起旋转。车轮制动时，由于齿圈的齿顶不时地接近、离开磁极，使感应线圈中的磁场周期性地变化，因此，在线圈中感应出接近正弦波的交变电信号，此信号的频率与车轮转速成正比，并送入电子控制器内。

（2）电子控制器（ECU）

电子控制器，将传感器产生的正比于车轮转速的脉冲数，经整形放大后，变成同频率的方波，再进行加、减速度值的计算，将计算结果送入逻辑运算控制器中，与已储存的给定值比较。一旦需要调节时，便发生一个控制指令信号，经功率放大器放大后，控制压力调节阀动作。另外，还有主控制器使各部分协调工作。下限车速控制器能在转速低到一定值时，自动切除防抱死制动而执行原车制动。

（3）制动压力调节器

无论是气压制动还是液压制动，都是靠控制器送来的电信号控制电磁阀动作，然后控制制动油路（或气路）的通断，从而调节制动压力，反复增加、减弱制动液压（气压），使汽车的滑移率保持在15%～25%之间，以获得最佳的制动效果。

根据压力调节器控制装置的布置形式，防抱死制动装置有轴控制和轮控制两种。

轴控制就是一个压力调节器同时控制一根轴上左右的两个车轮。轮控制是每个车轮设有一个压力调节器。轿车前轮一般采用轮控制，后轮则用轴控制。载货汽车前、后轮多采用轮控制的方式。

3. 电控防抱死制动装置实例

图 11—37 是防抱死系统示意图。正常制动时，制动压力调节器中减压活塞 5 与其上方作用着由液力蓄能器 4 的高压油道传来的高压而经常处于下方位置，球阀 6 被推打开，此时，制动分泵 10 与总泵 7 直接相通，进行制动。但在制动过程中，若车轮即将抱死时，控制器将不断分析传感器送来的车轮运动参数，随即发出一个降低分泵液压力的信号给制动压力调节器，以减小制动器的制动力，其过程如下：

当判断出车轮即将抱死时，由控制器 1 发出一个电脉冲信号，使电磁线圈 2 产生吸力，铁心连同细杆向右移动，顶死球阀门 3，关闭液力蓄能器的高压油道，减压活塞 5 上方与低压泄油道相通，活塞将上移。一方面活塞下方容积增大，车轮分泵油压降低，制动力减小。另一方面球阀 6 被弹簧顶到上端位置，关闭阀口，使分泵与总泵油道隔断。当制动力减小时，车轮转速就会提高，超过一定值时，控制器 1 又下令制动，铁心细杆左移，打开液力蓄压器的高压油道，活塞 5 上方通高压油，使其向下移动，从而顶开球阀门 6，车轮分泵压力再次上升，制动力也随之加大。如此反复，这种压力的变化频率通常每秒达 10～12 次，使得车轮始终处于最佳的制动状态——接近抱死而又尚未完全抱死，直至停车。

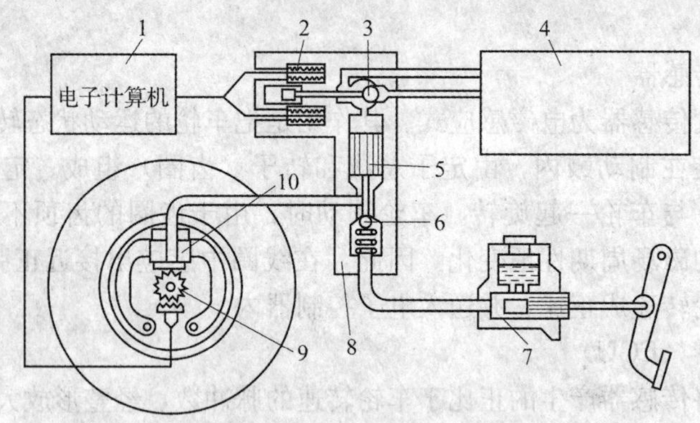

图 11—37 防抱死系统示意图

1—控制器 2—电磁线圈 3—球阀 4—液力蓄能器 5—减压活塞 6—球阀
7—制动总泵 8—制动压力调节器 9—传感器 10—制动分泵

三、电控自动变速装置（EAT）

1. 概述

汽车自动变速器能自动改变传动比，调节或改变发动机动力输出性能，经济而方便地传递动力，较好地适应外界行驶阻力的变化。但自动变速器的传动效率低于机械变速器，油耗较高，不令人满意。近来由于电子和计算机技术的广泛应用，使液力自动变速器发展进入了一个新的时期，并使其综合经济性能有了进一步的提高。

目前，电控液力自动变速器在轿车上的装备率有了很大的提高，在城市客车、工程机械、军用车辆上也得到了普遍的采用。

电控自动变速装置的优点主要有：

（1）汽车行驶性能好

自动变速装置的挡位变换不但快，而且平稳，从而提高了汽车乘坐的舒适性。通过液体传动和微计算机控制换挡，可以消除或降低动力传动系统中的冲击和动载，从而能延长发动机及传动系统零部件的使用寿命。

（2）安全性好

自动变速的车辆，取消了离合器踏板和变速操纵杆的操作，只要控制加速踏板就可自动变速，这就大大减轻了驾驶员的劳动强度，使行车事故下降，平均车速提高。特别是老年人和妇女驾驶，其效果更为明显。

但就目前情况看来，自动变速装置还存在着结构比较复杂、传动效率还不够高的缺点。与手动变速相比，自动变速装置结构复杂，零、部件加工工艺较复杂，成本较高，修理难度大，价格较贵。此外，由于自动变速装置带有液力变矩器，依靠液体传递动力，其能量损失较高。换挡时离合器等摩擦元件也要消耗能量，故自动变速装置的传动效率比手动变速要低，当然，耗油量也就大些，经济性要差一些。

2. 电控自动变速装置的组成及基本原理

(1) 组成

电控自动变速装置主要由自动变速器（带液力变矩器和行星齿轮变速机械）、自动换挡控制阀组、电控单元和各种传感器等组成，如图 11—38 所示。

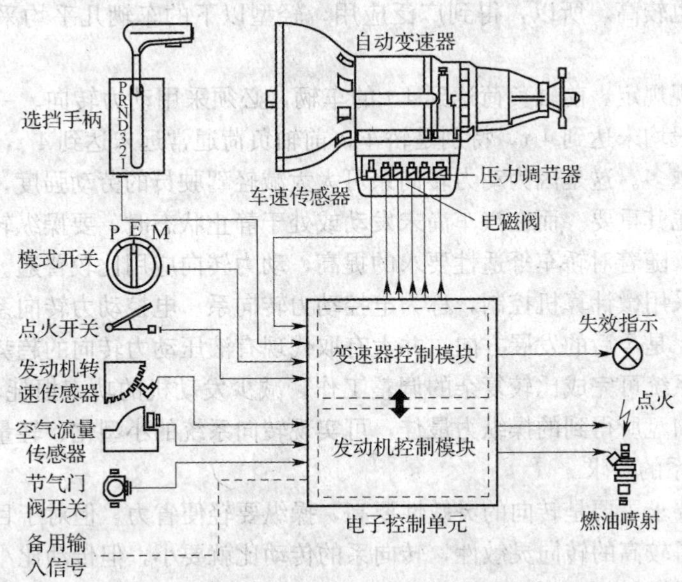

图 11—38 电控自动变速装置

(2) 工作原理

电控自动变速装置的核心是电子控制单元（ECU），它根据装在发动机、自动变速器上的各种传感器所测得的发动机转速、节气门开度、车速、换挡杆位置、变速器油温、程控开关所选的运行模式、低挡开关信号等运行参数，以及各种控制开关传来的当前状态信号，进行运算、分析和比较，然后根据电子控制单元内设定的控制程序，向各个执行器件发出控制指令，以使液压控制阀动作，从而接通或切断相关油路，实现自动变速。

具体说来，电控自动变速装置将传感器送来的车速、节气门开度等各种电信号输入 ECU。这些信号告诉 ECU 各部件当前工作状态，ECU 接到这些信号后，将其存储起来，同时通过与 ECU 内存储的数值进行比较，作出判断，并从内存中找出响应这些工作状态需要产生的动作指令。并将这些指令发送给相应的执行元件，如电磁阀，从而获得执行元件的响应。控制系统中的自我工况监控器会检查出其发出的指令结果是否达到所需响应效果，若指令的结果不是所需要的，ECU 会修正它的指令，直至正确无误为止。

电控系统还有自诊断功能，在运行中，当发生故障时，会将发生的故障转变为故障代码、存入存储器中，利用自诊断系统进行诊断，找出故障部位。

四、电控动力转向系统

汽车的动力转向系是利用一定的动力助力方式，来帮助驾驶员完成转向操作。采用动力转向系的汽车，在正常情况下，转向所需能量，绝大部分是发动机驱动的油泵（或空气压缩机）所提供的液压能（或气压能）。

目前所采用的动力转向可分为液压式和气压式。液压式的工作压力较高，外廓尺寸较小，工作灵敏度也较高，所以，得到广泛应用，轻型以下的车辆几乎均采用液压式动力转向。

我国有关法规规定，前轴负荷达到 4 t 的车辆，必须采用动力转向。一般中型以下的汽车，前轴负荷一般均未达到 4 t，特别是轿车，前轴负荷通常远未达到 4 t，但在轿车上装动力转向系的越来越多。这是因为动力转向系可大大减轻驾驶员的劳动强度，这一点对于妇女和老年人，显得尤其重要。而在汽车尚未发动或处于静止状态时，要操纵转向盘来偏转车轮更是困难。近来，随着对轿车舒适性要求的提高，动力转向应用比较普遍。

动力转向系采用微计算机控制，称为电控动力转向系。电控动力转向系是汽车动力转向的一种先进方式，是今后的发展方向，并大有取代现有液压动力转向的趋势。这种微计算机控制的动力转向系统可完成比较复杂的调整工作，减少发动机的功率损耗，增大输出功率，节省燃油，且转向盘所得到的操纵力最佳，可实现转向系统的小型化、轻量化。

1. 动力转向系的要求

对转向系的要求主要是转向的灵敏性要高，操纵要轻便省力，但对于目前使用的机械转向系而言，要获得较高的转向灵敏性，转向系的传动比就要小，但传动比小，操纵转向盘就比较费力。要使操纵轻便，则要求转向系传动比要大，这样，灵敏性变差。所以，转向灵敏性与操纵轻便两者不可兼得。

通常要求转向轮达到最大偏转角时，转向盘旋转的总圈数不得超过 5 圈，且转向盘的最大操纵力不超过 250 N。

转向的灵敏性要好。转向的灵敏性是指在转向盘操纵下，动力转向助力器产生的助力作用的快慢程度，助力作用越快，转向就越灵敏。此外，还应具有直线行驶的稳定性，转向结束后，转向盘应能自动回正，且驾驶员应有良好的“路感”。

转向过程中要有随动作用，转向轮的偏转角和驾驶员转动转向盘的转角要保持一定的关系，并能根据需要使转向轮保持在任一偏转角的位置上。转向系统工作要可靠，当动力转向失效或发生故障时，应能保证通过人力实现转向操纵。

2. 电控动力转向系的组成及工作原理

电控动力转向系通常由转矩传感器、车速传感器、电子控制器、电动机、电磁离合器和减速机构等组成，如图 11—39 所示。

电控动力转向系是利用电动机作为助力源，根据转向参数和车速等信号，由微机完成助力控制。其原理如下：

当驾驶员转动转向盘时，装在转向盘柱上的转矩传感器（见图 11—39）不断测出转向器上的转矩的大小和方向，并由此产生一个电信号，该信号与车速传感器送来的车速信号，同时输入电子控制器。控制器中的微计算机，根据输入的这些信号进行运算、分析、比较和处理，确定助力转矩的大小和方向，也就是决定供给助力电动机的电流大小和方向，并调定转向助力的大小和方向。电动机的助力转矩经电磁离合器，并通过减速机构减速增矩后，加在转向机构的输出轴上，最终经齿轮齿条式转向机构使转向轮向预定的方向偏转，实现转向。

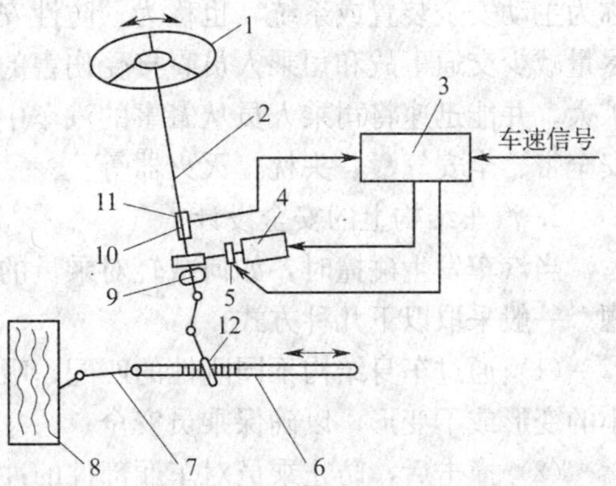

图 11—39　电控动力转向系的示意图

1—转向盘　2—输入轴（转向轴）　3—电子控制器　4—助力电动机　5—电磁离合器　6—转向齿条　7—横拉杆　8—轮胎　9—输出轴　10—扭力杆　11—转矩传感器　12—转向齿轮

3. 电控动力转向系的优点

（1）可将电动机、减速装置、转向杆、转向器等部件装配成一个整体，无液压传动的管道，也无液压控制阀，使结构更加紧凑，质量轻，通常电控动力转向系比液压动力转向系轻 1/4 左右。

（2）电控动力转向系没有液压动力转向系常运转的油泵，只有电动机，仅在需要时才接通电源工作，因而节省了发动机动力。

（3）没有了液压系统，就不必担心漏油，所以电控动力转向系工作更加可靠；

（4）电控动力转向不受发动机停止运转的影响，在停车状态下，只要电瓶有电，驾驶员就可获得转向的助力，能轻易地偏转转向轮。

（5）汽车行驶过程中，电子控制器可部分调整电动机的反力，以改善驾驶员的“路感”。

五、主、被动安全装置

随着汽车保有量的增加，因汽车造成的交通事故而死亡的人数也急剧上升，成为威胁民众安全的公害之一。

对交通安全的研究已引起世界各国的关注。世界各国为了进一步提高汽车的安全性能，大力开展国际合作，共同努力，造福于人类。

1. 主、被动安全的含义

汽车的安全性可按交通事故发生的前后加以分类。通常认为，凡是在交通事故发生之前采取的安全性措施，即预防性措施。特别是当即将发生危险状况时，驾驶员操纵转向盘进行避让，或进行紧急制动，以避免交通事故的发生，有这种功能的装置都叫主动安全装置。根据这一含义，在汽车行驶中，为确保驾驶员操纵稳定和对周围环境的视认性而开发的防抱死制动系统、防滑系统、动力转向系统、主动悬架、四轮驱动、四轮转向、灯光照明系统、刮水器、后视镜、喇叭、防止车辆追尾的车距报警系统和激光雷达等安全装置和技术装备都可称为主动安全装置或系统，也称为预防性安全系统。另一方面，当交通事故发生以后，为了尽量减少交通事故和司乘人员直接受伤害的程度，保证司乘人员和行人的安全，防止灾害的扩大，并能迅速将司乘人员从肇事的汽车中解救出来的一些安全系统称为被动安全系统，如安全带、全安气囊、头枕、灭火器等。

2. 汽车结构上的安全设计

当汽车发生碰撞时，如何减轻对乘员的伤害，是汽车结构设计时必须认真考虑的重要问题。一般采取以下几种方式：

(1) 通过车身结构不同刚性的匹配，吸收撞击时的冲击力，在撞击后，使乘员舱产生较小的变形或不变形，以确保乘员安全；

(2) 撞击后，防止乘员对车厢部件的冲击，减轻对乘员的二次冲击和伤害，尽可能减轻伤亡程度；

(3) 防止车辆在碰撞后引起火灾。防止碰撞发生后，油箱、油管的破裂、断裂，引起燃油外泄，发生自燃，酿成火灾。

汽车结构性安全设计的基础是汽车碰撞实验，根据实验结果，修改以往的不合理设计结构，使其趋于更为合理和安全。

汽车行驶时，其运动能量与其质量和速度的平方成正比，即 $P=mv^2$。撞车时，这些能量大部分通过车身变形而被吸收，所以，有关车身的安全性有两大重点：利用车身变形吸收冲击能量，以减少对乘员的冲击力；防止车厢空间发生大的变形。

这种考虑到对车厢的缓冲和确保车厢内生存空间安全的车身结构称为“车身安全单元”有关这种车身的开发和改进，由于利用现代计算机结构分析技术，获得了迅速的发展。

从纵向碰撞的情况看，车身不同部位的刚性对安全的影响是很大的。如图 11—40 所示，剖面线部分表示刚性结构，无剖面线部分表示为弹性结构。在如图 11—40 所示的 4 种不同结构的刚性匹配中，第四种是合理的，对安全防护最为有效。因这种结构能确保乘员安全，按这种刚性匹配的汽车为安全汽车。其间载人的车厢部分的刚性很大，构件均采用封闭截面，而且还设置有加强板。前保险杠至前轮罩和后保险杠至后轮罩，这两段的刚性较小，属弹性结构。碰撞时，主要起缓冲吸收能量的作用。而前轮罩至前围板，后轮罩至后围板，这两段的刚性居中，在碰撞的能量很大时，它们也产生变形，吸收相当大一部分撞击的能量，从而进一步保护了刚性最大的乘员车厢不变形或小变形，避免伤及乘员。目前的轿车车身基本上按这种原则来进行结构设计。

3. 安全气囊

汽车安全防护可分为车外防护和车内防护。车外防护装置主要有车身壳体的结构防护，及保险杠等能吸收撞击能量，起缓冲作用的一些结构件。车内防护主要指乘员的安全带、安全气囊、头枕等部件。现仅就安全气囊作一概述。

安全气囊是继坐椅安全带之后，又一个重要的安全装置。由于正面撞击产生的冲击力很大，就是系好了安全带，司机的头部和躯干有时也会撞击在转向盘上而造成伤害。安全气囊系

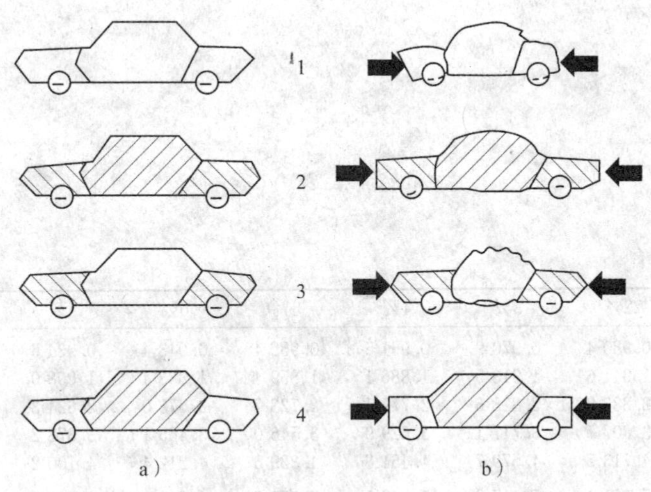

图 11—40　车身各部分刚性对安全性影响

a）撞车前　b）撞车后

统可以弥补安全带的不足，其使用的基本前提是系好安全带。所以应清楚，仅靠安全气囊来缓冲还是不充分的。安全气囊目前在我国还未列入汽车的标准配置，还是选装件。

驾驶员的安全气囊平时折叠在转向盘毂内或仪表板内，在碰撞瞬间，安全气囊迅速膨胀，垫在驾驶员头部与转向盘之间，以防头部受伤，如图 11—41 所示。

气囊安全系统主要由传感器、电子控制单元（ECU）、点火装置、产气装置、气袋等部件组成。传感器是该系统的主要部件，大都安装在车身前部外面，其检测和判断碰撞的精度很高。在汽车碰撞发生时，可在极短的时间（0.03～0.05 s）内将氮气充满气囊，以填补驾驶员（或其他乘员）与转向盘（或车内物体）之间的空间。产气装置可用高压（约 15 MPa）钢瓶，大多采用气体发生剂。当装在汽车内的碰撞传感器发出信号时。可点燃雷管炸开高压钢瓶封口或点燃气体发生剂，使气囊迅速充气，气囊形成一个体积为 60 L 左右的气垫。

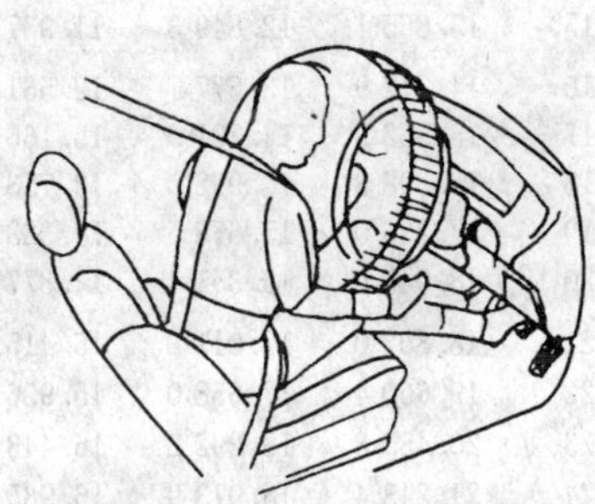
图 11—41　安全气囊充气展开图

目前，在轿车副驾驶室也备有安全气囊，气囊收装在副司机坐椅前的仪表板内，一旦发生碰撞和冲击，可避免头部磕碰在仪表板或前风窗玻璃上。

此外，无论是坐椅安全带还是安全气囊，都没有对乘员提供过多的横向约束，所以，汽车在发生侧向碰撞时，就缺乏对乘员的保护措施。在西方工业发达国家，如欧共体，都有安装于车门上的安全气囊系统，汽车发生侧向碰撞时，气囊能向车内和车顶方向胀开，占据乘员与车门之间的空间。我国目前正着手制定侧向撞击的安全法规。安全气囊技术的深入发展，将为乘员提供更多、更好的防护，从而大大地提高汽车的安全行驶水平。

附录一

普通复利

年金现值

期数	1%	2%	3%	4%	5%	6%	7%	8%	9%
1	0.990 1	0.980 4	0.970 9	0.961 5	0.952 4	0.943 4	0.934 6	0.925 9	0.917 4
2	1.970 4	1.941 6	1.913 5	1.886 1	1.859 4	1.833 4	1.808 0	1.783 3	1.759 1
3	2.941 0	2.883 9	2.828 6	2.775 1	2.723 2	2.673 0	2.624 3	2.577 1	2.531 3
4	3.902 0	3.807 7	3.717 1	3.629 9	3.546 0	3.465 1	3.378 2	3.312 1	3.239 7
5	4.853 4	4.713 5	4.579 7	4.451 8	4.329 5	4.212 4	4.100 2	3.992 7	3.889 7
6	5.795 5	5.601 4	5.417 2	5.242 1	5.075 7	4.917 3	4.766 5	4.622 9	4.485 9
7	6.728 2	6.472 0	6.230 3	6.002 1	5.786 4	5.582 4	5.389 3	5.206 4	5.033 0
8	7.651 7	7.325 5	7.019 7	6.732 7	6.463 2	6.209 8	5.971 3	5.746 6	5.534 8
9	8.566 0	8.162 2	7.786 1	7.435 3	7.107 8	6.801 7	6.515 2	6.246 9	5.995 2
10	9.471 3	8.982 6	8.530 2	8.110 9	7.721 7	7.360 1	7.023 6	6.710 1	6.417 7
11	10.367 6	9.786 8	9.252 6	8.760 5	8.306 4	7.886 9	7.498 7	7.139 0	6.805 2
12	11.255 1	10.575 3	9.954 0	9.385 1	8.863 3	8.383 8	7.942 7	7.536 1	7.160 7
13	12.133 7	11.348 4	10.635 0	9.985 6	9.393 6	8.852 7	8.357 7	7.903 8	7.486 9
14	13.003 7	12.106 2	11.296 1	10.563 1	9.898 6	9.295 0	8.745 5	8.244 2	7.786 2
15	13.865 1	12.849 3	11.937 9	11.118 4	10.379 7	9.712 2	9.107 9	8.559 5	8.060 7
16	14.717 9	13.577 7	12.561 1	11.652 3	10.837 8	10.105 9	9.446 6	8.851 4	8.312 6
17	15.562 3	14.291 9	13.166 1	12.165 7	11.274 1	10.477 3	9.763 2	9.121 6	8.543 6
18	16.398 3	14.992 0	13.753 5	12.689 6	11.689 6	10.827 6	10.059 1	9.371 9	8.755 6
19	17.226 0	15.678 5	14.323 8	13.133 9	12.085 3	11.158 1	10.335 6	9.603 6	8.960 1
20	18.045 6	16.351 4	14.877 5	13.590 3	12.462 2	11.469 9	10.594 0	9.818 1	9.128 5
21	18.857 0	17.011 2	15.415 0	14.029 2	12.821 2	11.764 1	10.835 5	10.016 8	9.292 2
22	19.660 4	17.658 0	15.936 9	14.451 1	13.488 6	12.303 4	11.061 2	10.200 7	9.442 4
23	20.455 8	18.292 2	16.443 6	14.856 8	13.488 6	12.303 4	11.272 2	10.371 1	9.580 2
24	21.243 4	18.913 9	16.935 5	15.247 0	13.798 6	12.550 4	11.469 3	10.528 8	9.706 6
25	22.023 2	19.523 5	17.413 1	15.622 1	14.093 9	12.783 4	11.653 6	10.674 8	9.822 6
26	22.795 2	20.121 0	17.876 8	15.982 8	14.375 2	13.003 2	11.825 8	10.810 0	9.929 0
27	23.559 6	20.705 9	18.327 0	16.329 6	14.643 0	13.210 5	11.986 7	10.935 2	10.026 6
28	24.316 4	21.281 3	18.764 1	16.663 1	14.898 1	13.406 2	12.137 1	11.051 1	10.116 1
29	25.065 8	21.844 4	19.188 5	16.983 7	15.141 1	13.590 7	12.277 7	11.158 4	10.198 3
30	25.807 7	22.396 5	19.600 4	17.292 0	15.372 5	13.764 8	12.409 0	11.257 8	10.273 7
35	29.408 6	24.998 6	21.487 2	18.664 6	16.374 2	14.498 2	12.947 7	11.654 6	10.566 8
40	32.834 7	27.355 5	23.114 8	19.792 8	17.159 1	15.046 3	13.331 7	11.924 6	10.757 4
45	36.094 5	29.490 2	24.518 7	20.720 0	17.774 1	15.455 8	13.605 5	12.108 4	10.881 2
50	39.196 1	31.432 6	25.729 8	21.482 2	18.255 9	15.761 9	13.800 7	12.233 5	10.961 7
55	42.147 2	33.174 8	26.774 4	22.108 6	18.633 5	15.990 5	13.939 9	12.318 6	11.014 0

系数表

系数表

10%	12%	14%	15%	16%	18%	20%	24%	28%	32%
0.909 1	0.892 9	0.877 2	0.869 6	0.862 1	0.847 5	0.833 3	0.806 5	0.781 3	0.757 6
1.735 5	1.690 1	1.646 7	1.625 7	1.605 2	1.565 6	1.527 8	1.456 8	1.391 6	1.331 5
2.486 9	2.401 8	2.321 6	2.283 2	2.245 9	2.174 3	2.106 5	1.981 3	1.868 4	1.766 3
3.169 9	3.037 3	2.917 3	2.855 0	2.798 2	2.690 1	2.588 7	2.404 3	2.241 0	2.095 7
3.790 8	3.604 8	3.433 1	3.352 2	3.274 3	3.127 2	2.990 6	2.745 4	2.532 0	2.345 2
4.355 3	4.111 4	3.888 7	3.784 5	3.684 7	3.497 6	3.325 5	3.020 5	2.759 4	2.534 2
4.868 4	4.563 8	4.288 2	4.160 4	4.038 6	3.811 5	3.604 6	3.242 3	2.937 0	2.677 5
5.334 9	4.967 6	4.638 9	4.487 3	4.343 6	4.077 6	3.837 2	3.421 2	3.075 8	2.786 0
5.759 0	5.328 2	4.916 4	4.771 6	4.606 5	4.303 0	4.031 0	3.565 5	3.184 2	2.868 1
6.144 6	5.650 2	5.216 1	5.018 8	4.833 2	4.494 1	4.192 5	3.681 9	3.268 9	2.930 4
6.495 1	5.937 7	5.452 7	5.233 7	5.028 6	4.656 0	4.327 1	3.775 7	3.335 1	2.977 6
6.813 7	6.194 4	5.660 3	5.420 6	5.197 1	4.793 2	4.439 2	3.851 4	3.386 8	3.013 3
7.103 4	6.423 5	5.842 4	5.583 1	5.342 3	4.909 5	4.532 7	3.912 4	3.427 2	3.040 4
7.366 7	6.628 2	6.002 1	5.724 5	5.467 5	5.008 1	4.610 6	3.961 6	3.458 7	3.060 9
7.606 1	6.810 9	6.142 2	5.847 4	5.575 5	5.091 6	4.675 5	4.001 3	3.483 4	3.076 4
7.823 7	6.974 0	6.265 1	5.954 2	5.668 5	5.162 4	4.729 6	4.033 3	3.502 6	3.088 2
8.021 6	7.119 6	6.372 9	6.047 2	5.748 7	5.222 3	4.774 6	4.059 1	3.517 7	3.097 1
8.201 4	7.249 7	6.467 4	6.128 0	5.817 8	5.273 2	4.812 2	4.079 9	3.529 4	3.103 9
8.364 9	7.365 8	6.550 4	6.198 2	5.877 5	5.316 2	4.843 5	4.096 7	3.538 6	3.109 0
8.513 6	7.469 4	6.623 1	6.259 3	5.928 8	5.352 7	4.869 6	4.110 3	3.545 8	3.112 9
8.648 7	7.562 0	6.687 0	6.312 5	5.973 1	5.383 7	4.891 3	4.121 2	3.551 4	3.115 8
8.771 5	7.644 6	6.742 9	6.358 7	6.011 3	5.409 9	4.909 4	4.130 0	3.555 8	3.118 0
8.883 2	7.718 4	6.792 1	6.398 8	6.044 2	5.432 1	4.924 5	4.137 1	3.559 2	3.119 7
8.984 7	7.784 3	6.835 1	6.433 8	6.072 6	5.450 9	4.937 1	4.142 8	3.561 9	3.121 0
9.077 0	7.843 1	6.872 9	6.464 1	6.097 1	5.466 9	4.947 6	4.147 4	3.564 0	3.122 0
9.160 9	7.895 7	6.906 1	6.490 6	6.118 2	5.480 4	4.956 3	4.151 1	3.565 6	3.122 7
9.237 2	7.942 6	6.935 2	6.513 5	6.136 4	5.491 9	4.963 6	4.154 2	3.566 9	3.123 3
9.306 6	7.984 4	6.960 7	6.533 5	6.152 0	5.501 6	4.969 7	4.156 6	3.567 9	3.123 7
9.369 6	8.021 8	6.983 0	6.550 9	6.165 6	5.509 8	4.974 7	4.158 5	3.568 7	3.124 0
9.426 9	8.055 2	7.002 7	6.566 0	6.177 2	5.516 8	4.978 9	4.160 1	3.569 3	3.124 2
9.644 2	8.175 5	7.070 0	6.616 6	6.215 3	5.538 6	4.991 5	4.164 4	3.570 8	3.124 8
9.779 1	8.243 8	7.105 0	6.641 8	6.233 5	5.548 2	4.996 6	4.165 9	3.571 2	3.125 0
9.862 8	8.282 5	7.123 2	6.654 3	6.242 1	5.552 3	4.998 6	4.166 4	3.571 4	3.125 0
9.914 8	8.304 5	7.132 7	6.660 5	6.246 3	5.554 1	4.999 5	4.166 6	3.571 4	3.125 0
9.947 1	8.317 0	7.137 6	6.663 6	6.248 2	5.554 9	4.999 8	4.166 6	3.571 4	3.125 0

附录二

汽车报废标准

（1997 年修订）

凡在我国境内注册的民用汽车，属下列情况之一的应当报废：

一、轻、微型载货汽车（含越野型）、矿山作业专用车累计行驶 30 万公里，重、中型载货汽车（含越野型）累计行驶 40 万公里，特大、大、中、轻、微型客车（含越野型）、轿车累计行驶 50 万公里，其他车辆累计行驶 45 万公里；

二、轻、微型载货汽车（含越野型）、带拖挂的载货汽车、矿山作业专用车及各类出租汽车使用 8 年，其他车辆使用 10 年；

三、因各种原因造成车辆严重损坏或技术状况低劣，无法修复的；

四、车型淘汰，已无配件来源的；

五、汽车经长期使用，耗油量超过国家定型车出厂标准规定值百分之十五的；

六、经修理和调整仍达不到国家对机动车运行安全技术条件要求的；

七、经修理和调整或采用排气污染控制技术后，排放污染物仍超过国家规定的汽车排放标准的。

除 19 座以下出租车和轻、微型载货汽车（含越野型）外，对达到上述使用年限的客、货车辆，经公安车辆管理部门依据国家机动车安全排放有关规定严格检验，性能符合规定的，可延缓报废，但延长期不得超过本标准第二条规定年限的一半。对于吊车、消防车、钻探车等从事专门作业的车辆，还可根据实际使用的检验情况，再延长使用年限。所有延长使用年限的车辆，都需按公安部规定增加检验次数，不符合国家有关汽车安全排放规定的应当强制报废。

八、本标准自发布之日起施行。在本标准发布前已达到本标准规定报废条件的车辆，允许在本标准发布后 12 个月之内报废。本标准由全国汽车更新领导小组办公室负责解释。

关于调整轻型载货汽车报废标准的通知

国经贸经［1998］407 号

各省、自治区、直辖市、计划单列市经贸委（经委、计经委）、计委、公安厅（局）、环境保护局、汽车更新领导小组办公室：

为了鼓励技术进步、节约资源、保护环境及公平竞争，现决定将《汽车报废标准》（1997 年修订）中轻型载货汽车（含越野型）的行驶里程、使用年限及办理延缓的报废标准调整为：

一、累计行驶40万公里；

二、使用10年；

三、达到使用年限，汽车性能仍符合有关规定的，允许办理最长不超过5年的延缓报废，延缓报废的审定工作，按国经贸经［1997］456号文件有关规定办理。

轻型载货汽车是指厂定最大总质量大于1.8吨、小于等于6吨的载货汽车。

请遵照执行。

一九九八年七月七日

关于调整汽车报废标准若干规定的通知

（国经贸资源［2000］1202号）

各省、自治区、直辖市、计划单列市及新疆生产建设兵团经贸委（经委）、计委、公安厅（局）、环境保护局（厅）、汽车更新领导小组办公室：

为了鼓励技术进步、节约资源，促进汽车消费，现决定将1997年制定的汽车报废标准中非营运载客汽车和旅游载客汽车的使用年限及办理延缓的报废标准调整为：

一、9座（含9座）以下非营运载客汽车（包括轿车、含越野型）使用15年。

二、旅游载客汽车和9座以上非营运载客汽车使用10年。

三、上述车辆达到报废年限后需继续使用的，必须依据国家机动车安全、污染物排放有关规定进行严格检验，检验合格后可延长使用年限。但旅游载客汽车和9座以上非营运载客汽车可延长使用年限最长不超过10年。

四、对延长使用年限的车辆，应当按照公安交通管理部门和环境保护部门的规定，增加检验次数。一个检验周期内连续三次检验不符合要求的，应注销登记，不允许再上路行驶。

五、营运车辆转为非营运车辆或非营运车辆转为营运车辆，一律按营运车辆的规定报废。

六、本通知没有调整的内容和其他类型的汽车（包括右置方向盘汽车），仍按照国家经贸委等部门《关于发布〈汽车报废标准〉的通知》（国经贸经［1997］456号）和《关于调整轻型载货汽车报废标准的通知》（国经贸经［1998］407号）执行。

七、本通知所称非营运载客汽车是指：单位和个人不以获取运输利润为目的的自用载客汽车；旅游载客汽车是指：经各级旅游主管部门批准的旅行社专门运载游客的自用载客汽车。

八、本通知自发布之日起施行。

二〇〇〇年十二月十八日

附录三

汽车贸易政策

第一章　总　　则

第一条　为建立统一、开放、竞争、有序的汽车市场，维护汽车消费者合法权益，推进我国汽车产业健康发展，促进消费，扩大内需，特制定本政策。

第二条　国家鼓励发展汽车贸易，引导汽车贸易业统筹规划，合理布局，调整结构，积极运用现代信息技术、物流技术和先进的经营模式，推进电子商务，提高汽车贸易水平，实现集约化、规模化、品牌化及多样化经营。

第三条　为创造公平竞争的汽车市场环境，发挥市场在资源配置中的基础性作用，坚持按社会主义市场经济规律，进一步引入竞争机制，扩大对内对外开放，打破地区封锁，促进汽车商品在全国范围内自由流通。

第四条　引导汽车贸易企业依法、诚信经营，保证商品质量和服务质量，为消费者提供满意的服务。

第五条　为提高我国汽车贸易整体水平，国家鼓励具有较强的经济实力、先进的商业经营管理经验和营销技术以及完善的国际销售网络的境外投资者投资汽车贸易领域。

第六条　充分发挥行业组织、认证机构、检测机构的桥梁纽带作用，建立和完善独立公正、规范运作的汽车贸易评估、咨询、认证、检测等中介服务体系，积极推进汽车贸易市场化进程。

第七条　积极建立、完善相关法规和制度，加快汽车贸易法制化建设。设立汽车贸易企业应当具备法律、行政法规规定的有关条件，国务院商务主管部门会同有关部门研究制定和完善汽车品牌销售、二手车流通、汽车配件流通、报废汽车回收等管理办法、规范及标准，依法管理、规范汽车贸易的经营行为，维护公平竞争的市场秩序。

第二章　政 策 目 标

第八条　通过本政策的实施，基本实现汽车品牌销售和服务，形成多种经营主体与经营模式并存的二手车流通发展格局，汽车及二手车销售和售后服务功能完善、体系健全；汽车配件商品来源、质量和价格公开、透明，假冒伪劣配件商品得到有效遏制，报废汽车回收拆解率显著提高，形成良好的汽车贸易市场秩序。

第九条　到2010年，建立起与国际接轨并具有竞争优势的现代汽车贸易体系，拥有一批具有竞争实力的汽车贸易企业，贸易额有较大幅度增长，贸易水平显著提高，对外贸易能力明显增强，实现汽车贸易与汽车工业的协调发展。

第三章 汽 车 销 售

第十条 境内外汽车生产企业凡在境内销售自产汽车的，应当尽快建立完善的汽车品牌销售和服务体系，确保消费者在购买和使用过程中得到良好的服务，维护其合法权益。汽车生产企业可以按国家有关规定自行投资或授权汽车总经销商建立品牌销售和服务体系。

第十一条 实施汽车品牌销售和服务。自 2005 年 4 月 1 日起，乘用车实行品牌销售和服务；自 2006 年 12 月 1 日起，除专用作业车外，所有汽车实行品牌销售和服务。

从事汽车品牌销售活动应当先取得汽车生产企业或经其授权的汽车总经销商授权。汽车（包括二手车）经销商应当在工商行政管理部门核准的经营范围内开展汽车经营活动。

第十二条 汽车供应商应当制订汽车品牌销售和服务网络规划。为维护消费者的利益，汽车品牌销售和与其配套的配件供应、售后服务网点相距不得超过 150 公里。

第十三条 汽车供应商应当加强品牌销售和服务网络的管理，规范销售和服务，在国务院工商行政管理部门备案并向社会公布后，要定期向社会公布其授权和取消授权的汽车品牌销售和服务企业名单，对未经品牌授权或不具备经营条件的经销商不得提供汽车资源。汽车供应商有责任及时向社会公布停产车型，并采取积极措施在合理期限内保证配件供应。

第十四条 汽车供应商和经销商应当通过签订书面合同明确双方的权利和义务。汽车供应商要对经销商提供指导和技术支持，不得要求经销商接受不平等的合作条件，以及强行规定经销数量和进行搭售，不应随意解除与经销商的合作关系。

第十五条 汽车供应商应当按国家有关法律法规以及向消费者的承诺，承担汽车质量保证义务，提供售后服务。

汽车经销商应当在经营场所向消费者明示汽车供应商承诺的汽车质量保证和售后服务，并按其授权经营合同的约定和服务规范要求，提供相应的售后服务。

汽车供应商和经销商不得供应和销售不符合机动车国家安全技术标准、未获国家强制性产品认证、未列入《道路机动车辆生产企业及产品公告》的汽车。进口汽车未按照《中华人民共和国进出口商品检验法》及其实施条例规定检验合格的，不准销售使用。

第四章 二手车流通

第十六条 国家鼓励二手车流通。建立竞争机制，拓展流通渠道，支持有条件的汽车品牌经销商等经营主体经营二手车，以及在异地设立分支机构开展连锁经营。

第十七条 积极创造条件，简化二手车交易、转移登记手续，提高车辆合法性与安全性的查询效率，降低交易成本，统一规范交易发票；强化二手车质量管理，推动二手车经销商提供优质售后服务。

第十八条 加快二手车市场的培育和建设，引导二手车交易市场转变观念，强化市场管理，拓展市场服务功能。

第十九条 实施二手车自愿评估制度。除涉及国有资产的车辆外，二手车的交易价格由买卖双方商定，当事人可以自愿委托具有资格的二手车鉴定评估机构进行评估，供交易时参考。除法律、行政法规规定外，任何单位和部门不得强制或变相强制对交易车辆进行评估。

第二十条 积极规范二手车鉴定评估行为。二手车鉴定评估机构应当本着“客观、真实、公正、公开”的原则，依据国家有关法律法规，开展二手车鉴定评估经营活动，出具车辆鉴定评估报告，明确车辆技术状况（包括是否属事故车辆等内容）。

第二十一条 二手车经营、拍卖企业在销售、拍卖二手车时，应当向买方提供真实情况，不得有隐瞒和欺诈行为。所销售和拍卖的车辆必须具有机动车号牌、《机动车登记证书》《机动车行驶证》、有效的机动车安全技术检验合格标志、车辆保险单和交纳税费凭证等。

第二十二条 二手车经营企业销售二手车时，应当向买方提供质量保证及售后服务承诺。在产品质量责任担保期内的，汽车供应商应当按国家有关法律法规以及向消费者的承诺，承担汽车质量保证和售后服务。

第二十三条 从事二手车拍卖和鉴定评估经营活动应当经省级商务主管部门核准。

第五章　汽车配件流通

第二十四条 国家鼓励汽车配件流通采取特许、连锁经营的方式向规模化、品牌化、网络化方向发展，支持配件流通企业进行整合，实现结构升级，提高规模效应及服务水平。

第二十五条 汽车及配件供应商和经销商应当加强质量管理，提高产品质量及服务质量。

汽车及配件供应商和经销商不得供应和销售不符合国家法律、行政法规、强制性标准及强制性产品认证要求的汽车配件。

第二十六条 汽车及配件供应商应当定期向社会公布认可和取消认可的特许汽车配件经销商名单。

汽车配件经销商应当明示所销售的汽车配件及其他汽车用品的名称、生产厂家、价格等信息，并分别对原厂配件、经汽车生产企业认可的配件、报废汽车回用件及翻新件予以注明。汽车配件产品标识应当符合《产品质量法》的要求。

第二十七条 加快规范报废汽车回用件流通，报废汽车回收拆解企业对按有关规定拆解的可出售配件，必须在配件的醒目位置标明“报废汽车回用件”。

第六章　汽车报废与报废汽车回收

第二十八条 国家实施汽车强制报废制度。根据汽车安全技术状况和不同用途，修订现行汽车报废标准，规定不同的强制报废标准。

第二十九条 报废汽车所有人应当将报废汽车及时交售给具有合法资格的报废汽车回收拆解企业。

第三十条 地方商务主管部门要按《报废汽车回收管理办法》（国务院令第307号）的有关要求，对报废汽车回收拆解行业统筹规划，合理布局。

从事报废汽车回收拆解业务，应当具备法律法规规定的有关条件。国务院商务主管部门应当将符合条件的报废汽车回收拆解企业向社会公告。

第三十一条 报废汽车回收拆解企业必须严格按国家有关法律、法规开展业务，及时拆解回收的报废汽车。拆解的发动机、前后桥、变速器、方向机、车架“五大总成”应当作为废钢铁，交售给钢铁企业作为冶炼原料。

第三十二条 各级商务主管部门要会同公安机关建立报废汽车回收管理信息交换制度，实现报废汽车回收过程实时控制，防止报废汽车及其“五大总成”流入社会。

第三十三条 为合理和有效利用资源，国家适时制定报废汽车回收利用的管理办法。

第三十四条 完善老旧汽车报废更新补贴资金管理办法，鼓励老旧汽车报废更新。

第三十五条 报废汽车回收拆解企业拆解的报废汽车零部件及其他废弃物、有害物（如油、液、电池、有害金属等）的存放、转运、处理等必须符合《环境保护法》《大气污染防治法》等法律、法规的要求，确保安全、无污染（或使污染降至最低）。

第七章　汽车对外贸易

第三十六条 自2005年1月1日起，国家实施汽车自动进口许可管理，所有汽车进口口岸保税区不得存放以进入国内市场为目的的汽车。

第三十七条 国家禁止以任何贸易方式进口旧汽车及其总成、配件和右置方向盘汽车(用于开发出口产品的右置方向盘样车除外)。

第三十八条 进口汽车必须获得国家强制性产品认证证书，贴有认证标志，并须经检验检疫机构抽查检验合格，同时附有中文说明书。

第三十九条 禁止汽车及相关商品进口中的不公平贸易行为。国务院商务主管部门依法对汽车产业实施反倾销、反补贴和保障措施，组织有关行业协会建立和完善汽车产业损害预警系统，并开展汽车产业竞争力调查研究工作。汽车供应商和经销商有义务及时准确地向国务院有关部门提供相关信息。

第四十条 鼓励发展汽车及相关商品的对外贸易。支持培育和发展国家汽车及零部件出口基地，引导有条件的汽车供应商和经销商采取多种方式在外建立合资、合作、独资销售及服务网络，优化出口商品结构，加大开拓国际市场的力度。

第四十一条 利用中央外贸发展基金支持汽车及相关商品对外贸易发展。

第四十二条 汽车及相关商品的出口供应商和经销商应当根据出口地区相关法规建立必要的销售和服务体系。

第四十三条 加强政府间磋商，支持汽车及相关商品出口供应商参与反倾销、反补贴和保障措施的应诉，维护我国汽车及相关商品出口供应商的合法权益。

第四十四条 汽车行业组织要加强行业自律，建立竞争有序的汽车及相关商品对外贸易秩序。

第八章 其 他

第四十五条 设立外商投资汽车贸易企业，除符合相应的资质条件外，还应当符合外商投资有关法律法规，并经省级商务主管部门初审后报国务院商务主管部门审批。

第四十六条 加快发展和扩大汽车消费信贷，支持有条件的汽车供应商建立面向全行业的汽车金融公司，引导汽车金融机构与其他金融机构建立合作机制，使汽车消费信贷市场规模化、专业化程度显著提高，风险管理体系更加完善。

第四十七条 完善汽车保险市场，鼓励汽车保险品种向个性化与多样化方向发展，提高汽车保险服务水平，初步实现汽车保险业专业化、集约化经营。

第四十八条 各地政府制定的与汽车贸易相关的各种政策、制度和规定要符合本政策要求并做到公开、透明，不得对非本地生产和交易的汽车在流通、服务、使用等方面实施歧视政策，坚决制止强制或变相强制本地消费者购买本地生产汽车，以及以任何方式干预经营者选择国家许可生产、销售的汽车的行为。

第四十九条 本政策自发布之日起实施，由国务院商务主管部门负责解释。

附录四

二手车流通管理办法

【发布单位】商务部、公安部、工商总局、税务总局

【发布文号】商务部、公安部、工商总局、税务总局令 2005 年第 2 号

【发布日期】2005－08－29

【生效日期】2005－10－01

第一章　总　　则

第一条　为加强二手车流通管理，规范二手车经营行为，保障二手车交易双方的合法权益，促进二手车流通健康发展，依据国家有关法律、行政法规，制定本办法。

第二条　在中华人民共和国境内从事二手车经营活动或者与二手车相关的活动，适用本办法。

本办法所称二手车，是指从办理完注册登记手续到达到国家强制报废标准之前进行交易并转移所有权的汽车（包括三轮汽车、低速载货汽车，即原农用运输车，下同）、挂车和摩托车。

第三条　二手车交易市场是指依法设立、为买卖双方提供二手车集中交易和相关服务的场所。

第四条　二手车经营主体是指经工商行政管理部门依法登记，从事二手车经销、拍卖、经纪、鉴定评估的企业。

第五条　二手车经营行为是指二手车经销、拍卖、经纪、鉴定评估等。

（一）二手车经销是指二手车经销企业收购、销售二手车的经营活动；

（二）二手车拍卖是指二手车拍卖企业以公开竞价的形式将二手车转让给最高应价者的经营活动；

（三）二手车经纪是指二手车经纪机构以收取佣金为目的，为促成他人交易二手车而从事居间、行纪或者代理等经营活动；

（四）二手车鉴定评估是指二手车鉴定评估机构对二手车技术状况及其价值进行鉴定评估的经营活动。

第六条　二手车直接交易是指二手车所有人不通过经销企业、拍卖企业和经纪机构将车辆直接出售给买方的交易行为。二手车直接交易应当在二手车交易市场进行。

第七条　国务院商务主管部门、工商行政管理部门、税务部门在各自的职责范围内负责

二手车流通有关监督管理工作。

省、自治区、直辖市和计划单列市商务主管部门（以下简称省级商务主管部门）、工商行政管理部门、税务部门在各自的职责范围内负责辖区内二手车流通有关监督管理工作。

第二章　设立条件和程序

第八条　二手车交易市场经营者、二手车经销企业和经纪机构应当具备企业法人条件，并依法到工商行政管理部门办理登记。

第九条　二手车鉴定评估机构应当具备下列条件：

（一）是独立的中介机构；

（二）有固定的经营场所和从事经营活动的必要设施；

（三）有 3 名以上从事二手车鉴定评估业务的专业人员（包括本办法实施之前取得国家职业资格证书的旧机动车鉴定估价师）；

（四）有规范的规章制度。

第十条　设立二手车鉴定评估机构，应当按下列程序办理：

（一）申请人向拟设立二手车鉴定评估机构所在地省级商务主管部门提出书面申请，并提交符合本办法第九条规定的相关材料；

（二）省级商务主管部门自收到全部申请材料之日起 20 个工作日内作出是否予以核准的决定，对予以核准的，颁发《二手车鉴定评估机构核准证书》；不予核准的，应当说明理由；

（三）申请人持《二手车鉴定评估机构核准证书》到工商行政管理部门办理登记手续。

第十一条　外商投资设立二手车交易市场、经销企业、经纪机构、鉴定评估机构的申请人，应当分别持符合第八条、第九条规定和《外商投资商业领域管理办法》、有关外商投资法律规定的相关材料报省级商务主管部门。省级商务主管部门进行初审后，自收到全部申请材料之日起 1 个月内上报国务院商务主管部门。合资中方有国家计划单列企业集团的，可直接将申请材料报送国务院商务主管部门。国务院商务主管部门自收到全部申请材料 3 个月内会同国务院工商行政管理部门，作出是否予以批准的决定，对予以批准的，颁发或者换发《外商投资企业批准证书》；不予批准的，应当说明理由。

申请人持《外商投资企业批准证书》到工商行政管理部门办理登记手续。

第十二条　设立二手车拍卖企业（含外商投资二手车拍卖企业）应当符合《中华人民共和国拍卖法》和《拍卖管理办法》有关规定，并按《拍卖管理办法》规定的程序办理。

第十三条　外资并购二手车交易市场和经营主体及已设立的外商投资企业增加二手车经营范围的，应当按第十一条、第十二条规定的程序办理。

第三章　行 为 规 范

第十四条　二手车交易市场经营者和二手车经营主体应当依法经营和纳税，遵守商业道德，接受依法实施的监督检查。

第十五条 二手车卖方应当拥有车辆的所有权或者处置权。二手车交易市场经营者和二手车经营主体应当确认卖方的身份证明，车辆的号牌、《机动车登记证书》、《机动车行驶证》，有效的机动车安全技术检验合格标志、车辆保险单、交纳税费凭证等。

国家机关、国有企事业单位在出售、委托拍卖车辆时，应持有本单位或者上级单位出具的资产处理证明。

第十六条 出售、拍卖无所有权或者处置权车辆的，应承担相应的法律责任。

第十七条 二手车卖方应当向买方提供车辆的使用、修理、事故、检验以及是否办理抵押登记、交纳税费、报废期等真实情况和信息。买方购买的车辆如因卖方隐瞒和欺诈不能办理转移登记，卖方应当无条件接受退车，并退还购车款等费用。

第十八条 二手车经销企业销售二手车时应当向买方提供质量保证及售后服务承诺，并在经营场所予以明示。

第十九条 进行二手车交易应当签订合同。合同示范文本由国务院工商行政管理部门制定。

第二十条 二手车所有人委托他人办理车辆出售的，应当与受托人签订委托书。

第二十一条 委托二手车经纪机构购买二手车时，双方应当按以下要求进行：

（一）委托人向二手车经纪机构提供合法身份证明；

（二）二手车经纪机构依据委托人要求选择车辆，并及时向其通报市场信息；

（三）二手车经纪机构接受委托购买时，双方签订合同；

（四）二手车经纪机构根据委托人要求代为办理车辆鉴定评估，鉴定评估所发生的费用由委托人承担。

第二十二条 二手车交易完成后，卖方应当及时向买方交付车辆、号牌及车辆法定证明、凭证。车辆法定证明、凭证主要包括：

（一）《机动车登记证书》；

（二）《机动车行驶证》；

（三）有效的机动车安全技术检验合格标志；

（四）车辆购置税完税证明；

（五）养路费缴付凭证；

（六）车船使用税缴付凭证；

（七）车辆保险单。

第二十三条 下列车辆禁止经销、买卖、拍卖和经纪：

（一）已报废或者达到国家强制报废标准的车辆；

（二）在抵押期间或者未经海关批准交易的海关监管车辆；

（三）在人民法院、人民检察院、行政执法部门依法查封、扣押期间的车辆；

（四）通过盗窃、抢劫、诈骗等违法犯罪手段获得的车辆；

（五）发动机号码、车辆识别代号或者车架号码与登记号码不相符，或者有凿改迹象的车辆；

（六）走私、非法拼（组）装的车辆；

（七）不具有第二十二条所列证明、凭证的车辆；

（八）在本行政辖区以外的公安机关交通管理部门注册登记的车辆；

（九）国家法律、行政法规禁止经营的车辆。

二手车交易市场经营者和二手车经营主体发现车辆具有（四）、（五）、（六）情形之一的，应当及时报告公安机关、工商行政管理部门等执法机关。

对交易违法车辆的，二手车交易市场经营者和二手车经营主体应当承担连带赔偿责任和其他相应的法律责任。

第二十四条 二手车经销企业销售、拍卖企业拍卖二手车时，应当按规定向买方开具税务机关监制的统一发票。

进行二手车直接交易和通过二手车经纪机构进行二手车交易的，应当由二手车交易市场经营者按规定向买方开具税务机关监制的统一发票。

第二十五条 二手车交易完成后，现车辆所有人应当凭税务机关监制的统一发票，按法律、法规有关规定办理转移登记手续。

第二十六条 二手车交易市场经营者应当为二手车经营主体提供固定场所和设施，并为客户提供办理二手车鉴定评估、转移登记、保险、纳税等手续的条件。二手车经销企业、经纪机构应当根据客户要求，代办二手车鉴定评估、转移登记、保险、纳税等手续。

第二十七条 二手车鉴定评估应当本着买卖双方自愿的原则，不得强制进行；属国有资产的二手车应当按国家有关规定进行鉴定评估。

第二十八条 二手车鉴定评估机构应当遵循客观、真实、公正和公开原则，依据国家法律法规开展二手车鉴定评估业务，出具车辆鉴定评估报告；并对鉴定评估报告中车辆技术状况，包括是否属事故车辆等评估内容负法律责任。

第二十九条 二手车鉴定评估机构和人员可以按国家有关规定从事涉案、事故车辆鉴定等评估业务。

第三十条 二手车交易市场经营者和二手车经营主体应当建立完整的二手车交易购销、买卖、拍卖、经纪以及鉴定评估档案。

第三十一条 设立二手车交易市场、二手车经销企业开设店铺，应当符合所在地城市发展及城市商业发展有关规定。

第四章　监督与管理

第三十二条 二手车流通监督管理遵循破除垄断，鼓励竞争，促进发展和公平、公正、公开的原则。

第三十三条 建立二手车交易市场经营者和二手车经营主体备案制度。凡经工商行政管理部门依法登记，取得营业执照的二手车交易市场经营者和二手车经营主体，应当自取得营业执照之日起 2 个月内向省级商务主管部门备案。省级商务主管部门应当将二手车交易市场经营者和二手车经营主体有关备案情况定期报送国务院商务主管部门。

第三十四条 建立和完善二手车流通信息报送、公布制度。二手车交易市场经营者和二手车经营主体应当定期将二手车交易量、交易额等信息通过所在地商务主管部门报送省级商务主管部门。省级商务主管部门将上述信息汇总后报送国务院商务主管部门。国务院商务主管部门定期向社会公布全国二手车流通信息。

第三十五条 商务主管部门、工商行政管理部门应当在各自的职责范围内采取有效措施，加强对二手车交易市场经营者和经营主体的监督管理，依法查处违法违规行为，维护市场秩序，保护消费者的合法权益。

第三十六条 国务院工商行政管理部门会同商务主管部门建立二手车交易市场经营者和二手车经营主体信用档案，定期公布违规企业名单。

第五章 附 则

第三十七条 本办法自 2005 年 10 月 1 日起施行，原《商务部办公厅关于规范旧机动车鉴定评估管理工作的通知》（商建字［2004］第 70 号）、《关于加强旧机动车市场管理工作的通知》（国经贸贸易［2001］1281 号）、《旧机动车交易管理办法》（内贸机字［1998］第 33 号）及据此发布的各类文件同时废止。

附录五

二手车交易规范

商务部公告 2006 年第 22 号

二〇〇六年三月二十四日

第一章　总　　则

第一条　为规范二手车交易市场经营者和二手车经营主体的服务、经营行为，以及二手车直接交易行为，明确交易规程，增加交易透明度，维护二手车交易双方的合法权益，依据《二手车流通管理办法》，制定本规范。

第二条　在中华人民共和国境内从事二手车交易及相关的活动适用于本规范。

第三条　二手车交易应遵循诚实、守信、公平、公开的原则，严禁欺行霸市、强买强卖、弄虚作假、恶意串通、敲诈勒索等违法行为。

第四条　二手车交易市场经营者和二手车经营主体应在各自的经营范围内从事经营活动，不得超范围经营。

第五条　二手车交易市场经营者和二手车经营主体应按下列项目确认卖方的身份及车辆的合法性：

（一）卖方身份证明或者机构代码证书原件合法有效；

（二）车辆号牌、机动车登记证书、机动车行驶证、机动车安全技术检验合格标志真实、合法、有效；

（三）交易车辆不属于《二手车流通管理办法》第二十三条规定禁止交易的车辆。

第六条　二手车交易市场经营者和二手车经营主体应核实卖方的所有权或处置权证明。车辆所有权或处置权证明应符合下列条件：

（一）机动车登记证书、行驶证与卖方身份证明名称一致；国家机关、国有企事业单位出售的车辆，应附有资产处理证明。

（二）委托出售的车辆，卖方应提供车主授权委托书和身份证明。

（三）二手车经销企业销售的车辆，应具有车辆收购合同等能够证明经销企业拥有该车所有权或处置权的相关材料，以及原车主身份证明复印件。原车主名称应与机动车登记证、行驶证名称一致。

第七条　二手车交易应当签订合同，明确相应的责任和义务。交易合同包括：收购合同、销售合同、买卖合同、委托购买合同、委托出售合同、委托拍卖合同等。

第八条　交易完成后，买卖双方应当按照国家有关规定，持下列法定证明、凭证向公安机关交通管理部门申办车辆转移登记手续：

（一）买方及其代理人的身份证明；

（二）机动车登记证书；

（三）机动车行驶证；

（四）二手车交易市场、经销企业、拍卖公司按规定开具的二手车销售统一发票；

（五）属于解除海关监管的车辆，应提供《中华人民共和国海关监管车辆解除监管证明书》；

车辆转移登记手续应在国家有关政策法规所规定的时间内办理完毕，并在交易合同中予以明确。

完成车辆转移登记后，买方应按国家有关规定，持新的机动车登记证书和机动车行驶证到有关部门办理车辆购置税、养路费变更手续。

第九条 二手车应在车辆注册登记所在地交易。二手车转移登记手续应按照公安部门有关规定在原车辆注册登记所在地公安机关交通管理部门办理。需要进行异地转移登记的，由车辆原属地公安机关交通管理部门办理车辆转出手续，在接收地公安机关交通管理部门办理车辆转入手续。

第十条 二手车交易市场经营者和二手车经营主体应根据客户要求提供相关服务，在收取服务费、佣金时应开具发票。

第十一条 二手车交易市场经营者、经销企业、拍卖公司应建立交易档案。交易档案主要包括以下内容：

（一）本规范第五条第二款规定的法定证明、凭证复印件；

（二）购车原始发票或者最近一次交易发票复印件；

（三）买卖双方身份证明或者机构代码证书复印件；

（四）委托人及授权代理人身份证或者机构代码证书以及授权委托书复印件；

（五）交易合同原件；

（六）二手车经销企业的《车辆信息表》（见附件一），二手车拍卖公司的《拍卖车辆信息》（见附件二）和《二手车拍卖成交确认书》（见附件三）；

（七）其他需要存档的有关资料。

交易档案保留期限不少于3年。

第十二条 二手车交易市场经营者、二手车经营主体发现非法车辆、伪造证照和车牌等违法行为，以及擅自更改发动机号、车辆识别代号（车架号码）和调整里程表等情况，应及时向有关执法部门举报，并有责任配合调查。

第二章　收购和销售

第十三条 二手车经销企业在收购车辆时，应按下列要求进行：

（一）按本规范第五条和第六条所列项目核实卖方身份以及交易车辆的所有权或处置权，并查验车辆的合法性。

（二）与卖方商定收购价格，如对车辆技术状况及价格存在异议，经双方商定可委托二手车鉴定评估机构对车辆技术状况及价值进行鉴定评估。达成车辆收购意向的，签订收购合同，收购合同中应明确收购方享有车辆的处置权。

（三）按收购合同向卖方支付车款。

第十四条 二手车经销企业将二手车销售给买方之前，应对车辆进行检测和整备。

二手车经销企业应对进入销售展示区的车辆按《车辆信息表》的要求填写有关信息，在显要位置予以明示，并可根据需要增加《车辆信息表》的有关内容。

第十五条 达成车辆销售意向的，二手车经销企业应与买方签订销售合同，并将《车辆信息表》作为合同附件。按合同约定收取车款时，应向买方开具税务机关监制的统一发票，并如实填写成交价格。

买方持本规范第八条规定的法定证明、凭证到公安机关交通管理部门办理转移登记手续。

第十六条 二手车经销企业向最终用户销售使用年限在 3 年以内或行驶里程在 6 万 km 以内的车辆（以先到者为准，营运车除外），应向用户提供不少于 3 个月或 5 000 km（以先到者为准）的质量保证。质量保证范围为发动机系统、转向系统、传动系统、制动系统、悬挂系统等。

第十七条 二手车经销企业向最终用户提供售后服务时，应向其提供售后服务清单。

第十八条 二手车经销企业在提供售后服务的过程中，不得擅自增加未经客户同意的服务项目。

第十九条 二手车经销企业应建立售后服务技术档案。售后服务技术档案包括以下内容：

（一）车辆基本资料，主要包括车辆品牌型号、车牌号码、发动机号、车架号、出厂日期、使用性质、最近一次转移登记日期、销售时间、地点等；

（二）客户基本资料，主要包括客户名称（姓名）、地址、职业、联系方式等；

（三）维修保养记录，主要包括维修保养的时间、里程、项目等。

售后服务技术档案保存时间不少于 3 年。

第三章　经　　纪

第二十条 购买或出售二手车可以委托二手车经纪机构办理。委托二手车经纪机构购买二手车时，应按《二手车流通管理办法》第二十一条规定进行。

第二十一条 二手车经纪机构应严格按照委托购买合同向买方交付车辆、随车文件及本规范第五条第二款规定的法定证明、凭证。

第二十二条 经纪机构接受委托出售二手车，应按以下要求进行：

（一）及时向委托人通报市场信息；

（二）与委托人签订委托出售合同；

（三）按合同约定展示委托车辆，并妥善保管，不得挪作他用；

（四）不得擅自降价或加价出售委托车辆。

第二十三条 签订委托出售合同后，委托出售方应当按照合同约定向二手车经纪机构交付车辆、随车文件及本规范第五条第二款规定的法定证明、凭证。

车款、佣金给付按委托出售合同约定办理。

第二十四条 通过二手车经纪机构买卖的二手车，应由二手车交易市场经营者开具国家税务机关监制的统一发票。

第二十五条 进驻二手车交易市场的二手车经纪机构应与交易市场管理者签订相应的管理协议，服从二手车交易市场经营者的统一管理。

第二十六条 二手车经纪人不得以个人名义从事二手车经纪活动。

二手车经纪机构不得以任何方式从事二手车的收购、销售活动。

第二十七条 二手车经纪机构不得采取非法手段促成交易，以及向委托人索取合同约定佣金以外的费用。

第四章　拍　　卖

第二十八条 从事二手车拍卖及相关中介服务活动，应按照《拍卖法》及《拍卖管理办法》的有关规定进行。

第二十九条 委托拍卖时，委托人应提供身份证明、车辆所有权或处置权证明及其他相关材料。拍卖人接受委托的，应与委托人签订委托拍卖合同。

第三十条 委托人应提供车辆真实的技术状况，拍卖人应如实填写《拍卖车辆信息》。

如对车辆的技术状况存有异议，拍卖委托双方经商定可委托二手车鉴定评估机构对车辆进行鉴定评估。

第三十一条 拍卖人应于拍卖日7日前发布公造。拍卖公告应通过报纸或者其他新闻媒体发布，并载明下列事项：

（一）拍卖的时间、地点；

（二）拍卖的车型及数量；

（三）车辆的展示时间、地点；

（四）参加拍卖会办理竞买的手续；

（五）需要公告的其他事项。

拍卖人应在拍卖前展示拍卖车辆，并在车辆显著位置张贴《拍卖车辆信息》。车辆的展示时间不得少于2天。

第三十二条 进行网上拍卖，应在网上公布车辆的彩色照片和《拍卖车辆信息》，公布时间不得少于7天。

网上拍卖是指二手车拍卖公司利用互联网发布拍卖信息，公布拍卖车辆技术参数和直观图片，通过网上竞价，网下交接，将二手车转让给超过保留价的最高应价者的经营活动。

网上拍卖过程及手续应与现场拍卖相同。网上拍卖组织者应根据《拍卖法》及《拍卖管理办法》有关条款制定网上拍卖规则，竞买人则需要办理网上拍卖竞买手续。

任何个人及未取得二手车拍卖人资质的企业不得开展二手车网上拍卖活动。

第三十三条 拍卖成交后，买受人和拍卖人应签署《二手车拍卖成交确认书》。

第三十四条 委托人、买受人可与拍卖人约定佣金比例。

委托人、买受人与拍卖人对拍卖佣金比例未作约定的，依据《拍卖法》及《拍卖管理办法》有关规定收取佣金。

拍卖未成交的，拍卖人可按委托拍卖合同的约定向委托人收取服务费用。

第三十五条 拍卖人应在拍卖成交且买受人支付车辆全款后，将车辆、随车文件及本规范等五条第二款规定的法定证明、凭证交付给买受人，并向买受人开具二手车销售统一发票，如实填写拍卖成交价格。

第五章 直 接 交 易

第三十六条 二手车直接交易方为自然人的，应具有完全民事行为能力。无民事行为能力的，应由其法定代理人代为办理，法定代理人应提供相关证明。

二手车直接交易委托代理人办理的，应签订具有法律效力的授权委托书。

第三十七条 二手车直接交易双方或其代理人均应向二手车交易市场经营者提供其合法身份证明，并将车辆及本规范第五条第二款规定的法定证明、凭证送交二手车交易市场经营者进行合法性验证。

第三十八条 二手车直接交易双方应签订买卖合同，如实填写有关内容，并承担相应的法律责任。

第三十九条 二手车直接交易的买方按照合同支付车款后，卖方应按合同约定及时将车辆及本规范第五条第二款规定的法定证明、凭证交付买方。

车辆法定证明、凭证齐全合法，并完成交易的，二手车交易市场经营者应当按照国家有关规定开具二手车销售统一发票，并如实填写成交价格。

第六章 交易市场的服务与管理

第四十条 二手车交易市场经营者应具有必要的配套服务设施和场地，设立车辆展示交易区、交易手续办理区及客户休息区，做到标志明显，环境整洁卫生。交易手续办理区应设立接待窗口，明示各窗口业务受理范围。

第四十一条 二手车交易市场经营者在交易市场内应设立醒目的公告牌，明示交易服务程序、收费项目及标准、客户查询和监督电话号码等内容。

第四十二条 二手车交易市场经营者应制定市场管理规则，对场内的交易活动负有监督、规范和管理责任，保证良好的市场环境和交易秩序。由于管理不当给消费者造成损失的，应承担相应的责任。

第四十三条 二手车交易市场经营者应及时受理并妥善处理客户投诉，协助客户挽回经济损失，保护消费者权益。

第四十四条 二手车交易市场经营者在履行其服务、管理职能的同时，可依法收取交易服务和物业等费用。

第四十五条 二手车交易市场经营者应建立严格的内部管理制度，牢固树立为客户服务、为驻场企业服务的意识，加强对所属人员的管理，提高人员素质。二手车交易市场服务、管理人员须经培训合格后上岗。

第七章 附 则

第四十六条 本规范自发布之日起实施。

附件一 车辆信息表

附件二 拍卖车辆信息

附件三 二手车拍卖成交确认书

附件一 车辆信息表

车辆信息表

<table>
<tr><td colspan="2">质量保证类别</td><td colspan="5"></td></tr>
<tr><td colspan="2">车 牌 号</td><td colspan="5"></td></tr>
<tr><td colspan="2">经销企业名称</td><td colspan="5"></td></tr>
<tr><td colspan="2">营业执照号码</td><td></td><td>地 址</td><td colspan="3"></td></tr>
<tr><td rowspan="8">车辆基本信息</td><td>车辆价格</td><td>¥ 元</td><td>品牌型号</td><td></td><td>车身颜色</td><td></td></tr>
<tr><td>初次登记</td><td>年 月 日</td><td>行驶里程</td><td>km</td><td>燃 料</td><td></td></tr>
<tr><td>发动机号</td><td></td><td>车架号码</td><td></td><td>生产厂家</td><td></td></tr>
<tr><td>出厂日期</td><td>年 月</td><td>年检到期</td><td>年 月</td><td>排放等级</td><td></td></tr>
<tr><td>结构特点</td><td colspan="5">□自动挡 □手动挡 □非营运 □ABS □其他</td></tr>
<tr><td>使用性质</td><td colspan="5">□营运 □出租车 □非营运 □营转非 □出租营转非 □教练车 □其他____</td></tr>
<tr><td>交通事故记录
次数/类别/程度</td><td colspan="5"></td></tr>
<tr><td>重大维修记录
时间/部件</td><td colspan="5"></td></tr>
<tr><td colspan="2">法定证明、凭证</td><td colspan="5">□号牌 □行驶证 □登记证 □年检证明 □车辆购置税完税证明 □养路费缴付证明
□车船使用税完税证明 □保险单 □其他____</td></tr>
</table>

续表

<table>
<tr><td>车辆技术状况</td><td></td></tr>
<tr><td>质量保证</td><td></td></tr>
<tr><td>声明</td><td>本车辆符合《二手车流通管理办法》有关规定，属合法车辆。</td></tr>
<tr><td colspan="2">买方（签章）　　　　经销企业（签章）
经　办　人（签章）
年　　月　　日</td></tr>
<tr><td>备注</td><td>1. 本表由经销企业负责填写。
2. 本表一式三份，一份用于车辆展示，其余作为销售合同附件。</td></tr>
</table>

填表说明

1. 质量保证类别。车辆使用年限在 3 年以内或行使里程在 6 万 km 以内（以先到者为准，营运车除外），填写“本车属于质量保证车辆”。

如果超出质量保证范围，则在质量保证类别栏中填写“本车不属于质量保证车辆”，质量保证栏填写“本公司无质量担保责任”。

2. 经销企业名称、营业执照号码及地址应按照企业营业执照所登记的内容填写。

3. 车辆基本信息按车辆登记证书所载信息填写。

(1) 行驶里程按实际行驶里程填写。如果更换过仪表，应注明更换之前行驶里程；如果不能确定实际行驶里程，则应予以注明。

(2) 年检到期日以车辆最近一次年检证明所列日期为准。

(3) 车辆价格按二手车经销企业拟卖出价格填写，可以不是最终销售价。

(4) 其他信息根据车辆具体情况，符合项在□中画√。

(5) 使用性质按表中所列分类，符合项在□中画√。

(6) 交通事故记录次数/类别/程度，应根据可查记录或原车主的描述以及在对车辆进行技术状况检测过程中发现的，对车辆有重大损害的交通事故次数、类别及程度填写。未发生过重大交通事故填写“无”。

(7) 重大维修记录应根据可查记录或原车主的描述以及在车辆检测过程中发现的更换或维修车辆重要部件部分（比如发动机大中修等）填写有关内容。车辆未经过大中修填写“无”。

4. 法定证明、凭证等按表中所列项目，符合项在□中画√。

5. 车辆技术状况是指车辆在展示前，二手车经销企业对车辆技术状况及排放状况进行检测，检测项目及检测方式根据企业具体情况实施，并将检测结果在表中填写。同时，检验员应在表中相应位置签字。

6. 属于质量担保车辆的，经销企业根据交易车辆的实际情况，填写质量保证部件、里程和时间。一般情况下，质量保证可按以下内容填写：

(1) 质量保证范围为：从车辆售出之日起 3 个月或行驶 5 000 km，以先到为准。

(2) 本公司在车辆销售之前或之后质量保证期内，保证车辆安全技术性能。

(3) 质量保证不包括：轮胎、电瓶、内饰和车身油漆，也不包括因车辆碰撞、车辆用于赛车或拉力赛等非正常使用造成的质量问题。

经销企业也可根据实际情况适当延长质量保证期限，放宽对使用年限和行驶里程的限制。

7. 当车辆实现销售时，由经销企业及其经办人和买方分别在签章栏中签章。

附件二　拍卖车辆信息

拍卖车辆信息

<table>
<tr><td colspan="2">拍卖企业名称</td><td colspan="5"></td></tr>
<tr><td colspan="2">营业执照号码</td><td></td><td>地　址</td><td colspan="3"></td></tr>
<tr><td colspan="2">拍卖时间</td><td>年　月　日</td><td>拍卖地点</td><td colspan="3"></td></tr>
<tr><td rowspan="10">车辆基本信息</td><td>车　牌　号</td><td></td><td>厂牌型号</td><td></td><td>车身颜色</td><td></td></tr>
<tr><td>初次登记日期</td><td>年　月　日</td><td>行驶里程</td><td>千米</td><td>燃　料</td><td></td></tr>
<tr><td>发动机号</td><td colspan="2"></td><td>车架号码</td><td colspan="2"></td></tr>
<tr><td>出厂日期</td><td>年　月</td><td colspan="2">发动机排量</td><td colspan="2"></td></tr>
<tr><td>年检到期日</td><td>年　月</td><td colspan="2">生产厂家</td><td colspan="2"></td></tr>
<tr><td>结构特点</td><td colspan="5">□自动挡　□手动挡　□ABS　□其他____</td></tr>
<tr><td>使用性质</td><td colspan="5">□营运　□出租车　□非营运　□营转非　□出租营转非　□教练车　□其他____</td></tr>
<tr><td>交通事故记录
次数/类别/程度</td><td colspan="5"></td></tr>
<tr><td>重大维修记录</td><td colspan="5"></td></tr>
<tr><td>其他提示</td><td colspan="5"></td></tr>
<tr><td colspan="2">法定证明、凭证</td><td colspan="5">□号牌　□行驶证　□登记证　□年检证明　□车辆购置税完税证明　□养路费缴付证明
□车船使用税完税证明　□保险单　□其他____</td></tr>
<tr><td rowspan="2">车辆技术状况</td><td colspan="6"></td></tr>
<tr><td>检测日期</td><td colspan="2"></td><td>检测人</td><td colspan="2"></td></tr>
</table>

续表

质量保证	
声明	本车辆符合《二手车流通管理办法》有关规定，属合法车辆。
其他载明事项	
拍卖人（签章）：	
备注	1. 本表由拍卖人填写。 2. 本表一式三份，一份用于车辆展示，其余作为拍卖成交确认书附件。

填表说明

1. 拍卖企业名称、营业执照号码及地址应按照企业营业执照所登记的内容填写。

2. 拍卖时间、地点填写拍卖会举办的时间和地点。

3. 车辆基本信息按车辆登记证书所载信息填写。

(1) 行驶里程按实际行驶里程填写。如果更换过仪表，应注明更换之前行驶里程；如果不能确定实际行驶里程，则应予以注明。

(2) 年检到期日以车辆最近一次年检证明所列日期为准。

(3) 其他信息根据车辆具体情况，符合项在□中画√。

(4) 使用性质按表中所列分类，符合项在□中画√。

(5) 交通事故记录次数/类别/程度，应根据可查记录或委托方的描述以及在对车辆进行技术状况检测过程中发现的，对车辆有重大损害的交通事次数、类别及程度填写。确定未发生过重大交通事故填写“无”。

(6) 重大维修记录应根据可查记录或委托方的描述以及在车辆检测过程中发现的更换或维修车辆重要部件部分（比如发动机大中修等）填写有关内容。确定未经过大中修填写“无”。

(7) 拍卖企业应在其他提示栏中指出车辆存在的质量缺陷、未排除的故障等方面的瑕疵。

4. 法定证明、凭证等按表中所列项目，符合项在□中画√。

5. 车辆技术状况是指车辆在展示前，拍卖企业对车辆技术状况及排放进行检测，检测项目及检测方式根据企业具体情况实施，并将检测结果在表中填写。同时，检验员应在表中相应位置签字。

6. 有能力的拍卖企业可为拍卖车辆提供质量保证，质量担保范围可参照经销企业的《车辆信息表》有关要求。质量保证部件、里程和时间可根据实际情况企业自行掌握。

7. 其他载明事项是拍卖企业需要对车辆进行特殊说明的事项。

8. 当车辆拍卖成交时，拍卖人在签章栏中签章。

附件三　二手车拍卖成交确认书

二手车拍卖成交确认书

拍卖人：

买受人：

签订地点：

签订时间：

经审核本拍卖标的手续齐全，符合国家有关规定，属于合法车辆。

拍卖人于______年____月____日在__________举行拍卖会上，竞标号码为__________的竞买人_________，经过公开竞价，成功竞得_________。拍卖标的物的详情见附件《拍卖车辆信息》。依照《二手车流通管理办法》、《中华人民共和国拍卖法》及有关法律、行政法规之规定，双方签订拍卖成交确认书如下：

一、成交拍卖标的：拍卖编号为___________的二手机动车，车牌号码为______。

二、成交价款及佣金：标的成交价款为人民币大写_________元（¥______），佣金比例为成交总额的______%，佣金为人民币大写_________元（¥______），合计大写_________元（¥______）。

三、付款方式：拍卖标的已经拍定，其买受人在付足全款后方可领取该车。

四、交接：拍卖人在买受人付足全款后，应将拍出的车辆移交给买受人，并向买受人提供车辆转移登记所需的号牌、《机动车登记证书》、《机动车行驶证》、有效的机动车安全技术检验合格标志、车辆购置税完税证明、养路费缴付凭证、车船使用税缴付凭证、车辆保险单等法定证明、凭证。

五、转移登记：买受人应自领取车辆及法定证明、凭证之日起30日内，向公安机关交通管理部门申办转移登记手续。

六、质量保证：___________________。

七、声明：买受人已充分了解拍卖标的全部情况，承认并且愿意遵守《中华人民共和国拍卖法》和国家有关法律、行政法规之各项条款。

八、其他约定事项：

____

____

____

买受人（签章）：　　　　　　拍卖人（签章）：

法定代表人：　　　　　　　　法定代表人：

附录六

二手车买卖合同

合同编号：________________

卖方：________________________
住所：________________________　法定代表人：________________
（如为自然人）身份证号码：____________　电话号码：________________

买方：________________________
住所：________________________　法定代表人：________________
（如为自然人）身份证号码：____________　电话号码：________________

根据《中华人民共和国合同法》、《二手车流通管理办法》等有关法律、法规、规章的规定，就二手车的买卖事宜，买卖双方在平等、自愿、协商一致的基础上签订本合同。

第一条　车辆基本情况

1. 车主名称：________________________；　车牌号码：________；

厂牌型号：________。

2. 车辆状况说明见附件一。

3. 车辆相关凭证见附件二。

第二条　车辆价款、过户手续费及支付时间、方式

1. 车辆价款及过户手续费

本车价款（不含税费或其他费用）为人民币：__________元（小写：________元）。

过户手续费（包含税费）为人民币：____________元（小写：____________元）。

2. 支付时间、方式

待本车过户、转籍手续办理完成后______个工作日内，买方向卖方支付本车价款。（采用分期付款方式的可另行约定）

过户手续费由______方承担。______方应于本合同签订之日起______个工作日内，将过户手续费支付给双方约定的过户手续办理方。

第三条　车辆的过户、交付及风险承担

______方应于本合同签订之日起______个工作日内，将办理本车过户、转籍手续所需的一切有关证件、资料的原件及复印件交给______方，该方为过户手续办理方。

卖方应于本车过户、转籍手续办理完成后______个工作日内在______（地点）向买方交付车辆及相关凭证（见附件一）。

在车辆交付买方之前所发生的所有风险由卖方承担和负责处理；在车辆交付买方之后所发生的所有风险由买方承担和负责处理。

第四条　双方的权利和义务

1. 卖方应按照合同约定的时间、地点向买方交付车辆。

2. 卖方应保证合法享有车辆的所有权或处置权。

3. 卖方保证所出示及提供的与车辆有关的一切证件、证明及信息合法、真实、有效。

4. 买方应按照合同约定支付价款。

5. 对转出本地的车辆，买方应了解、确认车辆能在转入所在地办理转入手续。

第五条　违约责任

1. 卖方向买方提供的有关车辆信息不真实，买方有权要求卖方赔偿因此造成的损失。

2. 卖方未按合同的约定将本车及其相关凭证交付买方的，逾期每月按本车价款总额的______%向买方支付违约金。

3. 买方未按照合同约定支付本车价款的，逾期每日按本年价款总额的______%向卖方支付违约金。

4. 因卖方原因致使车辆不能办理过户、转籍手续的，买方有权要求卖方返还车辆价款并承担一切损失；因买方原因致使车辆不能办理过户、转籍手续的，卖方有权要求买方返还车辆并承担一切损失。

5. 任何一方违反合同约定的，均应赔偿由此给对方造成的损失。

第六条　合同争议的解决方式

因本合同发生的争议，由当事人协商或调解解决；协商或调解不成的，按下列第______种方式解决：

1. 提交____________________仲裁委员会仲裁；

2. 依法向人民法院起诉。

第七条　合同的生效

本合同一式______份，经双方当事人签字或盖章之日起生效。

第八条　其他约定

____

____

____

附件一：车辆状况说明书（车辆信息表）

附件二：车辆相关凭证

附件一 车辆状况说明书（车辆信息表）

车辆状况说明书

（车辆信息表）

车辆基本信息	厂牌型号		牌照号码			
	初次登记日期	年 月 日	表征里程	万公里		
	品牌名称	□进口 □国产	车身颜色			
	年检证明	□有（至__年__月）□无	养路费交付证明	□有（至__年__月）□无		
	车船使用税完税证明	□有（至__年__月）□无	交强险	□有（至__年__月）□无		
	使用性质	□家庭用车 □公务用车 □营运用车 □其他				
	其他法定凭证、证明	□号牌 □行驶证 □登记证书 □保险单 □其他				
重要配置	燃料		排量/缸径		缸数	
	发动机功率		排放标准		变速器形成	
	气囊		驱动方式		ABS	□有 □无
	其他重要参数					
是否为事故车	□是 □否	损伤位置及损伤状况				
车辆状况描述						
质量保证	□有 □无	质保范围				
说明书出具人（签章）： 年 月 日			鉴定评估师（签章）： 年 月 日			
声明	1. 本车辆符合《二手车流通管理办法》有关规定，属合法车辆，可以进行交易。 2. 本表所有描述车辆状况为说明书出具人填表日车辆的静态状况。 3. 本表所列各项内容买卖双方均进行了逐一核对并确认。					
买方（签章）： 年 月 日			卖方（签章）： 年 月 日			
备注	1. 本表由卖方填写，若卖方为二手车经纪、经销企业时，应由注册二手车鉴定评估师根据行业相关法规及标准进行填写并标明鉴定评估师的注册证书编号。 2. 本表一式三份，一份用于车辆展示，其余作为二手车买卖合同的附件。					

附件二　车辆相关凭证

1.《机动车登记证书》
2.《机动车行驶证》
3. 有效的机动车安全技术检验合格标志
4. 车辆购置税完税证明
5. 车船使用税缴付凭证
6. 车辆养路费缴付凭证
7. 车辆保险单
8. 购车发票

卖方：＿＿＿＿＿＿＿＿（签章）

卖方开户银行：＿＿＿＿＿＿＿＿
账号：＿＿＿＿＿＿＿＿＿＿＿＿
户名：＿＿＿＿＿＿＿＿＿＿＿＿

买方：＿＿＿＿＿＿＿＿（签章）

买方开户银行：＿＿＿＿＿＿＿＿
账号：＿＿＿＿＿＿＿＿＿＿＿＿
户名：＿＿＿＿＿＿＿＿＿＿＿＿

签订地点：＿＿＿＿＿＿＿＿

签订日期：＿＿＿年＿＿＿月＿＿＿日

填写说明

一、车辆基本信息

（一）“表征里程”项的内容，按照车辆里程表实际显示总里程数填写。

（二）“其他法定凭证、证明”项的内容，根据实际提交证明文件，在对应项前“□”内打“√”，未列明的填入“其他”项中。

二、重要技术配置及参数

“其他重要参数”：根据实际情况如实填写相关配置信息。

三、是否为事故车

如实明示是否为事故车，在对应项前“□”内打“√”。如果“是”，需在“损伤位置及损伤状况”项中描述损伤位置及损伤状况。损伤位置为可以影响到车辆整体结构的位置，主要为A、B、C、D柱，翼子板内板、前纵梁、地板等。损伤状况包括：变形、烧焊、扭曲、锈蚀、褶皱、更换过等。

如果“否”，则无需填写后项内容。

四、车辆状况描述

仅描述静态状况，应包括如下内容：

（一）车身外观状况：需描述外观的损伤位置及损伤状况。

损伤位置包括：翼子板、车门、行李箱盖、行李箱内侧、车顶、保险杠、格栅、玻璃、轮胎、备胎等。

损伤状况包括状态和程度部分。

损伤状态包括：伤痕、凹陷、弯曲、波纹、锈斑、腐蚀、裂纹、小孔、调换、做漆、痕迹、条纹等。

损伤程度包括：一元硬币可覆盖、10 cm×10 cm 纸 20 cm×20 cm 可覆盖、A4 纸覆盖、A4 纸无法覆盖、花纹深度少于 1.6 cm（轮胎损伤）。

（二）发动机舱内状况：需描述发动机外观状态，各液面状态、线路状况。

（三）车内及电器状况：需描述内饰是否有破损，车内是否清洁，仪表是否正常，各部分电器是否工作正常，车窗密封及工作状况是否正常等。

（四）底盘状况：发动机油底壳、变速箱、减震器是否有渗漏油现象，转向臂球销、三角臂球销是否松动，传动轴防尘罩是否有破损。

以上部分，如果无任问题，填写“车辆状况良好”。有任何问题均需明确注明。

五、质量保证

明示车辆是否提供质量保证，在对应项前“□”内打“√”。如果“是”，需在“质保范围”项中填写质保内容。如果“否”，则无需填写后项内容。

参考文献

1. 国家国内贸易局组织编写. 旧机动车鉴定估价. 北京：人民交通出版社，2000
2. 杨志明主编. 机器设备评估. 北京：中国人民大学出版社，2002
3. 王若平，葛如海主编. 汽车评估师. 北京理工大学出版社，2005
4. 刘昭度，韩秀坤编著. 汽车检测技术与设备. 北京：中国劳动会保障出版社，2002